Paul Bachmann

Die Elemente der Zahlentheorie

Paul Bachmann
Die Elemente der Zahlentheorie
ISBN/EAN: 9783743346079

Hergestellt in Europa, USA, Kanada, Australien, Japan

Cover: Foto ©Paul-Georg Meister /pixelio.de

Manufactured and distributed by brebook publishing software (www.brebook.com)

Paul Bachmann

Die Elemente der Zahlentheorie

ZAHLENTHEORIE.

VERSUCH

EINER

GESAMMTDARSTELLUNG DIESER WISSENSCHAFT

IN IHREN HAUPTTHEILEN

VON

PAUL BACHMANN.

ERSTER THEIL.

DIE ELEMENTE DER ZAHLENTHEORIE.

LEIPZIG,
DRUCK UND VERLAG VON B. G. TEUBNER.
1892.

DIE ELEMENTE

DER

ZAHLENTHEORIE

DARGESTELLT

VON

PAUL BACHMANN.

LEIPZIG,
DRUCK UND VERLAG VON B. G. TEUBNER.
1892.

Vorrede.

Die Zahlentheorie, vor hundert und fünfzig Jahren kaum erst im Entstehen, ward durch das unvergleichliche Werk Gaussischen Geistes, die Disquisitiones arithmeticae, Lipsiae 1801, mit einem Schlage zu einer fest begründeten Wissenschaft von ungemessenem Umfange. Dieses Werk, lange Jahre nur von Wenigen gelesen und, entstellt durch eine unzählige Menge sinnstörendster Druckfehler, kaum auch lesbar, bevor die Göttinger Gesellschaft der Wissenschaften von neuem es herausgab, steht wohl einzig in seiner Art da, ein wahres Riesenwerk in seiner tiefen Gründlichkeit, seiner erschöpfenden Vollständigkeit, seinem festen systematischen Aufbau und seinem Reichthum an neuen und fruchtbringenden Ideen! Wie grossen Reichthum aber es in sich birgt, das haben vollkommen spätere Forschungen erst dargethan. Sieht man ab von den analytischen Methoden, durch welche Lejeune-Dirichlet gewisse höchst gelegene Gebiete dieser jungen Wissenschaft erst eröffnet und zugänglich gemacht hat, so darf man sagen, Alles, was für dieselbe nach Gauss gewonnen worden ist an Zuwachs oder Vertiefung, es ist gewissermassen nur der Ausbau des Gebäudes, zu welchem die Disquisitiones arithmeticae den Grund gelegt und die Grundlinien gezeichnet, nur eine Ausbeutung der Grundgedanken, welche Gauss in diesem Werke sowie den anknüpfenden arithmetischen Abhandlungen niedergelegt hat. Dem Verdienste der Forscher geschieht damit kein Abbruch, denn es gehörte noch eine gewaltige Geistesarbeit dazu, aus jenen Gedanken wie aus Keimen die Früchte zu zeitigen, deren Fülle die heutige Zahlentheorie in sich zusammenfasst. Durch diese Arbeiten von Eisenstein und Jacobi, vorzüglich durch Dirichlet's analytische Methoden, dem auch das besondere Verdienst zukommt, das Gaussische Werk durch seine geistvolle Beleuchtung und Vereinfachung wesentlicher Partieen, wie des Beweises des Reciprocitätsgesetzes, der Composition der quadratischen Formen u. a., dem Verständnisse sehr viel näher gebracht zu haben, nach ihm durch Hermite auf der einen, durch Kummer's geniale Untersuchungen auf der andern Seite, in neuester Zeit vornehmlich durch die Arbeiten von Kronecker und von Dedekind und durch die Bemühungen einer grossen Anzahl anderer Forscher ist Inhalt und Umfang der heutigen Zahlentheorie ein so mächtiger geworden, dass es gegenwärtig für den Einzelnen schon nicht mehr leicht ist, das gesammte Gebiet dieser Wissenschaft zu umfassen und zu beherrschen.

Unter solchen Umständen wird es ein willkommenes Unternehmen genannt werden dürfen, eine Gesammtdarstellung des heutigen Standes dieser Wissenschaft zu versuchen. Der Verfasser, von jeher zahlentheoretischen Studien vorzugsweise zugewandt, hat es gewagt, mit gegenwärtigem Werke solchen Versuch zu beginnen. Es ist nicht seine Absicht, ein Compendium der Zahlentheorie zu schreiben, in das alles und jedes zusammenzudrängen wäre, was bisher in Bezug auf diese Wissenschaft erreicht und veröffentlicht worden ist; er beabsichtigt vielmehr in einer Reihe von Einzeldarstellungen Bilder der einzelnen Hauptgebiete der Zahlentheorie zu entwerfen, welche dieselben in ihrem wesentlichen Inhalt und ihren charakteristischen Zügen, in sich abgerundet, ein- und übersichtlich zu zeichnen und so von den hauptsächlichsten Forschungen, durch welche sie gewonnen worden sind, Kenntniss zu geben bestimmt sind; wie er vor zwanzig Jahren bereits von einem Gebiete ein solches Bild in seinem Buche „Die Lehre von der Kreistheilung u. s. w.", wie er glauben darf, nicht ganz ohne Gelingen, gezeichnet hat.

Das gegenwärtige Werk hat die Elemente der Zahlentheorie zu seinem Gegenstande. Unter diesem Namen darf man jetzt wohl alles das zusammenfassen, was Gauss in den ersten fünf Abschnitten seiner Disquisitiones behandelt hat, soweit es nicht das Gebiet der binären quadratischen Formen überschreitet. So wenigstens hat der Verfasser sich seine Arbeit begrenzt, sodass er von seiner Darstellung alles ausgeschlossen hat, was die Vertheilung der Formen in Geschlechter betrifft, weil der Hauptsatz dieser Theorie, der Satz, dass die **möglicherweise** vorhandenen Geschlechter auch **wirklich** vorhanden sind, sich nicht aus jenem elementaren Gebiete ableiten lässt; indem er von der Ansicht ausging, dass diese ganze Theorie vielmehr zur Lehre von den ternären quadratischen Formen zu rechnen ist, hat er seiner Arbeit mit der Zusammensetzung der quadratischen Formen und dem Satze von Schering, welcher alle Classen als aus gewissen Fundamentalclassen zusammensetzbar nachweist, ihr Ziel gesetzt.

Man könnte vielleicht geneigt sein, solche Neubearbeitung der Elemente der Zahlentheorie gegenüber dem vortrefflichen Werke von Dedekind: „Vorlesungen von P. G. Lejeune-Dirichlet, 3. Aufl., Braunschweig 1879", für ziemlich überflüssig zu halten. Der Verfasser ist jedoch der Meinung, dass seine Arbeit auch neben diesem Werke eine Stellung behaupten, und der Hoffnung, dass sie als eine willkommene Ergänzung desselben günstige Aufnahme finden wird. Demselben Concurrenz zu machen ist sie auf keine Weise gewillt; dem Verfasser, der noch das Glück hatte, die Vorlesungen von Dirichlet — gemeinsam mit ihrem hochverehrten Herausgeber — selbst zu hören, sind diese Vorlesungen wie ihre Darstellung in dem Werke von Dedekind stets mustergiltig gewesen; zudem verbreitet sich dies Werk weit über den Rahmen der Elemente der Zahlentheorie hinaus. Aber seiner ganzen Entstehung nach begrenzte sich dasselbe, soviel es auch bemüht war, in den Supplementen Ergänzungen der Dirichletschen Vorlesungen zu liefern, (abgesehen von dem Abschnitte, der Dedekind's eigene Untersuchungen darstellt) gleichwohl auf die Resultate der Forschung, welche Dirichlet, und auf die Auffassung, in welcher er sie in seinen Vorlesungen vorzutragen pflegte — theilweise aber selbst schon in seinen Abhandlungen durch andere grundsätzlich verschiedene ersetzt hat. Der Verfasser hat sich bemüht, in seinem Werke von diesen späteren Dirichlet'schen Gesichtspunkten Nutzen, ausserdem aber auch die übrige spätere, die Elemente betreffende Forschung mit in Betracht zu ziehen, soweit es geboten schien, sei es, um das Bild des bisher darin Geförderten in wesentlichen Stücken zu vervollständigen, sei es, um nach Möglichkeit das Einzelne allgemeinen Gesichtspunkten zu entnehmen und dadurch die Einsicht in den innigen Zusammenhang des Ganzen zu befördern.

Ausgehend von dem allgemeinen Zahlenbegriff und den elementarsten Regeln der Rechnung entwickeln wir zunächst die Sätze über die Theilbarkeit der ganzen Zahlen aus einem einfachen Grundgedanken, welcher von Poinsot herrührt.*)

Die Lehre von den Congruenzen gründet sich sodann wesentlich auf jenen fundamentalen Begriff der Mathematik, der im Grunde auch schon bei dem Poinsot'schen Verfahren zur Geltung kommt, auf den Begriff der Gruppe. Man gewinnt aus ihm sowohl die Auflösung der Congruenzen ersten Grades, als auch den Fermat'schen Lehrsatz, und, nachdem der allgemeine Gruppensatz hergeleitet ist, welchen Kronecker in den Monatsber. d. Berliner Akademie v. J. 1870 gegeben hat, auch die Beantwortung der Frage, für welche Moduln primitive Wurzeln vorhanden sind.

In der Lehre von den quadratischen Resten geben wir gelegentlich des Reciprocitätsgesetzes einen geschichtlichen Rückblick auf seine Erfindung und Begründung, sowie eine kurze Charakteristik seiner verschiedenen Beweise, und nehmen sodann, indem wir auf den ersten Gaussischen Beweis nur verweisen, das Lemma des dritten Beweises und seine Verallgemeinerung zum Mittelpunkte der Betrachtung, theilen zuerst den Zeller'schen Beweis mit und bringen darauf die betreffenden Arbeiten von Schering und von Kronecker in ihrem innern Zusammenhange zur Darstellung.

Die Theorie der quadratischen Formen, welche wir grösserer Einfachheit wegen auf die ausschliessliche Betrach-

---

*) Poinsot, réflexions sur les principes fondamentaux de la théorie des nombres, in Liouville's Journal de mathématiques tome X.

tung der eigentlich primitiven Formen beschränken, gründen wir durchweg auf die Darstellung einer Zahl durch eine quadratische Form, wodurch es möglich wird, der algebraischen Theorie der Transformation als Hilfsmittel gänzlich zu entgehen und alles aus einem einheitlichen Gesichtspunkte zu entwickeln, der sich bis zur Lehre von der Zusammensetzung der Formenclassen hin geltend macht. Nachdem so die Theorie der quadratischen Formen bis zum Begriff eines Formensystems hin entwickelt ist, betrachten wir als besonderen Fall das Formensystem der Determinante — 1 d. i. die Form $x^2 + y^2$. Der Begriff entgegengesetzter Formen führt zu den Ambigen, unter denen die Hauptform die vornehmste ist, und diese zu den Sätzen über die Composition der Formen, welche mit dem aus dem Kronecker'schen Gruppensatze unmittelbar herfliessenden Satze von den Fundamentalclassen ihren naturgemässen Abschluss finden. Als eine einfache Anwendung dieses Hauptsatzes fügen wir Kummer's zweiten Beweis des Reciprocitätsgesetzes an, womit uns eine geeignete Abrundung des ganzen Werkes erzielt zu sein scheint.

Möge das Werk unter den Freunden der Zahlentheorie eine willkommene Aufnahme, sowie freundliche Nachsicht finden, um den Verfasser bei der weiteren Ausführung seines Unternehmens zu ermuthigen!

Weimar, den 20. Mai 1892.

Inhaltsverzeichniss.

Einleitung.

		Seite
Nr. 1 u. 2.	Der Begriff der ganzen Zahl	1—4
Nr. 3.	Die einfachsten Rechnungsoperationen; die Addition .	4—6
Nr. 4 u. 5.	Die Subtraktion; negative Zahlen; die Null; Grössenordnung der negativen Zahlen	6—11
Nr. 6.	Die Multiplikation; sie ist commutativ, associativ, distributiv. Multiplikation negativer Zahlen mit positiven und unter einander	11—15

Erster Abschnitt.
Von der Theilbarkeit der Zahlen.

Nr. 1.	Vielfache, Theiler, Reste, grösste Ganzen. Gemeinsamer und grösster gemeinsamer Theiler zweier Zahlen; relative Primzahlen	16—18
Nr. 2.	Ableitung des Euclidischen Fundamentalsatzes nach Poinsot	18—21
Nr. 3.	Einfachste Folgesätze	21—23
Nr. 4.	Primzahlen und zusammengesetzte Zahlen; Zerlegung der letztern in Primfaktoren. Legendre's Hilfsmittel zur Erkenntniss von Primzahlen; ihre Anzahl ist unendlich gross	23—26
Nr. 5.	Aufsuchung aller Theiler einer Zahl, ihre Anzahl, ihre Summe	26—28
Nr. 6.	Gemeinsame Theiler gegebener Zahlen, grösster gemeinsamer Theiler. Gemeinsame Vielfache und kleinstes gemeinsames Vielfaches. Der Fall relativ primer Zahlen	28—30
Nr. 7.	Höchste Potenz einer Primzahl p, welche im Produkte $1 . 2 . 3 \ldots n$ aufgeht. Besondere Fälle $p = 2$, $p = 3$	30—35
Nr. 8.	Der Polynomialcoefficient und der Binomialcoefficient sind ganze Zahlen	35—36
Nr. 9.	Satz von Catalan	37—39
Nr. 10.	Ein allgemeiner Satz über die Theiler einer Zahl . .	40—41
Nr. 11.	Anwendung zur Bestimmung der zahlentheoretischen Funktion $\varphi(n)$	41—44

Zweiter Abschnitt.
Von den Congruenzen.

		Seite
Nr. 1.	Definition congruenter Zahlen (mod. n). Vollständige Restsysteme, insbesondere das der kleinsten positiven und das der absolut kleinsten Reste	45—47
Nr. 2.	Reducirtes Restsystem (mod. n). Einfachste Sätze über Congruenzen	47—49
Nr. 3.	Die Rechnung mit Restclassen	49—51
Nr. 4.	Dedekind's Definition eines Modulus von Zahlen. Die Congruenz in Bezug auf einen solchen. Die Anzahl incongruenter ganzer Funktionen m^{ten} Grades (mod. n)	51—54
Nr. 5.	Bedeutung einer Congruenz $f(x) \equiv 0$ (mod. n); Wurzeln einer solchen. Ist n Primzahl, so hat die Congruenz höchstens soviel Wurzeln, als ihr Grad beträgt	54—57
Nr. 6.	Begriff einer (endlichen) Gruppe von Zahlen oder Elementen. Einfachste Sätze über Gruppen	57—61
Nr. 7 u. 8.	Die Anwendung auf die Gruppe der Restclassen (mod. n) ergiebt die Auflösung der Congruenzen und unbestimmten Gleichungen ersten Grades	61—66
Nr. 9.	Lösungen der Aufgabe: eine Zahl zu finden, welche nach gegebenen Moduln gegebene Reste lässt. Beispiel	66—69
Nr. 10.	Folgerungen. Die Formel $$\varphi(abc\ldots) = \varphi(a) \cdot \varphi(b) \cdot \varphi(c) \cdots$$	69—70
Nr. 11.	Herleitung des allgemeinen Fermat'schen Satzes aus Nr. 6	71—73
Nr. 12.	Euler's Herleitung desselben	73—75
Nr. 13.	Lagrange's Herleitung des einfachen Fermat'schen Satzes und Wilson'scher Satz	75—78
Nr. 14—16.	Der allgemeine Kronecker'sche Satz über Zusammensetzung aller Elemente einer commutativen Gruppe aus Fundamentalelementen	79—88
Nr. 17.	Anwendung zum Nachweis von der Existenz primitiver Wurzeln (mod. p); Anzahl der incongruenten primitiven Wurzeln	88—91
Nr. 18.	Der einer primitiven Wurzel (mod. p) entsprechende Index einer Zahl. Einfache Sätze über die Rechnung mit Indices	91—94
Nr. 19.	Anwendung zur Herleitung eines Satzes	94—97
Nr. 20.	Primitive Wurzeln für zusammengesetzte Moduln. Der Fall (mod. p^a) sowie (mod. 2^k)	97—102
Nr. 21.	Der Fall eines beliebigen Modulus	102—104

Dritter Abschnitt.
Von den quadratischen Resten.

Seite

Nr. 1. Congruenzen zweiten Grades. Quadratische Reste und Nichtreste eines Modulus; quadratischer Charakter einer Zahl . . . . 105—106

Nr. 2. Die Congruenz $x^2 \equiv n \pmod{p}$. Euler'sches Criterium zur Entscheidung ihrer Möglichkeit. Legendre'sches Symbol $\left(\frac{n}{p}\right)$; einfachste Sätze . . . 106—109

Nr. 3. Die Congruenz $x^2 \equiv n \pmod{p^{\prime\prime}}$, desgleichen $\pmod{2^r}$ 109—113

Nr. 4. Die Congruenz $x^2 \equiv n \pmod{m}$, Anzahl ihrer Wurzeln im Falle ihrer Auflösbarkeit. 113 114

Nr. 5. Beispiele . . . . 114—117

Nr. 6. Die Frage, in Bezug auf welche Moduln eine gegebene Zahl quadratischer Rest oder Nichtrest ist, wird vereinfacht. Satz betr. die Zahl -1:
$$\left(\frac{-1}{p}\right) = (-1)^{\frac{p-1}{2}}$$ . . . . . 117—119

Nr. 7. Das Gaussische Lemma; die Gaussische Charakteristik. Satz über die Zahl 2:
$$\left(\frac{2}{p}\right) = (-1)^{\frac{p^2-1}{8}}$$ 119—122

Nr. 8. Das Legendre'sche Reciprocitätsgesetz:
$$\left(\frac{p}{q}\right) \cdot \left(\frac{q}{p}\right) = (-1)^{\frac{p-1}{2} \cdot \frac{q-1}{2}}$$

Geschichtliches über seine Erfindung und Begründung 122—125

Nr. 9. Die Gaussischen Beweise; vier Kategorien, in welche alle bekannten Beweise des Gesetzes sich vertheilen lassen . . . . 125—127

Nr. 10. Der Beweis des Pfarrers Zeller . . . . 128—131

Nr. 11. Verallgemeinerung des Legendre'schen Symbols durch Jacobi. Verallgemeinerung der Sätze in Nr. 6, 7, 8 vermittelst des allgemeineren Symbols . 131—137

Nr. 12. Eisenstein's Regel zur Entscheidung, ob eine Primzahl p von einer anderen Primzahl q quadratischer Rest ist oder nicht . . . . 137—141

Nr. 13. Verallgemeinerung des Gaussischen Lemma; Vorbemerkungen . . . . 141—144

Nr. 14. Das verallgemeinerte Lemma selbst . . . . 144—148

Nr. 15. Schering's Beweis des verallgemeinerten Reciprocitätsgesetzes vermittelst desselben . . . . 148—151

Nr. 16. Darstellung dieses Beweises für das einfache Gesetz in der Auffassung von Kronecker . . . . 151—152

Inhaltsverzeichniss. XI

Seite

Nr. 17. Kronecker's Darstellung des Symbols $\left(\dfrac{Q}{P}\right)$ durch den Vorzeichenwerth gewisser Produkte. Einfachste Form des dritten Gauss ischen Beweises 153–157

Nr. 18. Direkter Nachweis der Identität zwischen dem Symbol $\left(\dfrac{Q}{P}\right)$ und jenem Vorzeichenwerth 157–160

Nr 19. Man bedarf dazu des Hilfssatzes aus Gauss' erstem Beweise 160–162

Nr. 20. Man gewinnt dann aber auch einen neuen Beweis des verallgemeinerten Reciprocitätsgesetzes 162–164

Vierter Abschnitt.
Die quadratischen Formen.

Nr. 1. Die Theorie der quadratischen Reste kann aufgefasst werden als Frage nach den Theilern gewisser quadratischer Formen. Allgemeiner Ausdruck solcher Formen; abgeleitete, primitive; eigentlich und uneigentlich primitive; man beschränkt die Betrachtung auf die ersteren 165–167

Nr. 2. Aufgabe: Die Darstellung einer Zahl durch eine gegebene quadratische Form. Geschichtliches. Es werden nur eigentliche Darstellungen betrachtet 168–170

Nr. 3. Determinante einer Form (a, b, c): $D = b^2 - ac$. 1) Der Fall $D = 0$; 2) der Fall $D < 0$; positive und negative Formen, nur die positiven brauchen betrachtet zu werden; 3) der Fall $D < 0$; Formen einer solchen Determinante heissen unbestimmte Formen 170–173

Nr. 4. Durch eine gegebene eigentlich primitive Form (a, b, c) sind stets Zahlen eigentlich darstellbar, welche dasselbe Vorzeichen haben wie a und zu einer gegebenen Zahl n prim sind 173–174

Nr. 5. Nothwendige Bedingung der Darstellbarkeit einer Zahl m durch (a, b, c): D muss quadratischer Rest von m sein. Jede Darstellung gehört dann zu einer Wurzel der Congruenz $x^2 \equiv D \pmod{m}$ 174–177

Nr. 6. Darstellungsgruppen. Wichtige Eigenschaft der Form $x^2 - Dy^2$. Zusammenhang aller Darstellungen einer Gruppe mit den ganzzahligen Auflösungen der Pell-schen Gleichung $t^2 - Du^2 = 1$ 177–180

Nr. 7. Auflösung der letztern und der Aufgabe Nr. 2 im Falle $D < 0$. Beispiel 180–182

Nr. 8 u. 9. Auflösung der Pell'schen Gleichung im Falle $D > 0$ und Zurückführung aller Lösungen auf die Fundamentalauflösung, nach Dirichlet 182–189

Inhaltsverzeichniss.

		Seite
Nr. 10.	Geschichtliches	189—192
Nr. 11.	Anwendung auf die Pythagoräischen Zahlen	192—196
Nr. 12.	Alle Darstellungen einer Zahl m durch eine Form (a, b, c) von positiver Determinante; man setzt zunächst a, m von gleichem Vorzeichen voraus . . .	196—201
Nr. 13.	Aequivalenz von Formen; (a, b, c) und (m, n, m_1) sind äquivalent, wenn m durch jene Form zur Wurzel n gehörig dargestellt werden kann	201—205
Nr. 14.	Ergänzung von Nr. 12 für den Fall, dass a, m ungleiches Vorzeichen haben. Beispiel	205—208
Nr. 15.	Weitere Aequivalenzsätze. Der arithmetischen Definition der Aequivalenz entspricht eine algebraische. Transformationen einer Form in sich selbst	209—213
Nr. 16.	Classen äquivalenter Formen einer gegebenen Determinante. Reducirte Formen. Die Anzahl der Classen ist eine endliche	213—217
Nr. 17.	Formensystem einer gegebenen Determinante. Beispiel $D = +5$	217—219
Nr. 18.	Darstellungen einer gegebenen Zahl durch das Formensystem	220—222
Nr. 19.	Beispiel: $D = -1$ d. i. Darstellungen durch die Form $x^2 + y^2$	222—226
Nr. 20.	Uneigentliche Darstellungen für diesen Fall; Zerlegungen in die Summe zweier Quadratzahlen; die Anzahl derselben	226—230
Nr. 21.	Satz über Primzahlen von der Form $4n + 1$ . . .	230—232
Nr. 22.	Entgegengesetzte Formen und Classen; ambige Classen; in jeder ambigen Classe befindet sich auch eine ambige Form.	232—237
Nr. 23.	Die Hauptform und Hauptclasse. Ueber Darstellungen durch dieselbe. Vereinbare Wurzeln der Congruenz $x^2 \equiv D$ nach verschiedenen Moduln . .	237—240
Nr. 24.	Zusammensetzbare Formen und die aus ihnen zusammengesetzte Form	240—242
Nr. 25.	Arithmetische Bedeutung dieser Zusammensetzung .	242—245
Nr. 26.	Zusammensetzung oder Multiplikation von Classen; dieselbe ist commutativ, associativ und einpaarig .	245—249
Nr. 27.	Zusammensetzung aller Classen aus gewissen Fundamentalclassen. Anzahl der ambigen Classen	249—252
Nr. 28.	Ueber den zweiten Gaussischen und die analogen Beweise des Reciprocitätsgesetzes	252—254
Nr. 29.	Der zweite Kummer'sche Beweis; Vorbemerkungen	254—259
Nr. 30.	Der Beweis selbst	259—262
	Erläuternde Zusätze	263—264

Einleitung.

1. Gegenstand der Zahlentheorie ist die ganze Zahl, der elementarste und zugleich abstrakteste Begriff der ganzen Mathematik.

Dieser Begriff hängt aufs engste zusammen mit dem der Ordnung, genauer mit dem der Folge. — Wir verstehen unter einem Einzelding jedes Objekt einer Vorstellung. Der Vorstellungsakt aber ist der Erneuerung fähig und giebt uns dann ein in der Vorstellung von jenem Einzeldinge getrenntes, unterschiedenes Einzelding. Nennen wir nun Gesammtvorstellung eine solche Vorstellung, welche uns entsteht, indem wir eine Folge von Vorstellungen zusammenfassen, so ist das Objekt der Gesammtvorstellung die Mehrheit der den letzteren entsprechenden Objekte der Einzeldinge, die wir in der Gesammtvorstellung verknüpfen. Durch welche Besonderheiten immer die Objekte der Einzelvorstellungen sonst auch von einander verschieden sein mögen, wir können von ihnen völlig absehen, wir können Männer, Frauen, Knaben und Mädchen unter dem gemeinsamen Begriffe Mensch, desgleichen Menschen und allerlei Thiere unter dem allgemeineren Begriffe lebender Wesen zusammenfassen u. s. w.; schliesslich unterscheiden sie sich doch immer noch aber auch ganz allein nur noch dadurch, dass sie mehrere Einzeldinge d. h. in unserer Vorstellung getrennt, von einander unterschieden sind. Bei soweit geführter Abstraktion nennen wir dann das Einzelding eine Einheit, und die Mehrheit, das Objekt der Gesammtvorstellung, eine Vielheit.

Einheiten sind also an sich unterschiedslos, sie unterscheiden sich nur noch durch die Stelle in der Aufeinanderfolge, in welcher wir sie in unsere Vorstellung aufnehmen, und welche wir bestimmen oder „markiren" dadurch, dass wir ihnen bestimmte Merkzeichen beliebiger Art, z. B. die gewohnten Zeichen

(1)   1, 2, 3, 4, 5, ...

beilegen, sie also als erste, zweite, dritte Stelle u. s. w. kennzeichnen. Das Zeichen, welches einer bestimmten Stelle entspricht, nennen wir ihre Ordnungszahl; da der Vorstellungsakt immer wieder erneuert werden kann, ist die Reihe der Einzelvorstellungen und somit auch die Reihe der Ordnungszahlen durchaus unbegrenzt.

Wenn wir so für die Einheiten, aus welchen eine Vielheit besteht, durch Zuordnung der aufeinanderfolgenden Ordnungszahlen die Stellen kennzeichnen, welche sie in der Folge, in der wir sie auffassen, einnehmen, so sagen wir: wir zählen die Einheiten, welche die Vielheit bilden, ab. Hierbei wird die Reihe der aufeinanderfolgenden Ordnungszahlen in bestimmtem Umfange zur Verwendung kommen. Ist a die letzte Ordnungszahl, welche zur Verwendung kommt, muss man bis a zählen, um alle Einheiten zu erschöpfen, so heisst a die Anzahl der Einheiten, aus denen die Vielheit besteht.

Anzahl — kürzer: Zahl, ganze Zahl — ist also der *Umfang* der Merkzeichen (der Ordnungszahlen), deren man bedarf, um sämmtliche Einheiten, aus denen eine bestimmte Vielheit besteht, zu unterscheiden.

2. Die Thätigkeit, durch welche wir eine Folge von Einzelvorstellungen zu einer Gesammtvorstellung verknüpfen, kann wieder als ein besonderer, einziger Akt aufgefasst werden; eine Folge solcher Akte lässt uns daher, wie vorher Einzeldinge, jetzt Vielheiten A, B, C, ... unterscheiden. Denkt man sich nun die Einheiten, aus denen A und aus denen B besteht, gleichzeitig abgezählt, d. h. je eine Einheit aus A und B jedesmal derselben Ordnungszahl zugeordnet, so sind zwei Fälle möglich: entweder erschöpfen sich beide Vielheiten A, B gleichzeitig, d. h. die letzte der verwendeten Ordnungszahlen ist für beide dieselbe, oder nicht.

Im erstern Falle ist die Anzahl der Einheiten, aus denen A besteht, gleich derjenigen, aus denen B besteht, im andern Falle ist jene von dieser verschieden.

Hierbei ist aber die Bemerkung wesentlich, dass die Anzahl der Einheiten, aus denen eine Vielheit besteht, ganz unabhängig davon ist, in welcher Reihenfolge diese Einheiten geordnet gedacht, d. h. in unsere Vorstellung aufgenommen werden. In der That ist die Vielheit selbst von dieser Reihenfolge unabhängig.*) Denn die Einheiten, aus denen sie besteht, sind, wie bemerkt, an sich unterschiedslos und erst verschieden durch die Stelle in der Reihe, in welcher wir sie allmählich zur Vielheit verknüpfen; wenn wir demnach hierbei an die Stelle einer Einheit eine andere setzen, so unterscheidet sich jetzt diese in nichts mehr von der vorigen, und die Verknüpfung der nun dort stehenden mit den vorangehenden muss dasselbe Resultat geben, wie zuvor. — Zwei Vielheiten also sind identisch, wenn eine aus der andern durch eine Vertauschung in der Reihenfolge der Einheiten entsteht. Eine Vielheit abzählen hiess aber, ihren Einheiten die Reihe der Ordnungszahlen beilegen oder sie diesen zuordnen; solche Operation an identischen Vielheiten ausgeführt, muss nothwendig Identisches, insbesondere also auch denselben Umfang der Ordnungszahlen, deren man bedarf, d. h. dieselbe Anzahl der Einheiten ergeben.

Diesem zufolge ist es also die Anzahl und sie allein, welche eine Vielheit zu einer bestimmten macht, durch welche mit andern Worten eine Vielheit von einer andern verschieden ist. In der Reihe (1), der sogenannten natürlichen Zahlenreihe, heisst jede Zahl — und entsprechend die durch sie ausgedrückte Anzahl — grösser als jede der ihr voraufgehenden, kleiner als jede der ihr folgenden Zahlen; insbesondere heisst von zwei darin aufeinanderfolgenden Zahlen die voraufgehende um eine Einheit kleiner als die folgende, diese um eine Einheit grösser als jene.

---

*) Anders wäre dies bei einer beliebigen Mehrheit von Objekten.

Werden den Einheiten in einer Vielheit A gleichartige Objekte irgend welcher Natur oder Benennung substituirt, so wird dadurch die Anzahl a nicht verändert, denn diese gewinnt man dem Gesagten zufolge erst dadurch, dass man von jeder solchen besonderen Beschaffenheit der Objekte absieht. Die Vielheit aber geht dabei in eine benannte Vielheit über, die nicht mehr durch die Anzahl der Elemente allein, sondern auch durch ihre Benennung bestimmt ist.*)

3. Rechnen heisst: mehrere Zahlen zu einer neuen Zahl nach bestimmten Gesetzen verknüpfen. Die Entwicklung dieser Gesetze, der sogenannten Rechnungsregeln, ist nun zwar nicht sowohl Sache der Zahlentheorie, als vielmehr der gemeinen Arithmetik; da jedoch jene im wesentlichen auf ihnen beruht, so wollen wir hier wenigstens soviel über die fundamentalen Rechnungen voranschicken, als uns principiell von Wichtigkeit dünkt.

Denken wir uns eine Vielheit A von a Einheiten, und eine andere Vielheit A' von a' Einheiten, so bilden sie zusammen eine Vielheit B, bei welcher die Anzahl b der Einheiten nach der in voriger Nummer gemachten wesentlichen Bemerkung dieselbe ist, ob wir B aus A und A' oder aus A' und A zusammengesetzt denken. Wird daher b die Summe der beiden Zahlen oder Summanden a, a' genannt, in Zeichen: $b = a + a'$, so ist b auch die Summe von a', a, in Zeichen: $b = a' + a$, und man erhält die Gleichheit:

(2) $$a + a' = a' + a,$$

d. h. den Satz: die Summe ist von der Anordnung der Summanden unabhängig. Man nennt die Thätigkeit, durch welche zwei Zahlen zu ihrer Summe verknüpft werden, Addition, und drückt die eben bewiesene Eigenschaft derselben aus, indem man sagt: die Addition sei commutativ. — Die Bildung jeder Zahl der natürlichen Zahlenreihe besteht hiernach offenbar darin, dass die vorhergehende Zahl mit einer Einheit durch Addition verknüpft wird.

---

*) Vgl. zu diesem Abschnitte Kronecker, über den Zahlenbegriff, im Journal f. d. reine und angew. Mathematik, Bd. 101 p. 337.

Denkt man sich ferner eine Vielheit A von a Einheiten, eine Vielheit A' von a', eine Vielheit A'' von a'' Einheiten, so werden sie zusammen eine Vielheit C bilden, welche aus c Einheiten bestehe. Man bezeichne die aus A, A' zusammengesetzte Vielheit wieder mit B, mit b die Anzahl ihrer Einheiten, die aus A', A'' zusammengesetzte Vielheit mit B' und mit b' die Anzahl ihrer Einheiten; dann ist $b = a + a'$, $b' = a' + a''$. Nun kann man C sowohl zusammengesetzt ansehen aus B und A'', als auch aus A und B', wovon die Anzahl c nicht berührt wird; folglich wird sowohl

$$c = (a + a') + a''$$

als auch

$$c = a + (a' + a''),$$

also

(2a) $$(a + a') + a'' = a + (a' + a'')$$

sein. In dieser Gleichung spricht sich eine zweite charakteristische Eigenschaft der Addition aus, um derentwillen sie **associativ** heisst.

Aus beiden Eigenschaften zusammen ergiebt sich, dass man dieselbe Zahl c auch noch auf folgende Weisen bilden kann:

$$c = (a' + a) + a'' = a' + (a + a'')$$
$$c = a + (a'' + a') = (a + a'') + a'$$
$$c = a'' + (a + a') = (a'' + a) + a'$$
$$c = a'' + (a' + a) = (a'' + a') + a$$
$$c = a' + (a'' + a) = (a' + a'') + a,$$

d. h. man erhält dieselbe Zahl, wie man auch von den drei Zahlen a, a', a'' zuerst zwei mit einander und dann die so entstehende Zahl mit der dritten durch Addition verknüpft. Man nennt die Zahl c die Summe der drei Zahlen a, a', a'' und schreibt einfach

$$c = a + a' + a''.$$

Durch Verallgemeinerung findet man so den folgenden Satz: Um n Zahlen

$$a_1, a_2, \ldots a_n$$

zu addiren, hat man zwei beliebige von ihnen zu addiren, in der so entstehenden Reihe von $n - 1$ Zahlen wieder irgend

zwei, in der neu entstandenen Reihe von $n-2$ Zahlen wieder irgend zwei u. s. f., bis die neu entstandene Reihe nur eine Zahl noch enthält; diese ist von der Art und Weise, wie die einzelnen Additionen ausgewählt werden, unabhängig und wird die Summe der n Zahlen genannt, in Zeichen:
$$a_1 + a_2 + \cdots + a_n.$$

Die Summe zweier oder mehrerer Zahlen ist grösser als jede einzelne derselben. Denn nach (2a) findet man die Gleichungen:
$$(a+2) = (a+1)+1$$
$$(a+3) = (a+2)+1$$
u. s. f., welche lehren, dass $a+b$ grösser ist, als jede der in der natürlichen Reihe voraufgehenden Zahlen, also auch als a.

4. Die Umkehrung der Addition ist die Subtraktion. Wenn jene nämlich zwei Zahlen a, b in bestimmter Weise zu einer dritten Zahl c, ihrer Summe, verknüpft, so verknüpft die Subtraktion die Zahl c so mit einer jener Zahlen, etwa mit b, dass die andere a entsteht; sie ist also eine solche Verknüpfung zweier verschiedener Zahlen c, b, dass die entstehende Zahl a, mit der kleineren b von jenen additiv verknüpft, die grössere c derselben zur Summe hat, oder — kürzer gesagt — um b vermehrt gleich c wird. Diese Beziehung schreibt man folgendermassen:
$$c - b = a$$
und nennt c den Minuendus, b den Subtrahendus, a die Differenz. Die Differenz zweier verschiedenen Zahlen ist demnach eine dritte Zahl, die, um die kleinere von jenen vermehrt, die grössere ergiebt. Man findet sie offenbar, indem man von c successive b Einheiten fortnimmt.

Einen wesentlichen Unterschied zeigt die umgekehrte Operation, die Subtraktion, vor der direkten Operation, der Addition, insofern als diese stets ausführbar ist, wie beschaffen die Zahlen, welche verknüpft werden sollen, auch sind, während jene nur dann ausgeführt werden kann, d. h. nur dann eine Zahl der natürlichen Zahlenreihe hervorbringt, wenn der Minuendus grösser ist als der Subtrahendus. Das Zeichen $c - b$ hat also von vornherein keinen Sinn, wenn $c < b$ ist.

Gleichwohl kann man auch in diesem Falle einen bestimmten Sinn damit verbinden. Statt nämlich die Differenz $c-b$ an sich zu betrachten und die unmögliche Forderung zu stellen, dass erst c Einheiten gesetzt und davon b Einheiten weggenommen werden sollen, können wir das Zeichen $c-b$ auch so deuten, dass erst c Einheiten addirt und dann b Einheiten weggenommen werden sollen. So hat das Zeichen $c-b$ eine reale Bedeutung zwar nur in Verbindung mit einer andern schon vorausgesetzten Zahl, etwa γ, mit welcher die Zahlen c, b in der angegebenen Weise verknüpft werden sollen, es hat dann aber auch wirklich eine reale Bedeutung, da ja die Zahl γ hinreichend gross gedacht werden kann, dass die angegebenen Operationen sich daran ausführen lassen.

Wir definiren also die Differenz $c-b$, präciser die Addition derselben, in dem Falle, wo $c < b$ ist, durch die Gleichung:

(3) $\qquad \gamma + (c-b) = (\gamma + c) - b.$

Diese Gleichung besteht von selbst in dem Falle, wo $c > b$. Denn, setzt man

(4) $\qquad (\gamma + c) - b = a,$

also $\gamma + c = a + b$, so ergiebt sich, wenn $c > b$ also $c - b = b'$ eine bestimmte Zahl ist,

$$c = b + b'$$

und

$$(\gamma + b') + b = a + b,$$

also

$$\gamma + b' = a,$$

d. i. die Gleichung (3).

Man findet dagegen, wenn $b > c$ und demnach $b - c = b'$ eine bestimmte Zahl, also $b = b' + c$ ist, aus derselben Gleichung (4). folgendes Resultat:

$$\gamma + c = (a + b') + c,$$

also $\gamma = a + b'$, $\gamma - b' = a$, d. h.

(5) $\qquad \gamma - (b-c) = (\gamma + c) - b.$

Die Vergleichung der Formeln (3) und (5) lehrt offenbar, dass in dem Falle, wo $c < b$ ist, die Addition der Differenz $c-b$

zu γ mit der Wegnahme von $b-c$ Einheiten von γ gleichbedeutend ist, was wir ausdrücken wollen durch die Formel:

(6a) $\qquad + (c-b) = -(b-c),$

wenn $c < b$ ist.

Diese Beziehung gewannen wir, indem wir die Gleichung (3), welche für $c > b$ von selbst erfüllt ist, im Falle $c < b$ benutzten, um die Addition der Differenz $c-b$ zu definiren, und indem wir sie darauf mit der für diesen Fall geltenden Gleichung (5) verglichen. Verfahren wir umgekehrt, benutzen also die Gleichung (5), welche für $c < b$ von selbst erfüllt ist, im entgegengesetzten Falle $c > b$, um die Wegnahme der Differenz $b-c$ zu definiren, so lehrt ihre Vergleichung mit der in diesem Falle von selbst bestehenden Gleichung (3), dass die Subtraktion der Differenz $b-c$ von γ mit der Addition von $c-b$ Einheiten zu γ gleichbedeutend ist, was wir ausdrücken durch die Formel:

$$-(b-c) = +(c-b),$$

wenn $c > b$ ist, oder, bei Vertauschung der Zeichen b, c:

(6b) $\qquad -(c-b) = +(b-c),$

wenn $c < b$ ist.

Die Formeln (6a) und (6b) definiren, wie man die Rechnung mit Differenzen, deren Minuendus kleiner ist als der Subtrahendus, auf die Rechnung mit gewöhnlichen Differenzen, bei denen das Umgekehrte der Fall ist, zurückzuführen hat.

5. Unterscheiden wir nun — eine Unterscheidung, die freilich keinen Sinn hat, solange wir die Einheiten als für sich existirend ansehen, die wir aber wohl machen dürfen, wenn wir dieselben nur bezüglich der Operationen betrachten, die wir mit ihnen ausführen sollen — zwischen positiven Einheiten, welche zu addiren sind, und negativen d. i. wegzunehmenden Einheiten, so dürfen wir die Wegnahme von $b-c$ Einheiten auch als Addition von ebensoviel wegzunehmenden oder negativen Einheiten auffassen. Man pflegt in solcher Meinung daher eine Differenz $c-b$, bei welcher $c < b$ ist, eine negative Zahl und $b-c$ ihren Zahlen- oder Absolutwerth zu nennen. Nach den Regeln (6a) und (6b) kommt die Addition bezw. Subtraktion einer negativen Zahl auf die Subtraktion bezw. Addition ihres Zahlenwerthes zurück.

Ist der Zahlenwerth $b - c = d$, so schreibt man die negative Zahl $c - b = -d$. Man muss sich dabei aber stets gegenwärtig halten, dass solche negative Zahl an sich eigentlich keine Bedeutung hat*), sondern nur in Verbindung mit andern Zahlen, mit welchen sie durch Addition oder Subtraktion verknüpft werden soll.

Dann erkennt man z. B. die Richtigkeit folgender Gleichung:

(7) $\qquad a + (b - c) = (b - c) + a.$

Diese ist selbstverständlich, wenn $b - c$ eine positive Zahl ist. Ist aber $b - c = -d$ eine negative Zahl, d. h. $c - b = d$ eine positive Zahl, so haben beide Seiten der behaupteten Gleichheit nur dann einen stets realen Sinn, wenn die angedeuteten Operationen an eine bereits vorhandene hinreichend grosse Zahl γ angeknüpft werden, sodass die zu beweisende Formel identisch ist mit der folgenden:

$$\gamma + (a - d) = (\gamma - d) + a.$$

Die linke Seite ist zunächst nach (3) gleich $(\gamma + a) - d$, wofür auch $(a + \gamma) - d$, also wieder nach (3) auch $a + (\gamma - d)$ gesetzt werden kann, was in der That, da γ so gross zu denken ist, dass $\gamma - d$ eine positive Zahl ist, mit $(\gamma - d) + a$ identisch ist.

Zwischen den beiden Fällen $c > b$ und $c < b$ liegt der Fall, in welchem b, c einander gleich sind. Die Differenz $c - c$ ist nun zwar jederzeit insofern ausführbar, als man sicher erst c Einheiten setzen und sie dann wieder wegnehmen kann, doch ist das Resultat eigentlich keine Zahl; man kann aber jenes Zeichen auch ähnlich verwenden wie das Zeichen der Differenz $c - b$ im Falle $c < b$, nämlich in Verbindung mit einer bereits vorhandenen Zahl γ, um auszudrücken, dass zu dieser Zahl erst c Einheiten addirt, dann ebensoviel weggenommen werden sollen, wodurch dann γ gar keine Aenderung erleidet. Offenbar gilt hier die (7) entsprechende Gleichung

(7a) $\qquad c - c = -c + c.$

---

*) Von jeder etwa möglichen Beziehung oder Anwendung derselben auf reale Objekte wird hier abgesehen.

Ebenso nun, wie man die Differenz $c - b$ im Falle $c < b$ als eine Zahl bezeichnet, indem man sie eine negative Zahl nennt, so fasst man der Gleichförmigkeit wegen auch die Differenz $c - c$ als eine Zahl auf und nennt sie Null:
$$c - c = -c + c = 0.$$

So einfach diese Einführung der Zahl Null auch scheint, so ausserordentlich folgenreich ist sie gewesen und kann geradezu als einer der grössten Fortschritte bezeichnet werden, welchen die Arithmetik gemacht hat.

Ist $b - c = d$ eine positive Zahl, so ist offenbar auch $(b + 1) - (c + 1) = d$, also
$$(b + 1) - c = d + 1.$$

Dann ist, unter γ eine hinreichend grosse Zahl verstanden, nach (5) und (3)
$$\gamma - d = \gamma + (c - b)$$
und
$$\gamma - (d + 1) = \gamma + [c - (b + 1)].$$

Hieraus folgen allmählich die Gleichheiten:
$$[\gamma - (d + 1)] + 1 = \big(\gamma + [c - (b + 1)]\big) + 1$$
$$= [\gamma + c - (b + 1)] + 1 = 1 + [\gamma + c - (b + 1)]$$
$$= (1 + \gamma + c) - (b + 1) = (\gamma + c) - b$$
$$= \gamma + (c - b) = \gamma - d.$$

Diese Gleichheit sagt den Satz aus: Verknüpft man mit der Zahl γ durch Addition zuerst die negative Zahl $-(d + 1)$ und dann die Einheit, so gilt dies der additiven Verknüpfung der negativen Zahl $-d$ mit der Zahl γ völlig gleich. In diesem Sinne darf man sagen: die negative Zahl $-d$ sei die additive Verknüpfung der negativen Zahl $-(d + 1)$ mit der Einheit, in Zeichen:
$$-(d + 1) + 1 = -d.$$

Hieraus ergiebt sich die Grössenordnung der negativen Zahlen, und man gewinnt bei ihrer Zulassung statt der natürlichen Zahlenreihe jetzt die umfassendere:
$$\ldots -5, -4, -3, -2, -1, 0, 1, 2, 3, 4, 5, \ldots$$
welche nach beiden Seiten hin unbegrenzt ist und allen Unter-

suchungen über ganze Zahlen zu Grunde liegt. Die allgemeinen Eigenschaften dieser ganzen Zahlen zu entwickeln ist die Aufgabe der Zahlentheorie.

6. Neben den Operationen der Addition und Subtraktion haben wir noch drittens die Multiplikation zu besprechen. Denken wir uns eine Vielheit A von a Einheiten, ersetzen aber jede dieser Einheiten durch eine Vielheit B von b Einheiten, sodass A zu einer gewissen benannten Vielheit wird, wenn sie aus den gleichartigen Objekten B zusammengesetzt gedacht wird. Da aber jedes B selbst eine Verknüpfung von b Einheiten ist, wird offenbar die benannte Vielheit A auch als eine Verknüpfung von Einheiten aufgefasst werden können, und es entsteht dann die Aufgabe, die Anzahl ihrer Einheiten zu bestimmen. Offenbar wird diese Aufgabe gelöst durch Addition der a Zahlen b, d. i. durch die aus a Summanden bestehende Summe
$$b + b + b + \cdots + b.$$
Man nennt solche Summe das Produkt der Zahlen a und b, bezeichnet dasselbe durch das Zeichen $a \cdot b$, kürzer ab, in Worten a mal b, und nennt a den Multiplikator, b den Multiplikandus. Jene Summe entsteht ersichtlich aus der Zahl b auf dieselbe Weise, wie die Zahl a aus der Einheit, und demnach kann man definiren: das Produkt zweier Zahlen, ab, ist eine dritte Zahl, welche aus dem Multiplikandus b auf dieselbe Weise entsteht, wie der Multiplikator a aus der Einheit.

Um nun, wie bei der Addition, die operativen Eigenschaften der Multiplikation aufzustellen, bedienen wir uns — nur grösserer Anschaulichkeit wegen — der räumlichen Vorstellung. Denken wir uns die Einheit a mal in eine Horizontalreihe gesetzt und b solcher Horizontalreihen, sodass wir ein rechteckiges Schema erhalten, wie folgt:

$$b \begin{cases} 1, 1, 1, \ldots 1 \\ 1, 1, 1, \ldots 1 \\ \cdot \ \cdot \ \cdot \ \cdot \ \cdot \ \cdot \\ 1, 1, 1, \ldots 1 \end{cases}$$
$$\underbrace{}_{a}$$

Dasselbe können wir sowohl aus b Horizontalreihen oder Vielheiten von je a Einheiten, als auch aus a Vertikalreihen oder Vielheiten von je b Einheiten bestehend denken. Im ersteren Falle enthält es, der Definition des Produktes gemäss, ba, im zweiten Falle ab Einheiten, während doch die Anzahl der überhaupt vorhandenen von der Reihenfolge in unserer Auffassung unabhängig sein muss. Man findet daher die Gleichung

(8) $$ab = ba,$$

d. h. die Multiplikation ist commutativ.

Weil hiernach Multiplikator und Multiplikandus vertauscht werden können, so bezeichnet man die Zahlen, welche das Produkt bilden, mit indifferentem Namen als Faktoren desselben.

Nun wollen wir uns c solcher Rechtecke wie das obige über einander denken, sodass sie gewissermassen Schichten eines rechtwinkligen Parallelepipeds bilden. Jede horizontale Schicht desselben enthält eine Vielheit von ab Einheiten, und da es c solcher Schichten giebt, enthält das Parallelepiped $c(ab) = c(ba)$ Einheiten. Man kann es aber auch aus vertikalen Schichten zusammensetzen, und zwar in zwiefacher Richtung: von vorn nach hinten, und in seitlichem Sinne. Jede jener Schichten ist eine Vielheit von ca Einheiten und ihre Anzahl ist b; jede der Schichten der seitlichen Richtung ist eine Vielheit von cb Einheiten und ihre Anzahl ist a; folglich drücken auch die Produkte $b \cdot (ca) = (ca) \cdot b$ und $a \cdot (cb) = (cb) \cdot a$ die Gesammtmenge der Einheiten im Parallelepiped aus, und man gewinnt die Gleichungen:

(8a) $$c(ab) = (ca)b$$
$$c(ba) = (cb)a,$$

von denen jede die Multiplikation als eine associative Operation erkennen lässt.

In gleicher Weise wie bei der Addition folgt nun für die Multiplikation der allgemeine Satz: Um das Produkt von n Zahlen $a_1, a_2, \ldots a_n$ zu bilden, oder diese Zahlen mit einander zu multipliciren, darf man zwei beliebige von ihnen multipliciren, in der so entstehenden Reihe von $n - 1$ Zahlen wieder irgend zwei, in der neu entstandenen Reihe von $n-2$ Zahlen wieder irgend zwei u. s. f., bis die neu entstehende Reihe nur eine Zahl noch enthält; diese ist von der Art und Weise, wie die einzelnen Multiplikationen ausgewählt werden, unabhängig und wird das Produkt der n Zahlen genannt, in Zeichen:

$$a_1 a_2 a_3 \cdots a_n.$$

Sind die Faktoren eines Produkts gleiche Zahlen, so heisst das Produkt eine **Potenz**, und zwar die n^{te} Potenz von a, wenn das Produkt aus n gleichen Faktoren a besteht, in Zeichen a^n; n heisst der **Grad** oder der **Exponent** der Potenz, a ihre **Basis**.

Ausser den beiden Eigenschaften, welche die Multiplikation gemeinsam hat mit der Addition, kommt ihr noch eine dritte mit Bezug auf Addition geltende zu, die sogenannte **distributive**. Diese spricht sich aus in der Gleichung

(8b) $$(a+a')b = ab + a'b,$$

folglich auch

$$(a+a')(b+b') = ab + ab' + a'b + a'b',$$

und kann in ganz ähnlicher Weise wie die ersteren auf anschaulichem Wege bewiesen werden.

Wir haben aber noch über die Multiplikation negativer Zahlen mit positiven und unter einander ein Wort zu sagen. Ist $c-b = -d$ eine negative Zahl, so haben wir diese, dem oben Gesagten gemäss, stets nur in Verbindung mit einer schon vorhandenen, hinreichend grossen Zahl γ zu verstehen,

$$\gamma + (c-b);$$

eine Multiplikation einer negativen mit einer positiven Zahl kann also nur so vorkommen, dass ein Produkt

$$a[\gamma + (c-b)] = [\gamma + (c-b)]a$$

zu bilden ist, welches nach (6a) sich auch so schreiben lässt:

$$a(\gamma - d) = (\gamma - d)a.$$

Ist nun die positive Zahl $\gamma - d = \beta$ also $\gamma = \beta + d$, so folgt

$$a(\gamma - d) = a\beta \quad \text{und} \quad a\gamma = a\beta + ad,$$

folglich

$$a\gamma - ad = a\beta$$

und hieraus die Formeln:

(9) $\begin{cases} a\left(\gamma + (-d)\right) = a\gamma - ad \\ \left(\gamma + (-d)\right)a = \gamma a - da. \end{cases}$

Man sagt, ihnen entsprechend, das Produkt einer positiven in eine negative Zahl oder umgekehrt sei eine negative Zahl, deren Zahlenwerth gleich dem Produkt aus den Zahlenwerthen jener beiden ist.

Sind endlich $c - b = -d$, $c' - b' = -d'$ zwei negative Zahlen, so kann eine Multiplikation derselben nur in der Weise auftreten, dass das Produkt von zwei positiven Zahlen:

$$[\gamma' + (c' - b')] \cdot [\gamma + (c - b)]$$

oder $(\gamma' - d')(\gamma - d)$, welches wir a nennen wollen, zu bilden ist. Nach (9) ergiebt dann

$$a = \gamma'(\gamma - d) - d'(\gamma - d)$$

oder bei nochmaliger Anwendung dieser Formel

$$a = (\gamma'\gamma - \gamma'd) - (d'\gamma - d'd)$$

und hieraus

$$\gamma'\gamma - \gamma'd = a + (d'\gamma - d'd)$$

d. i. nach (3) gleich $(a + d'\gamma) - d'd$; folglich ist

$$a + d'\gamma = d'd + (\gamma'\gamma - \gamma'd)$$
$$a = [d'd + (\gamma'\gamma - \gamma'd)] - d'\gamma.$$

Hieraus nach (3)

$$a = d'd + (\gamma'\gamma - \gamma'd - d'\gamma)$$

oder auch nach (7)

$$a = (\gamma'\gamma - \gamma'd - \gamma d') + dd',$$

also schliesslich folgende Gleichung:

(10) $\left(\gamma' + (-d')\right)\left(\gamma + (-d)\right) = \gamma'\gamma - \gamma'd - d'\gamma + d'd$,

welche man dahin ausspricht, dass man sagt: Das Produkt zweier negativer Zahlen $(-d')$, $(-d)$ ist eine positive Zahl, $d'd$, welche gleich dem Produkt aus den Zahlenwerthen jener beiden ist.

Was endlich die Multiplikation einer positiven oder negativen Zahl $\pm d$ mit Null betrifft, so hat diese die Bedeutung, dass die gedachte Zahl ebenso oft addirt (oder gesetzt) und dann wieder fortgenommen werde; das Resultat ist offenbar wieder Null:

(11) $$0 \cdot (\pm d) = 0.$$

Ebenso aber, wenn die durch 0 angedeutete Operation das Gezählte ist, so bedeutet das Zeichen $(\pm d) \cdot 0$, dass zu einer bereits vorhanden gedachten Anzahl solcher Operationen noch d neue hinzugefügt oder davon weggenommen werden sollen, was offenbar, wie die Operation 0 selbst, auf das bereits vorhandene ohne Wirkung bleibt, also ist auch

(12) $$(\pm d) \cdot 0 = 0.$$

Andererseits folgt aus der Bedeutung eines Produktes, dass ein Produkt zweier Zahlen nur dann Null sein kann, wenn es einer der Faktoren ist. Demnach folgt aus einer Gleichung

$$a \cdot m = 0,$$

in welcher m nicht Null ist, mit Nothwendigkeit

$$a = 0.$$

Und hieraus ergiebt sich noch eine wesentliche Eigenschaft der Multiplikation. Ist nämlich

$$a \cdot m = b \cdot m,$$

so folgt

$$(a - b) \cdot m = 0,$$

also $a - b = 0$, d. h.

$$a = b,$$

so oft m nicht Null ist. Diesen Umstand wollen wir damit bezeichnen, dass wir die Multiplikation *einpaarig* nennen.

Erster Abschnitt.

Von der Theilbarkeit der Zahlen.

1. Den in der Einleitung abgeleiteten Regeln zur Addition, Subtraktion und Multiplikation von Zahlen gemäss hat die Reihe der Zahlen

(1) $\quad \ldots -5, -4, -3, -2, -1, 0, 1, 2, 3, 4, 5, \ldots$

offenbar die Eigenschaft, dass die Summe, Differenz und das Produkt einer beliebigen und einer gleichfalls beliebigen Zahl der Reihe — mögen beide verschieden von einander sein oder nicht — wieder eine Zahl derselben Reihe sein wird. Man pflegt dies kurz so auszudrücken: die Zahlen jener Reihe reproduciren sich durch Addition, Subtraktion und Multiplikation. In dieser Beziehung nennt man die Reihe ein Zahlensystem. (Dedekind.)

Bezeichnen wir daher mit n irgend eine (positive) Zahl und multipliciren die Zahlen der Reihe (1) sämmtlich mit n, so werden die entstehenden Produkte

(2) $\quad \ldots -3n, -2n, -n, 0, n, 2n, 3n, \ldots$

sämmtlich jener Reihe angehören. Aber das Umgekehrte gilt nicht, vielmehr finden sich in dem Zahlensysteme solche Zahlen vor, welche in der Reihe (2) fehlen; denn, um in der Reihe (1) von einer der Zahlen (2) zur nächstfolgenden, z. B. um von qn zu $(q+1)n$ zu gelangen, muss man mit qn die Einheit $n$mal durch Addition verknüpfen, so dass zwischen qn und $(q+1)n$ noch $n-1$ andere Zahlen enthalten sind, nämlich

(3) $\quad qn+1, \; qn+2, \; \ldots \; qn+(n-1)$.

Die Zahlen (2) nennt man die **Vielfachen** von n, so dass jedes Vielfache m von n die Form hat

(4) $$m = qn,$$

worin q eine positive oder negative ganze Zahl ist. Umgekehrt nennt man, wenn m ein Vielfaches von n ist, n einen **Theiler** oder **Divisor** oder auch **Faktor** von m. Offenbar würde auch q als ein Theiler von m zu bezeichnen sein; wenn man aber n als solchen auffasst, so heisst q der ihm entsprechende **Quotient** der Zahl m und wird gewöhnlich durch das Zeichen

(5) $$q = \frac{m}{n}$$

angedeutet. Dies Zeichen $\frac{m}{n}$ nennt man auch wohl einen **Bruch**, indem man durch diesen Ausdruck an allgemeinere Zahlenverhältnisse, bei welchen m kein Vielfaches von n zu sein braucht, erinnert, von denen aber in diesem Werke nur beiläufig die Rede sein wird.

Lassen wir nun m irgend welche Zahl der Reihe (1) bedeuten, so muss von zwei Fällen sich einer ereignen: entweder ist m ein Vielfaches von n, also von der Form (4), oder nicht, und dann muss es von einer der Formen (3) sein. Allgemein können wir demnach

(6) $$m = qn + r$$

setzen, wenn wir für r auch noch den Werth Null zulassen. **Jede ganze Zahl m hat also bezüglich einer bestimmten Zahl n betrachtet oder, wie man nach Gauss sagt, modulo n, in Zeichen: (mod. n), die Form (6), in welcher q eine positive oder negative ganze Zahl, r aber eine Zahl der Reihe 0, 1, 2, ... $n-1$ bezeichnet, welche beide ganz bestimmt sind, sobald es m, n selbst sind.** Die Zahl q, welche im Falle, wo m ein Vielfaches von n ist, der bezügliche Quotient hiess, wird allgemein das **grösste Ganze** von m (mod. n) genannt, und mit

$$q = E\left(\frac{m}{n}\right)$$

bezeichnet; E ist der Anfangsbuchstabe des französischen Entier, und man sagt auch, q sei das grösste Ganze, welches in dem Bruche $\frac{m}{n}$ enthalten ist. Die Zahl r dagegen heisst der Rest der Zahl m (mod. n).

Sind m, m' zwei verschiedene Vielfache von n,
$$m = qn, \quad m' = q'n,$$
so heisst n ein gemeinschaftlicher Theiler von m, m'. Da jede ganze Zahl als ein Vielfaches der Einheit angesehen werden kann, so haben zwei Zahlen m, m' jedenfalls die Eins zum gemeinschaftlichen Theiler. Haben sie aber ausser diesem selbstverständlichen Theiler keinen andern gemeinsamen Theiler, als dessen Vielfache sie dargestellt werden können, so nennt man sie zwei Zahlen ohne gemeinsamen Theiler oder besser: relative Primzahlen.

Jeder Theiler einer Zahl m ist numerisch kleiner als sie selbst, es sei denn, dass man, wie es allerdings meist geschieht, auch die Zahl m selbst als einen ihrer Theiler: $m = 1 \cdot m$, auffasst.

Da es nun unterhalb einer Zahl m in der natürlichen Zahlenreihe nur eine endliche Menge ganzer Zahlen giebt, desgleichen unterhalb einer Zahl m', so ist einleuchtend, dass es unter den gemeinsamen Theilern von m und m' einen grössten gemeinsamen Theiler d geben muss. Setzt man dann
$$m = \mu \cdot d, \quad m' = \mu' \cdot d,$$
so sind μ, μ' zwei ganze Zahlen ohne gemeinsamen Theiler oder relativ prim. Denn, hätten sie einen von 1 verschiedenen Theiler d' gemeinsam, sodass
$$\mu = \nu \cdot d', \quad \mu' = \nu' \cdot d'$$
gesetzt werden kann, unter ν, ν' zwei ganze Zahlen verstanden, so würden
$$m = \nu \cdot d'd, \quad m' = \nu' \cdot d'd,$$
d. h. m, m' hätten den gemeinsamen Theiler $d'd$, der ein Vielfaches von d, also grösser wäre als d, gegen die Voraussetzung.

2. Schreibt man unter die Zahlenreihe (1) die Reste, welche die einzelnen Zahlen in Bezug auf eine willkürlich gewählte Zahl n lassen, so sieht man die Reihe der Zahlen

(7) $\qquad 0, 1, 2, 3, \ldots (n-1)$

unbegrenzt oft nach rechts und nach links hin sich wiederholen. Man sagt deshalb, die Reste der Zahlenreihe (1) bilden einen Cyclus oder eine Periode. Dies Verhalten der Reihe der Reste stellt man anschaulich dar, indem man sich ein regelmässiges n-Eck*) einem Kreise einbeschrieben denkt und an seine Eckpunkte die Zahlen (7) schreibt; bei jedem Umlaufe ($\pi\varepsilon\varrho\iota o\delta o\varsigma$) um den Kreis ($\varkappa v\varkappa\lambda o\varsigma$) nämlich läuft die Reihe der Reste einmal ab, und indem man in der einen oder anderen Richtung zu wiederholten Malen den Kreis umläuft, bildet man die Restreihe so wie sie der Zahlenreihe (1) zugeordnet ist.

Dies vorausgeschickt, sei h eine beliebige positive ganze Zahl. Geht man von einem Eckpunkte des n-Ecks, etwa vom Punkte 0 aus immer um h Stellen auf der Kreisperipherie weiter, indem man, wenn nöthig, sie mehr als einmal umläuft, so wird man nach Berührung verschiedener Eckpunkte zum Anfangspunkte (0) zurückkommen, also ein gewisses geschlossenes Polygon bilden. Denn, da nur eine endliche Anzahl von Eckpunkten vorhanden ist, muss man jedenfalls endlich zu einem der bereits berührten Punkte zurückkehren; der erste so von neuem berührte Punkt muss aber der Ausgangspunkt sein; denn wäre es im Gegentheil ein späterer, so hätte man von diesem aus ein in ihm zurücklaufendes Polygon, und es müsste dann ein gleiches auch vom Ausgangspunkte aus möglich sein.

Wir nennen m die Anzahl der hierbei berührten Eckpunkte. Heisst ferner q die Anzahl der Umläufe, welche das Polygon um die Peripherie machen muss, bis es zuerst sich schliesst, so gewinnt man durch zwiefache Abzählung, je nach den Seiten des Polygons und den Umläufen, der auf der ganzen Strecke gelegenen Punkte die Gleichheit

(8) $\qquad\qquad mh = qn.$

Der Herleitung gemäss bedeutet hierbei mh das kleinste Vielfache von h, welches zugleich ein Vielfaches von n

---

*) Diese sehr instruktive Methode, der wir hier uns anschliessen, stammt von Poinsot her; s. seine in der Vorrede erwähnte Abhandlung.

oder durch n theilbar ist. Es ist leicht zu erkennen, dass m, wenn es nicht gleich n ist, doch ein Theiler von n sein muss. Denn wäre die Anzahl der bei jener Construktion berührten Eckpunkte $m < n$, so könnte man von einem der nicht berührten Punkte aus ein gleiches Polygon construiren, und wenn dann noch Punkte übrig wären, so fortfahren, bis alle n Punkte berührt wären; keine zwei der so entstehenden, etwa d, Polygone können eine Ecke gemeinschaftlich haben, weil sie, wenn man von ihr als gemeinsamem Ausgangspunkte ausginge, identisch würden. Also findet man

(8a) $$n = m \cdot d$$

d. h. m ist ein Theiler von n.

Aus beiden Gleichungen (8) und (8a) findet sich
$$h \cdot m = q d \cdot m,$$
und es ist leicht zu sehen, wenn man der Definition des Produktes sich erinnert, dass aus dieser Gleichung die andere hervorgeht:
$$h = q \cdot d,$$
folglich muss, wenn h, n ohne gemeinsamen Theiler sind, $d = 1$ also $m = n$ sein. So erhält man folgenden grundlegenden Satz: **Sind h, n relativ prim, so kommt man bei der erwähnten Construktion zum Ausgangspunkte erst zurück, nachdem sämmtliche n Eckpunkte berührt wurden.**

Wenn dagegen h und n einen von 1 verschiedenen grössten gemeinsamen Theiler δ haben, so kann man setzen: $h = h'\delta$, $n = n'\delta$, wo dann $n' < n$ und h', n' relativ prim sind. In diesem Falle lassen sich die n Eckpunkte in n' Abschnitte von je δ Punkten zusammenfassen:

$$\underbrace{0, 1, 2, \ldots \delta - 1;}_{0} \underbrace{\delta, \delta + 1, \delta + 2, \ldots 2\delta - 1;}_{1} \ldots$$

welche wir einzeln mit einander wollen correspondiren lassen, sodass z. B. die Punkte
$$0, \delta, 2\delta, \ldots$$
correspondirende Punkte der verschiedenen Abschnitte wären. Wenn man demnach — etwa von 0 aus — immer um

$h = h' \cdot \delta$ Stellen weiter, d. i. zum correspondirenden Punkte des Abschnittes h', $2h'$ ... geht, so wird man, da h', n' relative Primzahlen sind, dem Vorigen zufolge zum Ausgangspunkte erst zurückkehren, nachdem die correspondirenden Punkte aller Abschnitte durchlaufen sind. So werden also nur n' Punkte, nicht mehr, nicht weniger, berührt werden. Hiernach lässt sich ersichtlich das vorige Resultat auch umkehren: h und n sind zwei Zahlen ohne gemeinsamen Theiler, wenn man durch Uebergang von einem Punkte zu einem andern, der um h Stellen davon entfernt ist, u. s. w. erst nach Durchlaufen aller Punkte zum Ausgangspunkte zurückkehrt.

Entkleidet man diese Sätze ihres anschaulichen Gewandes, so giebt uns der erste den Euclidischen Fundamentalsatz*) von der Theilbarkeit der Zahlen:

1) Sind die Zahlen h, n relativ prim, so ist nh das kleinste Vielfache von h, welches durch n theilbar ist.

2) Wenn aber h, n den grössten gemeinsamen Theiler $\delta > 1$ haben, sodass

$$h = h'\delta, \quad n = n'\delta$$

und h', n' relativ prim vorausgesetzt werden können, so ist $n'h$ das kleinste Vielfache von h, welches durch n theilbar ist.

In der That ist dann $n'h'$ das kleinste Vielfache von h', welches durch n' theilbar ist, oder $m = n'$ die kleinste Zahl, für welche eine Gleichheit möglich ist von der Form $mh' = qn'$, eine Gleichheit, welche mit der andern: $mh = qn$ völlig gleichbedeutend ist.

Daher gilt 3) der Satz: h, n sind relativ prim, wenn nh das kleinste Vielfache von h ist, das durch n theilbar ist.

3. Aus dem ersten dieser Sätze folgt leicht, dass in dem Falle, wo h und n relativ prim sind, mh überhaupt nur für solche m durch n theilbar wird, oder, wie man auch sagt, durch n aufgeht, welche selbst Vielfache von n sind. Denn, wäre im Gegentheil

---

*) Eucl. Elementa lib. VII.

$$mh = qn,$$
während
$$m = Qn + r,$$
Q ganz, r aber eine der Zahlen 1, 2, 3, ... $(n-1)$, so würde
$$rh = (q - hQ) \cdot n,$$
also rh ein Vielfaches von n sein, während doch $r < n$ ist. So ist der Satz bewiesen: Ein Produkt, dessen einer Faktor zu n relativ prim ist, kann nur dann durch n theilbar sein, wenn der andere Faktor dies ist.

Dieser Satz lässt sich umkehren: Wenn ein Produkt nur dann durch n theilbar sein kann, wenn es der eine Faktor ist, so ist der andere Faktor relativ prim zu n. Denn, wäre mh nur dann durch n theilbar, wenn m es ist, und hätten dennoch h, n einen gemeinsamen Theiler $d > 1$, sodass, wenn $h = h'd$, $n = n'd$ gesetzt wird, h', n' ganze Zahlen sind, so würde
$$mh = md \cdot h'$$
durch
$$n = n'd$$
theilbar, indem man $m = n'$ also nicht durch n theilbar wählte, es entstünde also ein Widerspruch.

Aus dem entwickelten Fundamentalsatze fliessen einige wichtige Folgerungen. Ist h relativ prim zu n, so ist es dies offenbar auch zu jedem Theiler von n. Der Fundamentalsatz giebt also den folgenden: Ein Produkt, dessen einer Faktor relativ prim ist zu n, kann nur dann einen Theiler mit n gemeinschaftlich haben, wenn der andere Faktor ihn hat; oder auch: Sind h und n relativ prim, so ist jeder gemeinsame Theiler des Produktes mh und n auch gemeinsamer Theiler von m und n. Dies gilt selbstverständlich auch vom grössten gemeinsamen Theiler der Zahlen mh und n; zugleich ist aber einfach zu erkennen, dass letzterer dann auch der grösste gemeinsame Theiler der Zahlen m und n ist.

Und hieraus ferner fliesst der Satz von Euclid: Sind sowohl h, n, als auch m, n relative Primzahlen, so ist auch das Produkt hm relativ prim zu n.*)

---
*) Euclides, a. a. O. 32.

Die letzte Folgerung kann auch unmittelbar mittels derselben anschaulichen Methode bewiesen werden, welche uns zu dem Hauptsatze geführt hat. Gehen wir nämlich in dem ursprünglichen n-Ecke vom Punkte 0 aus um immer h Stellen weiter, so kommen wir, wenn h, n relativ prim sind, wie oben gezeigt, zum Ausgangspunkte erst nach Berührung aller übrigen Punkte zurück, d. h. wir erhalten ein zweites — den Kreis verschiedene Male umfassendes — n-Eck, welches im Anfangspunkte sich schliesst. Ist nun m gleichfalls relativ prim zu n, so werden wir, wenn wir jetzt im neuen n-Ecke vom Punkte 0 aus und immer um m Stellen weitergehen, nach demselben Satze ein drittes, sich in 0 schliessendes n-Eck erhalten, zu welchem wir offenbar aber auch sogleich gelangen würden, wenn wir im ursprünglichen n-Ecke immer um hm Stellen weiter gingen. Wenn wir also vom Punkte 0 aus immer um hm Stellen weitergehen, so kehren wir, mit andern Worten, zum Ausgangspunkte erst zurück, nachdem alle übrigen Punkte berührt sind, d. h. hm und n sind relativ prim.

4. Alle (positiven) ganzen Zahlen können wir in zwei Arten zerfällen: Primzahlen und zusammengesetzte Zahlen. Man nennt eine Zahl eine Primzahl, sobald sie keinen anderen Theiler hat als diejenigen beiden, welche jeder Zahl eignen: die Einheit und sich selbst. Jede Zahl dagegen, welche noch andere Theiler besitzt, heisst zusammengesetzt.

Ist p eine Primzahl und m irgend eine (positive) ganze Zahl, so ist entweder m theilbar durch p oder zu p relativ prim, da ein gemeinsamer Theiler beider, wenn er nicht p selbst ist, nur die Einheit sein kann.

Ist ein Produkt mh durch die Primzahl p theilbar, so muss es wenigstens einer der Faktoren sein; denn sonst wäre jeder dieser Faktoren relativ prim zu p und folglich, gegen die Voraussetzung, auch das Produkt.

Wenn nun m eine zusammengesetzte (positive) Zahl ist, so hat sie, der Definition zufolge, mindestens einen Theiler $m' < m$, welcher von 1 verschieden ist, sodass $m = q'm'$ gesetzt werden darf, unter q' eine ganze Zahl verstanden. Wenn m' noch keine Primzahl ist, enthält es mindestens einen Theiler $m'' < m'$, der von 1 verschieden ist, und man kann setzen

$m' = q''m''$, wo q'' wieder eine ganze Zahl, u. s. f. Endlich muss aber in der Reihe der Zahlen m, m', m'', ..., welche fortwährend abnehmen, eine Primzahl auftreten, weil man im entgegengesetzten Falle die Operationen ohne Ende würde fortsetzen und eine unbegrenzte Reihe abnehmender positiver Zahlen würde bilden können, was nicht möglich ist. Nennen wir also die gedachte Primzahl p, so ist m, da jede der Zahlen m, m', m'', ... p ein Vielfaches der folgenden ist, offenbar auch ein Vielfaches der letzten p, etwa $m = m_1 p$. Ist nun hierin die ganze Zahl m_1 noch zusammengesetzt, so kann man ähnlicherweise eine Gleichung $m_1 = m_2 p'$ herleiten, in welcher p' eine Primzahl, die möglicherweise gleich p ist, und m_2 eine ganze Zahl ist, und in derselben Weise wird m_2, wenn es noch zusammengesetzt ist, gleich $m_3 p''$ gesetzt werden können u. s. w. Aber auch hier endet nothwendigerweise einmal die Reihe der Operationen; denn die Zahlen m, m_1, m_2, m_3, ..., von denen jede ein Vielfaches der folgenden ist, bilden wieder eine Reihe abnehmender ganzer Zahlen. Aus den gewonnenen Gleichungen endlich erhält man aber die Beziehung:

$$m = p p' p'' \cdots p^{(\mu)},$$

d. h. eine Zerlegung von m in lauter Primzahlfaktoren.

Hier ist eine Bemerkung wesentlich, dass nämlich nur eine solche Zerlegung der Zahl m in Primfaktoren möglich ist. Denn, wollte man im Gegentheil annehmen, es gäbe noch eine zweite:

$$m = q q' q'' \cdots q^{(\nu)},$$

so würde

$$q q' q'' \cdots q^{(\nu)} = p p' p'' \cdots p^{(\mu)}$$

sein. Demnach wäre das Produkt links theilbar durch die Primzahl p, folglich auch einer seiner Faktoren, z. B. q; diese Zahl hat aber als Primzahl nur die beiden Faktoren 1 und q, mit deren zweitem also p übereinstimmen muss. Die obige Gleichheit lässt sich also vereinfachen und auf die Form bringen:

$$q' q'' \cdots q^{(\nu)} = p' p'' \cdots p^{(\mu)}.$$

In gleicher Weise aber zeigt man von jedem der Primfaktoren rechts, dass er sich auch links vorfindet und daher fortgehoben werden kann; zuletzt dürfen dann aber auch links keine Primfaktoren mehr übrig bleiben, da die vereinfachte rechte Seite, nämlich die Eins, durch keine Primzahl mehr aufgeht. Demnach stehen rechts und links gleichviel Primfaktoren und ihre Gesammtheit rechts und links ist dieselbe.

Wie schon bemerkt, kann derselbe Primfaktor mehr als einmal in der Zerlegung vorkommen; unsere Betrachtung zeigt aber, dass er in jeder möglichen Zerlegung von m gleich oft vorkommen muss. Fasst man die gleichen Primfaktoren in eine Potenz zusammen, so gewinnt man folgenden **Hauptsatz von der Theilbarkeit ganzer Zahlen**:

Jede zusammengesetzte (positive) Zahl m **kann, und zwar nur in** *einer***, ganz bestimmten Weise als ein Produkt aus Primzahlpotenzen dargestellt werden der Art, dass**

$$(9) \qquad m = p^a \cdot p_1^{a_1} \cdot p_2^{a_2} \cdots p_k^{a_k}$$

gesetzt werden darf, wenn $p, p_1, p_2, \ldots p_k$ **verschiedene Primzahlen,** $a, a_1, a_2, \ldots a_k$ **positive ganze Exponenten bedeuten.**

Beispiel:
$$10725 = 5^2 \cdot 3^1 \cdot 11^1 \cdot 13^1.$$

Die Zwei ist offenbar eine Primzahl, alle übrigen Primzahlen sind ungerade, denn die geraden Zahlen sind ja die Vielfachen von 2. Ob aber eine gegebene ungerade Zahl m Primzahl ist oder nicht, dies zu entscheiden, ist keineswegs einfach, sobald m gross ist. Für kleinere Zahlen entscheidet man es leicht durch Versuche; hierbei leistet folgende Bemerkung[*]) grosse Erleichterung, indem sie die Anzahl der Versuche wesentlich beschränkt:

Giebt es unterhalb der Grenze $\sqrt{m}$ **keine in** m **aufgehende Primzahl, so ist** m **selbst eine Primzahl.** Denn, wäre es im Gegentheil zusammengesetzt, so gäbe es auch eine in m aufgehende Primzahl p, welche, der Annahme gemäss, grösser als $\sqrt{m}$ ist, sodass man setzen kann $m = pm'$, wo dann $m' < \sqrt{m}$ sein muss. Dies widerspricht aber der

---

[*]) S. Legendre, essai sur la théorie des nombres, 2. éd. p. 5.

Annahme jedenfalls, wenn m' Primzahl wäre; und umsomehr, wenn m' aus solchen zusammengesetzt ist, da ja diese auch Faktoren von m und erst recht $< \sqrt{m}$ wären.

Schon Euclid*) hat bewiesen, dass die Anzahl der Primzahlen unendlich gross ist. Wäre sie nämlich im Gegentheil endlich, so heisse p die grösste aller Primzahlen, sodass jede grössere Zahl aus p und den kleineren Primzahlen sich zusammensetzen lassen müsste. Betrachtet man aber die Zahl

$$N = 1 + 1 \cdot 2 \cdot 3 \cdots (p-1)p,$$

so lässt diese, da ihr zweiter Summande durch jede der Zahlen $1, 2, 3, \ldots p$ und folglich durch jede der, nach der Annahme nur vorhandenen Primzahlen aufgeht, durch jede dieser Primzahlen getheilt den Rest 1, d. h. sie ist durch keine dieser Primzahlen theilbar und doch jedenfalls grösser als p, was den Voraussetzungen widerspricht.

5. Von dem in der vorigen Nummer gewonnenen Fundamentalsatze werden wir nun eine Reihe von Anwendungen machen. Die erste soll sich auf die Aufsuchung aller Theiler einer gegebenen Zahl m beziehen. Da es sich in der Zahlentheorie wesentlich um systematische Einsicht, nicht um praktische Rechnungsmethoden handelt, werden wir, wie hier von vornherein hervorgehoben werden mag, nicht sowohl darauf sehen, dass die von uns angewandten Methoden die zur Rechnung bequemsten, sondern dass sie theoretisch am einfachsten und der Natur der Sache möglichst gemäss sind. Und so setzen wir bei der vorliegenden Aufgabe voraus, dass die Zahl m bereits, wovon wir die Möglichkeit gezeigt haben, in ihre Primfaktoren zerlegt, also

$$m = p^a \cdot p_1^{a_1} \cdot p_2^{a_2} \cdots p_k^{a_k}$$

sei. Ist nun n ein Theiler von m, also $m = n \cdot q$, so ist offenbar, dass jeder Primfaktor von n auch ein solcher von m sein muss, mit anderen Worten, n kann keine andern Primfaktoren enthalten, als m selbst, und wird also, in solche Faktoren zerlegt, jedenfalls die Form haben:

---

*) Eucl. Elementa lib. IX 20.

(10) $$n = p^\alpha \cdot p_1^{\alpha_1} \cdot p_2^{\alpha_2} \cdots p_k^{\alpha_k},$$

in welcher freilich nicht alle Faktoren p, p_1, p_2, ... p_k wirklich vorkommen müssen, sodass ein oder der andere der Exponenten auch Null sein kann. Auf keinen Fall aber darf einer der Exponenten α_i grösser sein als der entsprechende Exponent a_i in der Zerlegung von m; denn, enthielte schon n den bezüglichen Primfaktor öfters als a_i mal, so müsste dies für m umsomehr der Fall sein. Hiernach wird uns ersichtlicherweise der Ausdruck (10) alle Theiler von m geben müssen, wenn man darin allgemein, d. h. für jeden Index i,

$$\alpha_i \text{ die Werthe } 0, 1, 2, \ldots a_i$$

durchlaufen lässt. Die so entstehenden Zahlen sind aber auch sämmtlich Theiler von m, da man schreiben darf:

$$m = n \cdot p^{a-\alpha} \cdot p_1^{a_1-\alpha_1} \cdots p_k^{a_k-\alpha_k},$$

d. h. $m = nN$, wo

$$N = p^{a-\alpha} \cdot p_1^{a_1-\alpha_1} \cdots p_k^{a_k-\alpha_k}$$

eine ganze Zahl ist, da die Exponenten $a - \alpha$, $a_1 - \alpha_1$, ... $a_k - \alpha_k$ nicht negativ sind. — Wird für die sämmtlichen Exponenten α, α_1, ... α_k ihr kleinster zulässiger Werth 0 gesetzt, so bedeutet n die Eins; werden ihnen ihre grösstzulässigen Werthe a, a_1, ... a_k resp. ertheilt, so bedeutet n die Zahl m selbst.

Aus dieser Betrachtung findet sich unmittelbar, dass die Anzahl aller Theiler der Zahl m, die Einheit und die Zahl m selbst mitgerechnet, gleich ist dem Produkte:

(11) $$(a + 1)(a_1 + 1)(a_2 + 1) \cdots (a_k + 1).$$

Auch die Summe aller Theiler ist leicht anzugeben. Man hat hierzu nur zu beachten, dass der Ausdruck für n nichts anderes ist als das allgemeine Glied der Entwicklung folgenden Produktes:

$$(1 + p + p^2 + \cdots + p^\alpha + \cdots + p^a)$$
$$\cdot (1 + p_1 + p_1^2 + \cdots + p_1^{\alpha_1} + \cdots + p_1^{a_1})$$
$$\cdots \cdots \cdots \cdots \cdots \cdots$$
$$\cdot (1 + p_k + p_k^2 + \cdots + p_k^{\alpha_k} + \cdots + p_k^{a_k}).$$

Die Summe aller Zahlen n ist also gleich dem Werthe dieses Produktes, welcher sich durch Berechnung der geometrischen Reihen, welche die einzelnen Faktoren des Produktes bilden, gleich

(12) $$\frac{p^{a+1}-1}{p-1} \cdot \frac{p_1^{a_1+1}-1}{p_1-1} \cdots \frac{p_k^{a_k+1}-1}{p_k-1}$$

ergiebt.

Die Anzahl der Theiler einer gegebenen Zahl hängt also nicht von den Werthen ihrer Primfaktoren, sondern nur von ihrer Häufigkeit ab, dagegen die Summe ihrer Theiler sowohl von dem einen, als von der andern.

6. Hat man zwei oder mehr Zahlen in ihre Primfaktoren zerlegt, so ist es leicht, auch ihre gemeinsamen Theiler zu finden. Diese Methode zu ihrer Bestimmung ist zwar keineswegs diejenige, welche sich praktisch am meisten empfiehlt, aber sie schliesst sich unsern theoretischen Grundlagen am natürlichsten an. Jeder gemeinschaftliche Theiler aller gegebenen Zahlen $m, m', m'', \ldots$ kann nämlich nach dem Vorigen aus keinen anderen Primzahlen zusammengesetzt sein als solchen, welche zugleich in jeder der Zahlen $m, m', m'', \ldots$ vorkommen, und kann eine solche, p, auch nicht öfter enthalten, als jede der letztern. Diejenigen Primfaktoren der einzelnen Zahlen $m, m', m'', \ldots$, die nicht in ihnen allen aufgehn, dürfen wir also bei Seite lassen; ist aber p^δ die niedrigste Potenz einer ihnen allen gemeinsamen Primzahl p, welche in den Zerlegungen jener Zahlen sich findet, so darf der gemeinschaftliche Theiler den Primfaktor p nicht öfter als δ mal enthalten. Wenn ähnlicherweise $p_1, p_2, \ldots p_\lambda$ diejenigen andern Primzahlen bezeichnen, welche in den Zerlegungen aller gegebenen Zahlen sich finden, und $\delta_1, \delta_2, \ldots \delta_\lambda$ resp. die niedrigsten Exponenten derselben, welche vorkommen, so darf ein gemeinsamer Theiler aller gegebenen Zahlen keine andern Primfaktoren enthalten als $p, p_1, p_2, \ldots p_\lambda$ und diese nicht öfter als resp. $\delta, \delta_1, \delta_2, \ldots \delta_\lambda$ mal. Er hat also die Form

(13) $$p^\alpha \cdot p_1^{\alpha_1} \cdot p_2^{\alpha_2} \cdots p_\lambda^{\alpha_\lambda},$$

worin allgemein α_i eine Zahl der Reihe 0, 1, 2, ... δ_i bezeichnet. Die grösste dieser Zahlen ist

(13a) $$d = p^\delta \cdot p_1^{\delta_1} \cdot p_2^{\delta_2} \cdots p_\lambda^{\delta_\lambda},$$

und jede andere von ihnen ist ein Theiler der letzteren. Diese aber und umsomehr dann jede der Zahlen (13) geht offenbar in jeder der gegebenen Zahlen auf, da sie keine anderen Primfaktoren enthält als jede von den gegebenen, einen jeden ihrer gemeinsamen Primfaktoren aber höchstens so oft als jede einzelne der gegebenen Zahlen selbst. Man hat also folgendes Ergebniss: **Für beliebig viel gegebene Zahlen giebt es einen *grössten* gemeinsamen Theiler, der durch die Formel (13a) dargestellt wird, und *alle* gemeinsamen Theiler der Zahlen stimmen mit den sämmtlichen Theilern dieser letzteren Zahl überein.**

Suchen wir umgekehrt eine Zahl n, in welcher alle gegebenen Zahlen aufgehen, also ein gemeinsames Vielfaches der letztern. Da jede der Zahlen m, m', m'', ... ein Theiler von n sein soll, so können diese Zahlen keine andern Primfaktoren enthalten, als n, mit andern Worten: alle Primfaktoren p, p_1, p_2, ... p_μ, welche in den Zerlegungen der gegebenen Zahlen überhaupt vorkommen, müssen auch in m enthalten sein, und jede von ihnen offenbar mindestens so oft, als in jeder von jenen. Sind daher p^ε, $p_1^{\varepsilon_1}$, $p_2^{\varepsilon_2}$, ... $p_\mu^{\varepsilon_\mu}$ die höchsten Potenzen jener Primzahlen, welche in den Zerlegungen der gegebenen Zahlen überhaupt vorkommen, so wird jedes gemeinsame Vielfache derselben durch jede der genannten Potenzen theilbar, also ein Vielfaches von

(14) $$M = p^\varepsilon \cdot p_1^{\varepsilon_1} \cdot p_2^{\varepsilon_2} \cdots p_\mu^{\varepsilon_\mu}$$

sein müssen. Die kleinste dieser Zahlen, nämlich M selbst, ist aber offenbar auch ein Vielfaches jeder der gegebenen, da sie durch jede der in ihnen vorkommenden Primzahlpotenzen theilbar ist, und man findet demnach folgendes Ergebniss: **Alle gemeinschaftlichen Vielfachen beliebig gegebener Zahlen stimmen überein mit den sämmtlichen Vielfachen des *kleinsten* gemeinschaftlichen Vielfachen, welches sich durch die Formel (14) be-**

stimmt. Denn nicht nur musste jedes gemeinsame Vielfache ein Vielfaches von M sein, sondern auch umgekehrt wird jedes Vielfache der Zahl M, die selbst durch alle gegebenen Zahlen theilbar ist, gleicherweise durch alle diese theilbar, d. h. ein gemeinsames Vielfache von ihnen sein.

Wenn die gegebenen Zahlen $m, m', m'', \ldots$ relative Primzahlen sind, d. h. wenn die Primfaktoren, aus denen jede von ihnen besteht, in keiner der andern sich finden, so ist ihr kleinstes gemeinsames Vielfache M nach (14) mit ihrem Produkte gleich.

7. Eine zweite Anwendung wollen wir machen, indem wir die höchste Potenz einer Primzahl p aufsuchen, welche in dem Produkte

(15) $\qquad 1 . 2 . 3 . 4 \ldots m$

enthalten ist. — Ist $m < p$, so wird p^0 diese Potenz sein; wenn dagegen $m > p$ ist, so suche man das grösste Ganze, das im Bruche $\frac{m}{p}$ enthalten ist,

$$m' = E\left(\frac{m}{p}\right);$$

dann sind

$$p, 2p, 3p, \ldots m'p$$

diejenigen Faktoren von (15), welche durch p aufgehn, alle anderen und folglich ihr Produkt sind prim zu p, und demnach wird der Primfaktor p im ganzen Produkte (15) gerade so oft aufgehn, wie im Produkte der vorgenannten Zahlen, d. i. in

(16) $\qquad p^{m'} . 1 . 2 . 3 \ldots m'.$

Bezeichnet daher $m'' = E\left(\frac{m'}{p}\right)$ das grösste in $\frac{m'}{p}$ enthaltene Ganze, so werden

$$p, 2p, 3p, \ldots m''p$$

diejenigen Faktoren des Produktes $1 . 2 . 3 \ldots m'$ sein, welche durch p theilbar sind, alle übrigen sind zu p relative Primzahlen, folglich geht p ebenso oft in dem Produkte (16) auf, wie in dem folgenden:

$$p^{m'} . p^{m''} . 1 . 2 . 3 \ldots m''.$$

Führt man in dieser Weise fort und beachtet, dass die Reihe der Zahlen $m, m', m'', \ldots$ nothwendig eine abnehmende ist, also endlich einmal abbricht, so findet man als höchste Potenz von p, welche in (15) aufgeht, die Potenz
$$p^{m'+m''+m'''+\cdots}$$
oder als ihren Exponenten

(17) $\qquad \mu = E\left(\frac{m}{p}\right) + E\left(\frac{m'}{p}\right) + E\left(\frac{m''}{p}\right) + \cdots$

Ist also z. B. $m = 1000$, $p = 2$, so giebt die Rechnung:

$$m' = E\left(\frac{1000}{2}\right) = 500$$

$$m'' = E\left(\frac{500}{2}\right) = 250$$

$$m''' = E\left(\frac{250}{2}\right) = 125$$

$$m^{(4)} = E\left(\frac{125}{2}\right) = 62$$

$$m^{(5)} = E\left(\frac{62}{2}\right) = 31$$

$$m^{(6)} = E\left(\frac{31}{2}\right) = 15$$

$$m^{(7)} = E\left(\frac{15}{2}\right) = 7$$

$$m^{(8)} = E\left(\frac{7}{2}\right) = 3$$

$$m^{(9)} = E\left(\frac{3}{2}\right) = 1;$$

hier bricht die Rechnung ab, und demnach ist
$$\mu = 994,$$
d. h. im Producte aller ganzen Zahlen von 1 bis 1000 geht der Primfaktor 2 genau 994 mal auf.

Hierbei kann man aber die Zwischenzahlen $m', m'', \ldots$ vermeiden. Ist nämlich a irgend welche positive ganze Zahl und $n' = E\left(\frac{n}{a}\right)$, d. h. $\frac{n}{a} = n' + \frac{r}{a}$, $r < a$, so wird nun, wenn b wieder eine beliebige positive ganze Zahl bezeichnet, $\frac{n}{ab} = \frac{n'}{b} + \frac{r}{ab}$ sein, folglich, wenn $n'' = E\left(\frac{n'}{b}\right)$, d. h. $\frac{n'}{b} = n'' + \frac{r'}{b}$, $r' < b$, gesetzt wird,

$$\frac{n}{ab} = n'' + \frac{ar'+r}{ab}.$$

Nun ist aber der grösste Werth, welchen $ar'+r$ haben könnte, $a(b-1)+a-1 = ab-1 < ab$, und folglich

$$n'' = E\left(\frac{n}{ab}\right).$$

Nach dieser allgemeinen Bemerkung ergiebt sich offenbar $E\left(\frac{m'}{p}\right) = E\left(\frac{m}{p^2}\right)$, $E\left(\frac{m''}{p}\right) = E\left(\frac{m}{p^3}\right)$ u. s. f. Demnach wird der Exponent μ der höchsten Potenz einer Primzahl p, welche im Produkte $1.2.3\ldots m$ aufgeht, auch durch nachstehende Formel bestimmt:

(17a) $$\mu = E\left(\frac{m}{p}\right) + E\left(\frac{m}{p^2}\right) + E\left(\frac{m}{p^3}\right) + \cdots,$$

welche sich sogleich für $m = 1000$, $p = 2$ bestätigen lässt.

Vermittelst dieser Formel lässt sich der Exponent μ sehr leicht berechnen, wenn man die Zahl m in einer gewissen Form voraussetzt, in welche sie stets gebracht werden kann. Bezeichnen wir zunächst mit p irgend welche (positive) ganze Zahl, so ist einleuchtend, dass die aufeinanderfolgenden Potenzen $p, p^2, p^3, p^4, \ldots$ stets wachsende Zahlen sind, dass man also endlich zu einer Potenz $p^{\alpha+1}$ gelangen muss, welche m übersteigt, während p^α noch darunter liegt, wobei auch der Fall eintreten kann, dass $p^\alpha = m$ selbst wäre:

$$p^\alpha \lessgtr m < p^{\alpha+1}.$$

Schalten wir nun, wenn das Gleichheitszeichen nicht gilt, zwischen p^α und $p^{\alpha+1} = p \cdot p^\alpha$ die Zwischenglieder $2p^\alpha, 3p^\alpha, \ldots (p-1)p^\alpha$ ein, so wird m, wenn es nicht etwa einem der letzteren gleich wäre, zwischen zwei aufeinanderfolgende derselben fallen:

$$a p^\alpha \lessgtr m < (a+1)p^\alpha$$

oder auch

$$m = a p^\alpha + m', \quad m' < p^\alpha.$$

Verfährt man bezüglich der Zahl m' in gleicher Weise, so lässt sich eine Gleichung erhalten

$$m' = b p^\beta + m'', \quad m'' < p^\beta$$

u. s. f., sodass endlich m in folgender Form sich dargestellt findet:
$$m = ap^\alpha + bp^\beta + cp^\gamma + \cdots,$$
in welcher α, β, γ, ... abnehmende positive Zahlen, a, b, c, ... sämmtlich positive Zahlen bedeuten, die $< p$ sind. Man darf offenbar auch so schreiben:

(18) $\quad m = ap^\alpha + a_1 p^{\alpha-1} + a_2 p^{\alpha-2} + \cdots + a_{\alpha-1} p + a_\alpha,$

wenn man für die Coefficienten a_i auch den Werth Null zulässt. Für $p = 10$ ist dies die gewöhnliche Darstellung einer Zahl in dem allbekannten Ziffernsysteme.

Wird jetzt wieder, um die Formel (17a) anzuwenden, p als Primzahl vorausgesetzt, so ergiebt sich aus (18):

$$E\left(\frac{m}{p}\right) = ap^{\alpha-1} + a_1 p^{\alpha-2} + a_2 p^{\alpha-3} + \cdots + a_{\alpha-1}$$

$$E\left(\frac{m}{p^2}\right) = ap^{\alpha-2} + a_1 p^{\alpha-3} + a_2 p^{\alpha-4} + \cdots + a_{\alpha-2}$$

$$\cdots\cdots\cdots\cdots\cdots\cdots\cdots\cdots\cdots$$

$$E\left(\frac{m}{p^{\alpha-1}}\right) = ap + a_1$$

$$E\left(\frac{m}{p^\alpha}\right) = a.$$

Da hiermit die Rechnung abbricht, so kommt

$$\mu = \frac{a(p^\alpha - 1) + a_1(p^{\alpha-1} - 1) + \cdots + a_{\alpha-2}(p^2 - 1) + a_{\alpha-1}(p - 1)}{p - 1}$$

oder auch

(19) $\quad \mu = \dfrac{m - (a + a_1 + a_2 + \cdots + a_{\alpha-1} + a_\alpha)}{p - 1}.$

Z. B., wenn $m = 10000$, $p = 7$ ist, findet man

$$10000 = 4 \cdot 7^4 + 1 \cdot 7^3 + 1 \cdot 7^2 + 4$$

$$\mu = \frac{10000 - (4 + 1 + 1 + 4)}{6} = 1665,$$

und demnach ist 7^{1665} die höchste Potenz von 7, welche im Produkte $1 . 2 . 3 \ldots 10000$ aufgeht.

Besonders einfach gestaltet sich die Formel für $p = 2$. In diesem Falle lässt jede positive Zahl m sich darstellen in der Form:

$$m = a \cdot 2^\alpha + a_1 \cdot 2^{\alpha-1} + \cdots + a_{\alpha-1} \cdot 2 + a_\alpha,$$

in welcher die Coefficienten a, a_1, ... a_α einen der Werthe 0 oder 1 haben, mit andern Worten: jede positive Zahl lässt sich als eine Summe verschiedener Potenzen der Zwei darstellen. Man benutzte diesen Satz früher, als das Pfund noch 32 Loth hatte, um alle Gewichte von 1 bis 31 Loth allein durch die 5 Gewichtsstücke von 1, 2, 4, 8, 16 Lothen herzustellen. Die Formel (19) wird aber in diesem Falle so einfach wie möglich, nämlich

$$\mu = m - (a + a_1 + \cdots + a_\alpha).$$

Die Summe der Coefficienten ist aber nichts anderes als die Anzahl der Potenzen von 2, welche wirklich in dem Ausdrucke von m vorkommen. Man findet also den Satz: **Ist k die Anzahl der verschiedenen Potenzen von 2, als deren Summe die Zahl m dargestellt werden kann, so ist die höchste Potenz von 2, welche in dem Produkte $1 \cdot 2 \cdot 3 \ldots m$ aufgeht, die Potenz 2^{m-k}.**

Z. B. findet sich für $m = 1000$:

$$1000 = 2^9 + 2^8 + 2^7 + 2^6 + 2^5 + 2^3,$$

also $k = 6$; folglich ist $m - k = 994$, wie bereits nach anderer Methode gefunden worden ist.

Verhältnisse von ähnlicher Einfachheit finden statt, wenn $p = 3$ ist. Nur die entsprechende Formel (18) soll näher betrachtet werden. Sie würde sein:

$$m = a \cdot 3^\alpha + a_1 \cdot 3^{\alpha-1} + \cdots + a_{\alpha-1} \cdot 3 + a_\alpha,$$

wobei die Coefficienten einen der Werthe 0, 1, 2 haben. Ein Glied aber von der Form $a_i \cdot 3^{\alpha-i}$, bei welchem $a_i = 2$ wäre, liesse sich schreiben:

$$(3-1) \cdot 3^{\alpha-i} = 3^{\alpha-i+1} - 1 \cdot 3^{\alpha-i},$$

sodass der Coefficient 2 der Potenz $3^{\alpha-i}$ in den Werth -1 übergeführt wird; freilich geht hierbei das Glied $a_{i-1} \cdot 3^{\alpha-i+1}$ über in $(1 + a_{i-1}) \cdot 3^{\alpha-i+1}$, und sein Coefficient kann demnach, wenn er 1 war, in 2 verwandelt werden, oder, wenn er schon 2 war, sogar in 3 übergehen. Im letzteren Falle würde das Glied gleich $3^{\alpha-i+2}$ also mit dem nächst vorhergehenden

Potenz zu vereinigen sein, im ersteren würden wir es einer ähnlichen Umformung unterwerfen wie das Glied $2 \cdot 3^{\alpha-i}$. Und wenn man so überall den Coefficienten 2 fortschafft, wo er sich findet, so nimmt der Ausdruck für m die Gestalt an:

$$m = c \cdot 3^{\alpha+1} + b \cdot 3^{\alpha} + b_1 \cdot 3^{\alpha-1} + \cdots + b_\alpha,$$

wobei jetzt die Coefficienten nur einen der Werthe 0, ± 1 haben können. Also: **jede positive Zahl lässt sich aus einer Reihe verschiedener Potenzen der Drei durch Addition und Subtraktion zusammensetzen.** Man könnte hiernach auch alle Gewichte von 1 bis 31 Loth mittels nur 4 Gewichtsstücken von 1, 3, 9, 27 Lothen herstellen, nur müsste man nöthigenfalls diese auf die beiden Wagschalen vertheilen, z. B., um 23 Loth abzuwägen, 27 in die eine, 1 und 3 in die andere Wagschale legen.

8. Mit Hilfe der Formel (17) beweist sich leicht rein arithmetisch ein Satz, der gewöhnlich auf anderem Wege hergeleitet wird, seiner Natur nach aber ein zahlentheoretischer ist. Ist nämlich eine positive Zahl m in beliebig viel positive Summanden zerlegt:

$$m = r + s + t + \cdots,$$

so ist der Quotient

(20) $$\frac{1 \cdot 2 \cdot 3 \ldots m}{1 \cdot 2 \cdot 3 \ldots r \cdot 1 \cdot 2 \cdot 3 \ldots s \ldots 1 \cdot 2 \cdot 3 \ldots t}$$

eine ganze Zahl. Dies ist der sogenannte **Polynomialcoefficient**, d. i. der Coefficient von $x^r \cdot y^s \cdot z^t \cdots$ in der Entwicklung von $(x + y + z + \cdots)^m$. Beschränkt sich die Anzahl der Summanden auf zwei, $m = r + s$, so ist der Quotient

$$\frac{1 \cdot 2 \cdot 3 \ldots m}{1 \cdot 2 \cdot 3 \ldots r \cdot 1 \cdot 2 \cdot 3 \ldots s} = \frac{m(m-1)(m-2) \ldots (m-r+1)}{1 \cdot 2 \cdot 3 \ldots r}$$

der sogenannte **Binomialcoefficient**, d. i. der Coefficient von $x^r y^{m-r}$ in der Entwicklung des Binomes $(x + y)^m$. Man beweist nun die Behauptung mittels der angegebenen Hilfsformel folgendermassen:

Ist p irgend eine Primzahl $< m$, so ist zuerst

$$\frac{m}{p} = \frac{r}{p} + \frac{s}{p} + \frac{t}{p} + \cdots$$

und hieraus
$$E\left(\frac{m}{p}\right) > E\left(\frac{r}{p}\right) + E\left(\frac{s}{p}\right) + E\left(\frac{t}{p}\right) + \cdots,$$
da ja möglicherweise die Bruchtheile, welche bei $\frac{r}{p}$, $\frac{s}{p}$, $\cdots$ vernachlässigt werden, wenn man die grössten Ganzen herauszieht, zusammengenommen noch eine Einheit für $E\left(\frac{m}{p}\right)$ liefern können. Schreibt man diese Formel so:
$$m' \gtreqless r' + s' + t' + \cdots,$$
so folgt wieder
$$\frac{m'}{p} \gtreqless \frac{r'}{p} + \frac{s'}{p} + \frac{t'}{p} + \cdots$$
und nun erst recht
$$E\left(\frac{m'}{p}\right) \gtreqless E\left(\frac{r'}{p}\right) + E\left(\frac{s'}{p}\right) + \cdots$$
oder
$$m'' \gtreqless r'' + s'' + t'' + \cdots,$$
also
$$E\left(\frac{m''}{p}\right) \gtreqless E\left(\frac{r''}{p}\right) + E\left(\frac{s''}{p}\right) + \cdots$$
u. s. f. Nun bedeutet aber $m' + m'' + \cdots$ den Exponenten der höchsten Potenz von p, welche im Produkte $1 . 2 . 3 \ldots m$, ebenso $r' + r'' + \cdots$ den Exponenten der höchsten Potenz von p, welche in $1 . 2 . 3 \ldots r$, $s' + s'' + \cdots$ denjenigen der höchsten Potenz, welche in $1 . 2 . 3 \ldots s$ aufgeht, u. s. w. Im Nenner wird also p so oft aufgehen, wie es die Summe
$$(r' + r'' + \cdots) + (s' + s'' + \cdots) + \cdots$$
angiebt, welche Summe den obigen Ungleichheiten zufolge sicher nicht grösser ist, als $m' + m'' + \cdots$ Hiernach hebt sich p aus dem Nenner gegen den Zähler heraus; und da gleiches von jedem der Primfaktoren gilt, welche vorkommen können, so fällt der Nenner durch Division überhaupt fort, der Bruch wird demnach zu einer ganzen Zahl.

Ist insbesondere m eine Primzahl, so steht der Faktor m im Zähler genau einmal, kommt aber im Nenner nicht vor, da dort nur kleinere Zahlen stehen, wie m. Man findet daher den Zusatz: **Ist m eine Primzahl, so ist der Quotient (20) eine durch m theilbare ganze Zahl.**

9. Eine andere, nicht uninteressante Anwendung der obigen Formeln wollen wir machen, um einen Satz zu beweisen, welchen Catalan aus der Theorie der elliptischen Funktionen gewonnen hat*), den Satz nämlich, dass der Quotient
$$\frac{1.2.3\ldots 2a \cdot 1.2.3\ldots 2b}{1.2.3\ldots a \cdot 1.2.3\ldots (a+b) \cdot 1.2.3\ldots b}$$
einer ganzen Zahl gleich ist.

Denken wir uns der Formel (18) entsprechend a in die Gestalt gebracht:

(21) $\qquad a = \alpha_0 p^k + \alpha_1 p^{k-1} + \cdots + \alpha_{k-1} p + \alpha_k,$

worin für jedes i

(22) $\qquad\qquad 0 < \alpha_i < p - 1$

ist, und unter p irgend eine Primzahl verstanden werden soll. Heisst dann m der Exponent der höchsten Potenz von p, welche im Produkte $1.2.3\ldots a$ aufgeht, so ist nach der Formel (19)

(23) $\qquad\qquad m = \dfrac{a - \alpha_0 - \alpha_1 - \cdots}{p-1}.$

Aus (21) folgt aber
$$2a = 2\alpha_0 \cdot p^k + 2\alpha_1 \cdot p^{k-1} + \cdots + 2\alpha_{k-1}\cdot p + 2\alpha_k$$
und
$$\frac{2a}{p} = 2\alpha_0 \cdot p^{k-1} + 2\alpha_1 \cdot p^{k-2} + \cdots + 2\alpha_{k-1} + \frac{2\alpha_k}{p},$$
also, wenn
$$\alpha'_k = E\left(\frac{2\alpha_k}{p}\right)$$
gesetzt wird,
$$E\left(\frac{2a}{p}\right) = 2\alpha_0 \cdot p^{k-1} + 2\alpha_1 \cdot p^{k-2} + \cdots + 2\alpha_{k-2}\cdot p + 2\alpha_{k-1} + \alpha'_k.$$

Da den Ungleichheiten (22) zufolge $2\alpha_k$ nicht grösser als $2p - 2$, also α'_k höchstens gleich 1 sein kann, erreicht $2\alpha_{k-1} + \alpha'_k$ höchstens den Werth $2p-1$; setzt man daher
$$\alpha'_{k-1} = E\left(\frac{2\alpha_{k-1} + \alpha'_k}{p}\right),$$
so ist α'_{k-1} nicht grösser als 1, und man findet

---

*) S. Nouv. annales de mathématiques, par Mr. Gérono, 1874.

$$E\left(\frac{2a}{p^2}\right) = 2\alpha_0 \cdot p^{k-2} + 2\alpha_1 \cdot p^{k-3} + \cdots + 2\alpha_{k-2} + \alpha'_{k-1},$$

worin $2\alpha_{k-2} + \alpha'_{k-1}$ wieder nicht grösser als $2p - 1$ sein kann. Wenn folglich

$$\alpha'_{k-2} = E\left(\frac{2\alpha_{k-2} + \alpha'_{k-1}}{p}\right)$$

gesetzt wird und $\alpha'_{k-3}, \ldots$ ähnlich definirt werden — Zahlen, die niemals grösser als 1 sein können —, und wenn endlich p^r die höchste in $1 \cdot 2 \cdot 3 \ldots 2a$ aufgehende Potenz von p bezeichnet, so findet man, der Formel (17a) gemäss,

$$r = \frac{2a - 2\alpha_0 - 2\alpha_1 - \cdots}{p - 1} + \alpha'_k + \alpha'_{k-1} + \alpha'_{k-2} + \cdots$$

Bei der Symmetrie des zu untersuchenden Quotienten bezüglich a und b dürfen wir nach Belieben a oder b als die nicht grössere der beiden Zahlen betrachten; sei $b \leq a$, so kann man ähnlich der Gleichung (21) setzen:

$$b = \beta_0 p^k + \beta_1 p^{k-1} + \cdots + \beta_{k-1} p + \beta_k,$$

wobei möglicherweise einige der höchsten Coefficienten Null sein werden, während die übrigen kleiner als p sind, sodass allgemein, (22) analog,

$$0 \leq \beta_i \leq p - 1$$

sein wird. Werden demnach unter $\beta'_k, \beta'_{k-1}, \beta'_{k-2}, \ldots$ die Werthe von

$$E\left(\frac{2\beta_k}{p}\right), \quad E\left(\frac{2\beta_{k-1} + \beta'_k}{p}\right), \quad E\left(\frac{2\beta_{k-2} + \beta'_{k-1}}{p}\right), \quad \ldots$$

verstanden, und sind n, s die Exponenten der höchsten Potenzen von p, welche resp. aufgehen in $1 \cdot 2 \cdot 3 \ldots b$ und in $1 \cdot 2 \cdot 3 \ldots 2b$, so findet man entsprechend die Formeln

$$n = \frac{b - \beta_0 - \beta_1 - \cdots}{p - 1}$$

$$s = \frac{2b - 2\beta_0 - 2\beta_1 - \cdots}{p - 1} + \beta'_k + \beta'_{k-1} + \beta'_{k-2} + \cdots$$

Und ganz ähnlich findet sich, wenn $\gamma'_k, \gamma'_{k-1}, \gamma'_{k-2}, \ldots$ resp. für

$$E\left(\frac{\alpha_k + \beta_k}{p}\right), \quad E\left(\frac{\alpha_{k-1} + \beta_{k-1} + \gamma'_k}{p}\right), \quad E\left(\frac{\alpha_{k-2} + \beta_{k-2} + \gamma'_{k-1}}{p}\right)$$

Von der Theilbarkeit der Zahlen.

u. s. w. geschrieben werden, für den Exponenten t der höchsten, in $1.2.3\ldots(a+b)$ aufgehenden Potenz von p der Werth

$$t = \frac{(a+b)-(\alpha_0+\beta_0)-(\alpha_1+\beta_1)-\cdots}{p-1} + \gamma'_k + \gamma'_{k-1} + \cdots$$

Aus diesen Werthen schliesst man

$$r+s-(m+n+t) = (\alpha'_k + \beta'_k - \gamma'_k)$$
$$+ (\alpha'_{k-1} + \beta'_{k-1} - \gamma'_{k-1}) + (\alpha'_{k-2} + \beta'_{k-2} - \gamma'_{k-2}) + \cdots$$

Die einzelnen gleichartigen Theile des Ausdrucks zur Rechten können aber, wie nun gezeigt werden soll, niemals negativ sein. In der That

erstens ist wenigstens eine der Zahlen $2\alpha_k$, $2\beta_k$ nicht kleiner als $\alpha_k + \beta_k$, also wenigstens eine der Zahlen α'_k, β'_k nicht kleiner als γ'_k und daher $\alpha'_k + \beta'_k - \gamma'_k > 0$;

zweitens ist von den beiden Zahlen $2\alpha_{k-1}$, $2\beta_{k-1}$, wenn sie ungleich sind, eine, z. B. $2\beta_{k-1} \gtreqless \alpha_{k-1} + \beta_{k-1} + 1$; dann ist aber, da γ'_k nie grösser als Eins sein kann, sicher $2\beta_{k-1} + \beta'_k \gtreqless \alpha_{k-1} + \beta_{k-1} + \gamma'_k$ und folglich $\beta'_{k-1} \gtreqless \gamma'_{k-1}$. Ist dagegen

$$2\alpha_{k-1} = 2\beta_{k-1} = \alpha_{k-1} + \beta_{k-1},$$

so wird wenigstens eine der Zahlen $2\alpha_{k-1} + \alpha'_k$, $2\beta_{k-1} + \beta'_k$ nach dem zuerst Bewiesenen nicht kleiner als $\alpha_{k-1} + \beta_{k-1} + \gamma'_k$, und folglich eine der Zahlen α'_{k-1}, β'_{k-1} nicht kleiner als γ'_{k-1} sein. In beiden Fällen schliesst man

$$\alpha'_{k-1} + \beta'_{k-1} - \gamma'_{k-1} > 0.$$

In gleicher Weise kann man aber fortfahren, und findet demnach endlich so

$$\varpi = r + s - (m + n + t) > 0.$$

Versteht man nunmehr unter p irgend eine der Primzahlen, welche im Nenner des gedachten Quotienten aufgehen, so bedeutet offenbar p^ϖ die höchste in dem Quotienten nach möglichster Kürzung noch verbleibende Potenz der Primzahl p; und dem Bewiesenen zufolge hebt sich also jede im Nenner aufgehende Primzahl gegen den Zähler fort, und demnach ist der Quotient, wie behauptet, gleich einer ganzen Zahl.

10. Eine letzte Anwendung der Principien von der Theilbarkeit der Zahlen machen wir zur Ableitung eines allgemeinen Satzes, der sehr mannigfache Anwendungen gestattet, und welcher vom Verfasser in seinem Werke „Die Lehre von der Kreistheilung etc." entwickelt worden ist.*) Wir entnehmen diesem Werke den folgenden Abschnitt:

Sei n irgend eine positive Zahl, $p, p', p'', \ldots$ ihre verschiedenen Primfaktoren. Leiten wir aus ihnen folgende Reihen von ganzen Zahlen her:

(0) $\quad n$

(I) $\quad \dfrac{n}{p}, \dfrac{n}{p'}, \dfrac{n}{p''}, \ldots$

(II) $\quad \dfrac{n}{pp'}, \dfrac{n}{pp''}, \dfrac{n}{p'p''}, \ldots$

(III) $\quad \dfrac{n}{pp'p''}, \ldots$

u. s. w., bis wir in der letzten Reihe nur die eine Zahl erhalten, welche aus n durch Division mit allen verschiedenen darin aufgehenden Primfaktoren entsteht. Die Theiler all' dieser Zahlen, sie selbst und die Einheit immer mit eingerechnet, sind offenbar keine anderen Zahlen, als die in n selbst enthaltenen Theiler. Aus ihnen sollen nun zwei Gruppen A und B gebildet werden, indem in die Gruppe A alle Theiler der Zahlen mit gerader, in die Gruppe B alle Theiler der Zahlen mit ungerader Ziffer aufgenommen werden sollen. Dann gilt folgender Satz:

Jeder Theiler von n findet sich gleich oft in jeder der beiden Gruppen, ausgenommen n selbst, das nur in A und zwar einmal vorkommt.

Der letzte Theil des Satzes ist einleuchtend. Um den übrigen Theil desselben zu erweisen, bemerken wir, dass jeder Theiler d von n wenigstens einige der Primfaktoren von n weniger oft enthalten wird als n selbst; es sollen deshalb diejenigen, welche in d weniger oft enthalten sind als in n, und deren Anzahl k sei, durch

(24) $\qquad \varpi, \varpi', \varpi'', \ldots$

---

*) Vgl. dazu Dedekind, Abriss einer Theorie der höheren Congruenzen u. s. w. § 22, im Journal f. d. r. u. a. Mathematik Bd. 54.

bezeichnet werden. Dann ist klar, dass jede Zahl, welche aus n entsteht, wenn man es durch irgend eine Combination solcher Zahlen theilt, den Theiler d haben wird, da sie alle übrigen Primfaktoren von n ebenso oft, die Primfaktoren der Reihe (24) aber mindestens so oft wie d enthält; dagegen kann d nicht Theiler einer Zahl sein, welche aus n entsteht, wenn man es durch eine auch andere Primfaktoren enthaltende Combination theilt, da eine solche diese letztern weniger oft als d enthalten würde. Hieraus folgt, dass d einmal in der Reihe (0), $k$mal in der Reihe (I), in der Reihe (II) so oft, als die Zahlen (24) zu zweien combinirt werden können, d. h. $\frac{k(k-1)}{1 \cdot 2}$ mal, in der Reihe (III) so oft, als sie sich zu dreien combiniren lassen, d. h. $\frac{k(k-1)(k-2)}{1 \cdot 2 \cdot 3}$ mal, u. s. f. als Theiler enthalten sein wird. Demnach findet sich, wenn man

$$a = 1 + \frac{k(k-1)}{1 \cdot 2} + \frac{k(k-1)(k-2)(k-3)}{1 \cdot 2 \cdot 3 \cdot 4} + \cdots$$

$$b = k + \frac{k(k-1)(k-2)}{1 \cdot 2 \cdot 3} + \frac{k(k-1)(k-2)(k-3)(k-4)}{1 \cdot 2 \cdot 3 \cdot 4 \cdot 5} + \cdots$$

setzt und die Reihen fortsetzt, bis sie abbrechen, d in der Gruppe A genau $a$mal, und $b$mal in der Gruppe B.

Nun wird behauptet, dass $a = b$ sei. Dies folgt sofort, wenn man in der Formel

$$(x-y)^k = x^k - k \cdot x^{k-1}y + \frac{k(k-1)}{1 \cdot 2} \cdot x^{k-2}y^2$$
$$- \frac{k(k-1)(k-2)}{1 \cdot 2 \cdot 3} \cdot x^{k-3}y^3 + \cdots$$

$x = y = 1$ setzt; und damit ist der Satz vollständig bewiesen.

11. Bedeuten nun $f(n)$ und $\psi(n)$ zwei *zahlentheoretische Funktionen*, d. h. Ausdrücke oder Grössen, welche bestimmt sind, sobald man dem Argumente n einen bestimmten ganzzahligen Werth ertheilt, und stehen sie zu einander in der Beziehung, dass für jedes ganzzahlige n

(25) $f(n) = \psi(1) + \psi(d) + \psi(d') + \cdots + \psi(n)$

ist, wenn 1, d, d', ... n die sämmtlichen Theiler von n, Eins und n selbst mit inbegriffen, bezeichnen, so lässt sich mit Hilfe des vorigen Satzes sehr leicht auch umgekehrt die Funktion $\psi(n)$ durch f-Funktionen ausdrücken. Es ist nämlich

$$(26)\quad \psi(n) = f(n) - \sum_{(I)} f\left(\frac{n}{p}\right) + \sum_{(II)} f\left(\frac{n}{pp'}\right) - \sum_{(III)} f\left(\frac{n}{pp'p''}\right) + \cdots$$

In diesen einzelnen Summen von f-Funktionen hat das Argument je diejenigen Zahlenreihen zu durchlaufen, die in voriger Nummer durch die den Summenzeichen beigefügten römischen Ziffern bezeichnet worden sind.

Die Richtigkeit dieser Formel erkennt man sogleich mit Hilfe des vorigen Satzes, wenn man überall die Funktionen f, ihrer Definitionsgleichung (25) gemäss, durch eine Summe von ψ-Funktionen ersetzt. Denn dadurch nimmt die Gleichung (26) folgende Gestalt an:

$$\psi(n) = \sum_{d:n} \psi(d) - \sum_{d:(I)} \psi(d) + \sum_{d:(II)} \psi(d) - \cdots,$$

in welcher die Summenzeichen der Reihe nach die Bedeutung haben, dass d alle Theiler von n, alle Theiler der Zahlen (I), alle Theiler der Zahlen (II) u. s. w. durchlaufen soll; man kann also einfacher schreiben:

$$\psi(n) = \sum_{A} \psi(d) - \sum_{B} \psi(d),$$

wenn in der ersten Summe d alle Zahlen aus der Gruppe A, in der zweiten alle Zahlen aus der Gruppe B durchläuft. Da aber, jede von n verschiedene Zahl ebenso oft in der ersten wie in der zweiten Gruppe vorkommt, heben sich die entsprechenden ψ-Funktionen in der Differenz beider Summen auf und es bleibt von der ganzen rechten Seite der Gleichung nur das $d = n$ entsprechende Glied $\psi(n)$ der ersten Summe stehen, womit der Beweis der Formel (26) geliefert ist.

Um sogleich eine Anwendung dieser Formel zu geben, die für uns von grösster Bedeutung ist, betrachten wir die Reihe der Zahlen

$$1, 2, 3, \ldots n-1, n,$$

welche positiv und nicht grösser als n sind. Wenn d irgend einen Teiler von n bezeichnet, so befinden sich in dieser Reihe

$\frac{n}{d}$ Zahlen, die Vielfache von d sind, also mit n den gemeinsamen Theiler d haben, nämlich die Zahlen:

$$1 \cdot d, \ 2 \cdot d, \ 3 \cdot d, \ \ldots \ \frac{n}{d} \cdot d.$$

Welche von ihnen aber haben mit n den grössten gemeinsamen Theiler d? Offenbar diejenigen Zahlen kd, bei welchen k und $\frac{n}{d}$ ohne gemeinsamen Theiler sind; denn einerseits würden $k \cdot d$ und $n = \frac{n}{d} \cdot d$ den Theiler $d'd$ gemeinsam haben, der grösser als d ist, wenn k und $\frac{n}{d}$ einen von 1 verschiedenen Theiler d' gemeinsam hätten; andererseits müssten, wenn der gemeinsame Theiler d der zwei Zahlen $k \cdot d$ und $\frac{n}{d} \cdot d = n$ nicht ihr grössester wäre, dieser letztere jedenfalls ein Vielfaches von d sein, und demnach müssten k und $\frac{n}{d}$ noch einen gemeinsamen Theiler haben.

In der Reihe der obigen Vielfachen von d haben also so viel den grössten gemeinsamen Theiler d mit n, als in der Reihe 1, 2, 3, $\ldots \frac{n}{d}$ Zahlen ohne gemeinsamen Theiler mit $\frac{n}{d}$ sind. Bezeichnet man daher für jedes ganzzahlige n mit $\psi(n,d)$ die Menge der Zahlen in der Reihe 1, 2, 3, $\ldots n$, welche d zum grössten gemeinsamen Theiler mit n haben, und mit $\varphi(n)$ die Menge derjenigen Zahlen dieser Reihe, welche ohne gemeinsamen Theiler mit n sind, so ist dem Gesagten zufolge:

(27) $$\psi(n,d) = \varphi\left(\frac{n}{d}\right).$$

Wenn aber

$$1, \ d, \ d', \ d'', \ \ldots \ n$$

die sämmtlichen Theiler von n bedeuten, so ist einleuchtend, dass die Zahlen

$$n, \ \frac{n}{d}, \ \frac{n}{d'}, \ \frac{n}{d''}, \ \ldots \ \frac{n}{n}$$

dieselben Zahlen, nur in umgekehrter Reihenfolge, darstellen. Demzufolge ist die Summe

(28) $\quad \psi(n,1) + \psi(n,d) + \psi(n,d') + \cdots + \psi(n,n)$,

welche nach (27) der Summe
$$\varphi(n) + \varphi\left(\frac{n}{d}\right) + \varphi\left(\frac{n}{d'}\right) + \cdots + \varphi(1)$$
gleich ist, auch gleich der Summe
$$\varphi(1) + \varphi(d) + \varphi(d') + \cdots + \varphi(n).$$
Indem wir aber alle Zahlen 1, 2, 3, ... n in Gruppen theilen, in dieselbe Gruppe nämlich alle diejenigen von ihnen vereinigen, welche denselben grössten gemeinsamen Theiler haben mit n, kommt offenbar jede Zahl in eine ganz bestimmte Gruppe, und die Anzahl der vertheilten Zahlen, n, ist gleich der Summe der Mengen, welche in den einzelnen Gruppen befindlich sind und durch die einzelnen Glieder des Ausdrucks (28) bestimmt werden. Nach alle diesem findet sich die Gleichung

(29) $\quad \varphi(1) + \varphi(d) + \varphi(d') + \cdots + \varphi(n) = n$

für jedes ganzzahlige n, und nunmehr durch Anwendung der Formel (26) der Werth für $\varphi(n)$. Die Anzahl derjenigen Zahlen, welche positiv und nicht grösser als n und relativ prim sind zu n, beträgt hiernach:

$$\varphi(n) = n - \sum_{(I)} \frac{n}{p} + \sum_{(II)} \frac{n}{pp'} - \sum_{(III)} \frac{n}{pp'p''} + \cdots,$$

was offenbar dasselbe ist, wie

(30) $\quad \varphi(n) = n \left(1 - \frac{1}{p}\right)\left(1 - \frac{1}{p'}\right)\left(1 - \frac{1}{p''}\right) \cdots,$

wenn p, p', p'', ... die verschiedenen Primzahlen bedeuten, aus denen n besteht.

Ist insbesondere n selbst eine Primzahl p, so ergiebt sich

(30 a) $\quad \varphi(p) = p - 1;$

und, ist's eine Primzahlpotenz, $n = p^a$, so hat man

(30 b) $\quad \varphi(p^a) = p^a - p^{a-1} = p^{a-1}(p - 1).$

Zweiter Abschnitt.

Von den Congruenzen.

1. In No. 2 des vorigen Abschnittes ist bereits bemerkt worden, dass die Reste, welche die Zahlen in der natürlichen Reihe in Bezug auf einen Divisor oder Modulus n lassen, eine Periode bilden: 0, 1, 2, 3, ... $n-1$. Werden diese wieder, wie dort, auf die Ecken eines dem Kreise einbeschriebenen regulären n-Ecks gesetzt und nun vom Nullpunkte aus die Zahlen der natürlichen Reihe auf jene Ecken gewissermassen aufgewickelt, so leuchtet ein, dass alle (mod. n) gleichrestigen Zahlen und ausschliesslich solche auf dieselbe Ecke, nämlich alle Zahlen m von der Form $m = qn + r$ auf die durch den Rest r bezeichnete Ecke, zusammenfallen. Man nennt deshalb alle Zahlen, welche (mod. n) denselben Rest geben, einander (mod. n) congruent, und sagt, dass alle diese Zahlen eine einzige Restclasse bilden (mod. n). Nach Gauss wird die Congruenz zweier Zahlen m, m' (mod. n) durch das Zeichen

(1) $$m' \equiv m \;(\text{mod. } n)$$

ausgedrückt; der Sinn dieses Symbols ist nach dem Gesagten der: dass in den Formeln

$$m' = q' \cdot n + r', \quad m = q \cdot n + r$$
$$r' = r$$

ist. Für zwei (mod. n) congruente Zahlen m, m' wird daher die Differenz $m' - m = (q' - q) \cdot n$, d. h. durch den Modulus n theilbar sein; umgekehrt werden aber auch zwei Zahlen

$$m' = q' \cdot n + r', \quad m = q \cdot n + r,$$

deren Differenz theilbar ist durch n, congruent (mod. n) sein, weil $m' - m = (q' - q) \cdot n + r' - r$ nur dann durch n theilbar sein kann, wenn $r'-r$ es ist, d. h. wenn $r'=r$, also m', m gleichrestig sind. Hiernach ist die Congruenz zweier Zahlen m, m' (mod. n) mit dem Umstande gleichbedeutend, dass ihre Differenz $m'-m$ durch n theilbar ist.

Sobald man die Ecke oder den Rest r angiebt, welcher einer Restclasse entspricht, sind sämmtliche Zahlen dieser Restclasse völlig gegeben, nämlich durch die Formel $z \cdot n + r$, worin z jede ganze Zahl bedeutet. Man kann daher die Zahlen $0, 1, 2, 3, \ldots n-1$ als die Repräsentanten der verschiedenen Restclassen ansehen. Indessen lässt sich jede Restclasse ebensowohl auch durch eine beliebige andere in ihr enthaltene Zahl völlig bestimmt repräsentiren. Denn, ist m eine zur Classe C gehörige Zahl, so ist ihr Rest (mod. n) durch die Formel $m = qn + r$ mit bestimmt und dann wieder sämmtliche Zahlen jener Classe durch die Formel $zn + r$ oder auch $(z-q)n + m = z'n + m$, wobei auch unter z' jede ganze Zahl zu verstehen ist. Hiernach kann man auch m als Repräsentanten der Classe C und überhaupt statt der Repräsentanten $0, 1, 2, \ldots n-1$ der verschiedenen Restclassen auf unendlich viel Arten auch andere Systeme von Repräsentanten aufstellen, indem man aus jeder Restclasse nach Belieben je eine Zahl herausgreift. Heissen die so herausgegriffenen Zahlen

(2) $\qquad r_0, r_1, r_2, \ldots r_{n-1},$

so nennt man ihr System auch wohl ein *vollständiges Restsystem* (mod. n). Ein solches wären also auch die Zahlen

$$0, 1, 2, \ldots n-1,$$

und zwar heisst dieses das System der kleinsten positiven Reste. Ein anderes wäre, falls n ungerade, $n = 2\nu + 1$ ist, das folgende:

$$-\nu, -(\nu-1), \ldots -2, -1, 0, 1, 2, \ldots (\nu-1), \nu;$$

dies heisst dann das System der absolut kleinsten Reste. Wäre n eine gerade Zahl, so würde letzteres sich nicht völlig unzweideutig aufstellen lassen. Doch giebt es, wie gesagt, nothwendig unendlich viel solcher Systeme; für $n = 11$ würde man z. B. auch folgendes wählen können:

$$11, -21, 24, -8, 4, 16, 61, -4, -36, 9, 21,$$

u. s. f.

2. Aus der Definition congruenter Zahlen ergeben sich unmittelbar einige einfache Folgerungen. Zunächst ist leicht einzusehen, dass alle Zahlen derselben Restclasse denselben grössten gemeinsamen Theiler mit dem Modulus n haben müssen. Denn, ist $m' \equiv m$ (mod. n), d. h. $m' - m = h \cdot n$, so geht jeder gemeinsame Theiler von m', n auch in m, und jeder gemeinsame Theiler von m, n auch in m' auf. — Ist also insbesondere eine Zahl einer Restclasse relativ prim zu n, so sind es alle Zahlen dieser Classe. Hieraus folgt offenbar, dass, wenn aus einem vollständigen Restsysteme (2) diejenigen Zahlen

(3) $\qquad \varrho_1, \varrho_2, \varrho_3, \ldots \varrho_\nu$

ausgewählt werden, welche ohne gemeinsamen Theiler mit n sind, diese Zahlen diejenigen Restclassen (mod. n) repräsentiren, in welche sich alle relative Primzahlen zu n in Bezug auf den Theiler n vertheilen. Die genannten Classen heissen die zu n relativ primen Restclassen, und das System (3), durch welches sie repräsentirt werden, ein *reducirtes* Restsystem (mod. n). Die Anzahl ν der Zahlen eines reducirten Restsystems ist offenbar $\nu = \varphi(n)$, wie daraus hervorgeht, dass ja als das System (2) auch das System der kleinsten positiven Reste $0, 1, 2, \ldots n - 1$ gewählt werden dürfte, in welchem $\varphi(n)$ relative Primzahlen zu n befindlich sind.

Zweitens bemerken wir, dass, wenn d ein Theiler von n ist, aus der Congruenz $m' \equiv m$ (mod. n) auch die andere folgt: $m' \equiv m$ (mod. d), denn, ist $m' - m$ theilbar durch n, so ist's erst recht theilbar durch d.

Drittens. Wenn zwei Zahlen m, m' einander congruent sind in Bezug auf jede der Zahlen $n, n', n'', \ldots$, in Zeichen:

$$m' \equiv m \text{ (mod. } n\text{)}, \quad m' \equiv m \text{ (mod. } n'\text{)}. \ldots,$$

so ist auch

$$m' \equiv m \text{ (mod. } N\text{)},$$

wenn N das kleinste gemeinsame Vielfache der Moduln $n, n', n'', \ldots$ ist. In der That soll ja, den Annahmen zufolge, $m' - m$ ein gemeinsames Vielfache der Moduln, also nach No. 6 vor. Abschnittes durch das kleinste gemeinsame Vielfache N derselben theilbar sein.

Hier ist insbesondere der Fall beachtenswerth, wo die Moduln $n, n', n'', \ldots$ relative Primzahlen sind. Nach der Schlussbemerkung jener Nummer findet sich dann der Satz: Zwei Zahlen, welche nach gegebenen, unter einander relativ primen Moduln congruent sind, sind es auch in Bezug auf den Modulus, welcher das Product der ersteren ist.

Viertens. Zwei Congruenzen, welche in Bezug auf denselben Modulus stattfinden:

(4) $\qquad m' \equiv m, \quad \mu' \equiv \mu \pmod{n},$

lassen sich, wie Gleichungen, zu einander addiren und von einander subtrahiren, sodass

$$m' \pm \mu' \equiv m \pm \mu \pmod{n}$$

resp. ist. Denn nach der Annahme sind die Differenzen $m' - m$, $\mu' - \mu$ durch n theilbar, gleiches wird also auch gelten von den Zahlen

$$(m' - m) \pm (\mu' - \mu) = (m' \pm \mu') - (m \pm \mu).$$

Fünftens. Zwei Congruenzen, welche in Bezug auf denselben Modulus stattfinden, können auch wie Gleichungen in einander multiplicirt werden, sodass aus den Congruenzen (4) diese neue hervorgeht:

(5) $\qquad m'\mu' \equiv m\mu \pmod{n}.$

Denn nach der Annahme ist $m' - m$ theilbar durch n, folglich auch $\mu'(m' - m) = \mu'm' - \mu'm$, d. h.

$$\mu'm' \equiv \mu'm \pmod{n};$$

desgleichen ist, der Annahme zufolge, $\mu' - \mu$ und folglich auch $m(\mu' - \mu) = \mu'm - \mu m$ durch n theilbar, also

$$m\mu \equiv \mu'm \pmod{n}.$$

Die drei Zahlen $m\mu$, $m'\mu'$, $\mu'm$ sind also $\pmod{n}$ gleichrestig, die Congruenz (5) mithin bewiesen.

Die Verbindung der beiden letzten Bemerkungen mit einander führt zu einem allgemeinen Ergebnisse, das sie beide in sich enthält. Sei $f(x)$ eine ganze Funktion von x mit ganzzahligen Coefficienten, nämlich:

$$f(x) = a_0 x^\alpha + a_1 x^{\alpha-1} + \cdots + a_{\alpha-1} x + a_\alpha,$$

und seien die beiden Zahlen m, m' (mod. n) congruent, so ist, behaupten wir, auch

(6) $\qquad f(m') \equiv f(m)$ (mod. n).

Denn durch wiederholte Anwendung der letzten Bemerkung findet sich zunächst aus $m' \equiv m$ auch

$$a_i \cdot m'^{\alpha-i} \equiv a_i \cdot m^{\alpha-i} \text{ (mod. } n)$$

für jeden der Werthe $i = 0, 1, 2, \ldots \alpha$, und alsdann nach der vorletzten Bemerkung durch Addition der diesen Werthen von i entsprechenden Congruenzen die Richtigkeit der behaupteten.

3. Aber noch eine andere, bedeutungsvollere Bemerkung können wir an die Sätze der vorigen Nummer knüpfen. Denken wir uns irgend zwei Restclassen C und Γ (mod. n) und greifen aus jeder ganz willkürlich ein Individuum, d. i. eine darin enthaltene Zahl m resp. μ heraus, so wird die Zahl $m + \mu$ zu einer ganz bestimmten Restclasse gehören oder eine solche repräsentiren, die wir S nennen wollen. Nach der vierten Bemerkung voriger Nummer ist letztere aber völlig unabhängig von der Wahl der Repräsentanten m, μ jener Classen; denn, wenn wir statt ihrer irgendwelche ihnen (mod. n) congruenten, d. i. denselben Classen angehörigen Zahlen m', μ' wählen, so gehört $m' + \mu'$ derselben Classe an wie $m + \mu$. Demnach ist die Classe S von der individuellen Wahl der Repräsentanten unabhängig und allein von den Classen C und Γ selbst bestimmt. Man darf sie als eine durch eine gewisse Verknüpfung dieser Classen entstandene Classe bezeichnen, und zwar, der Analogie und der Art der Verknüpfung nach, als Summe der Classen C und Γ, in Zeichen: $S = C + \Gamma$, da die Zahlen von S entstehen, indem je eine Zahl von C mit je einer Zahl von Γ durch Addition verknüpft wird; denn nicht nur entstand durch

solche Verknüpfung stets eine Zahl der Classe S, sondern auch umgekehrt, wenn s eine solche Zahl bezeichnet, sodass
$$s \equiv m + \mu \pmod{n}$$
ist, und m' ist irgend eine Zahl der Classe C, d. i.
$$m' \equiv m \pmod{n},$$
so folgt
$$s - m' \equiv \mu \pmod{n},$$
d. h. s lässt sich finden als Summe einer Zahl m', welche zur Classe C, und einer Zahl $s - m'$, welche zur Classe Γ gehört.

In derselben Weise gehört $m - \mu$ einer bestimmten Classe D an, welche, nach derselben vierten Bemerkung vor. Nummer, von der individuellen Wahl der Repräsentanten unabhängig, allein durch die Classen C und Γ selbst bestimmt ist und als eine durch subtraktive Verknüpfung derselben entstandene Classe, als Differenz der Classen C und Γ aufgefasst werden kann, in Zeichen: $D = C - \Gamma$, weil jede ihrer Zahlen entsteht, indem je eine Zahl von Γ von je einer Zahl von C subtrahirt wird.

Endlich lehrt die fünfte Bemerkung vor. Nummer, dass das Produkt $m\mu$ einer bestimmten Classe P angehört, welche nicht von den willkürlich gewählten Repräsentanten der Classen C und Γ, sondern nur von diesen Classen selbst abhängig ist und ihrer Entstehungsweise nach als das Produkt derselben, in Zeichen: $P = C \cdot \Gamma$, definirt werden kann.

So entsteht aus der einfachsten Erwägung eine Rechnung, welche nicht Zahlen mehr zu Elementen hat, sondern Restclassen; und es ist einleuchtend, dass die definirten Rechnungsoperationen mit solchen Restclassen genau dieselben Gesetze befolgen werden, wie die für die Zahlen in Erinnerung gebrachten. Insbesondere ist offenbar die Multiplikation der Restclassen eine commutative Operation.

Doch müssen wir auch auf einen gewissen Unterschied zwischen der Rechnung mit Restclassen und derjenigen mit ganzen Zahlen aufmerksam machen. Bei der letztern schliesst man aus der Gleichheit

(7) $\qquad am = bm \quad \text{oder auch} \quad ma = mb$

die andere:
$$a = b,$$
eine Eigenschaft der gewöhnlichen Multiplikation, welche wir kurz dadurch angedeutet haben, dass wir sie eine einpaarige Operation nannten. Bei den Restclassen findet nun dasselbe nicht immer statt; denn die Gleichheit
$$C \cdot \Gamma = C' \cdot \Gamma \quad \text{oder} \quad \Gamma \cdot C = \Gamma \cdot C'$$
würde nichts anderes besagen, als die Congruenz
$$c\gamma \equiv c'\gamma \pmod{n},$$
wenn c, c', γ beliebige Repräsentanten der drei Classen C, C', Γ bezeichnen. Aus der Theilbarkeit der Differenz $c\gamma - c'\gamma = (c - c')\gamma$ durch n folgt aber nur dann, dass auch $c - c'$ durch n theilbar, oder $c \equiv c' \pmod{n}$ und folglich $C = C'$ ist, wenn γ relativ prim zu n ist, Γ also eine der relativen Primclassen für den Modulus n bedeutet. Uebrigens ist hinzuzufügen, dass im Grunde doch auch bei der gewöhnlichen Multiplikation ein analoger Vorbehalt gilt; denn aus den Gleichheiten (7) lässt sich $a = b$ auch nur unter der Voraussetzung erschliessen, dass m nicht 0 ist.

4. Eine Erweiterung der Begriffe und der Operationen, wie wir ihr hier begegnet sind, ist stets von der grössten Bedeutung für den Fortschritt der mathematischen Wissenschaft, und bald werden wir in der That sehen, welche interessanten Ergebnisse mittels der neuen Rechnungsweise sich herleiten lassen.

Zunächst jedoch bleiben wir noch einen Augenblick bei dem Begriffe der Congruenz stehen, um auch an diesem zu zeigen, in wie beträchtlichem Maasse er sich erweitern lässt. Wir nannten zwei Zahlen m, m' (mod. n) congruent, wenn ihr Unterschied $m' - m$ durch n theilbar ist oder derjenigen Restclasse (mod. n) angehört, welche die sämmtlichen durch n theilbaren Zahlen umfasst und als deren Repräsentanten wir etwa die Null ansehen können. Die Zahlen dieser Classe haben nun offenbar die Eigenschaft, dass Summe und Differenz je zweier von ihnen, ob sie beide verschieden sind oder nicht, wieder eine von ihnen ist. Ein

System von Zahlen nun, welche diese charakteristische Eigenschaft haben, nennen wir, nach Dedekind's Vorgange*), einen Modulus von Zahlen; und zwar brauchen die Zahlen, welche das System bilden, keineswegs ganze Zahlen zu sein, mit denen wir es hier zu thun hatten, sondern können den allgemeinen Zahlengattungen angehören, welche der Algebra und Analysis entspringen; wir brauchen die Elemente des Systems nicht einmal als eigentliche Zahlen vorauszusetzen, sondern als irgend welche Rechnungselemente, wie wir solche Elemente, die nach bestimmten Regeln zur Summe und zur Differenz verknüpft werden können, soeben in den Restclassen erkannt haben. Wenn nun M einen solchen Modulus von — eigentlichen oder uneigentlichen — Zahlen vorstellt, so kann man zwei Zahlen resp. Elemente μ, μ' irgend welcher Art $(\mod. M)$ congruent nennen, wenn ihre Differenz eine Zahl resp. ein Element des Modulus M ist, genau so, wie es vorher für die Congruenz von ganzen Zahlen mit Bezug auf einen ganzzahligen Modulus geschehen ist. Verwendet man zum Ausdrucke dieser Beziehung wieder das Zeichen

$$\mu \equiv \mu' \ (\mod. M),$$

so werden, wie ohne Schwierigkeit zu erkennen ist, dieselben drei letzten Sätze in Geltung bleiben, die wir in No. 2 für die Zahlencongruenzen abgeleitet haben, vorausgesetzt, dass für die gegenwärtig der Betrachtung unterliegenden Zahlen oder Elemente die gewöhnlichen Rechnungsregeln Gültigkeit behalten. Wir wollen ein Beispiel dieser verallgemeinerten Congruenzbeziehung hier ausführlicher besprechen, welches in nächstem Zusammenhange mit unserm eigentlichen Gegenstande steht.

Denken wir uns eine ganze Funktion von x vom Grade m mit ganzzahligen Coefficienten:

(8) $\quad f(x) = a_0 x^m + a_1 x^{m-1} + \cdots + a_{m-1} x + a_m,$

und eine ganze positive Zahl n. Alle diese Funktionen bilden offenbar nach der Dedekind'schen Definition einen Modulus,

---

*) Vorlesungen über Zahlentheorie, 3. Aufl., pag. 479.

wenigstens, wenn wir übereinkommen, zu den Funktionen m^{ten} Grades auch diejenigen geringeren Grades als speciellen Fall mitzurechnen, da alsdann die Summe und Differenz je zweier Funktionen von der Art (8) nothwendig wieder eine solche Funktion ist. Scheiden wir jedoch aus ihrer Gesammtheit alle diejenigen aus, bei welchen die Coefficienten a_i sämmtlich durch n theilbar sind, so bilden, wie man einsieht, auch diese letztern wieder einen Modulus, den wir M nennen wollen. Und nunmehr kann man zwei der Funktionen (8), etwa

$$f'(x) = a_0' x^m + a_1' x^{m-1} + \cdots + a_{m-1}' x + a_m'$$
$$f''(x) = a_0'' x^m + a_1'' x^{m-1} + \cdots + a_{m-1}'' x + a_m'',$$

congruent oder incongruent nennen (mod. M), jenachdem ihr Unterschied

$$f'(x) - f''(x) = (a_0' - a_0'') x^m + (a_1' - a_1'') x^{m-1} + \cdots + a_m' - a_m''$$

dem Modulus M angehört oder nicht, d. h. in diesem Falle: jenachdem die sämmtlichen Coefficienten dieser Differenz durch n theilbar sind oder nicht. Das Zeichen

(9) $\qquad f'(x) \equiv f''(x)$ (mod. M)

besagt mit andern Worten dasselbe, wie das System von gewöhnlichen Zahlencongruenzen

(10) $\quad a_0' \equiv a_0'', \quad a_1' \equiv a_1'', \quad \ldots \quad a_m' \equiv a_m''$ (mod. n).

Und für die so definirten Congruenzen (9) lassen sich nun dieselben Sätze nachweisen, wie wir sie für gewöhnliche Zahlencongruenzen gefunden haben. Zum Beispiel — hierauf wollen wir uns beschränken — lassen sich alle Funktionen (8) in eine endliche Menge von Restclassen vertheilen, indem man in ein und dieselbe Restclasse stets diejenigen Funktionen zusammenfasst, welche (mod. M) congruent sind, wobei ersichtlich jede Funktion nur in eine bestimmte Restclasse kommen kann; die Anzahl dieser Restclassen wollen wir hier bestimmen.

In der Funktion $f(x)$ kann jeder der Coefficienten (mod. n) einen der n Reste $0, 1, 2, \ldots n-1$ lassen, und da sich $m+1$ Coefficienten darin vorfinden, bieten dieselben im Ganzen n^{m+1} mögliche Restcombinationen der Coefficienten dar. Zwei Funktionen $f'(x)$ und $f''(x)$ sind aber nach (10) dann und nur dann (mod. M) zu derselben Restclasse gehörig, wenn die entsprechenden Coefficienten in ihnen (mod. n) congruent sind, d. i. wenn die $m + 1$ Coefficienten in beiden dieselbe Restcombination darbieten. Demnach giebt es genau soviel Restclassen (mod. M), als es solcher Restcombinationen (mod. n) giebt, nämlich n^{m+1}. Diese Bestimmung setzt jedoch voraus, dass man auch solche Funktionen $f(x)$ vom Grade m nennt, bei welchen $a_0 \equiv 0$ (mod. n) ist, was man bei dieser Congruenzbetrachtung gewöhnlich nicht thut, weil ja eine solche Funktion (mod. M) der Funktion

$$a_1 x^{m-1} + a_2 x^{m-2} + \cdots + a_m$$

nur noch vom $m - 1^{\text{ten}}$ Grade congruent sein würde. Scheidet man daher diese Funktionen von denjenigen m^{ten} Grades aus, so fallen die n^m Restclassen, in welche sie sich dem obigen zufolge vertheilen, von der zuvor bestimmten Anzahl fort, und die *eigentlichen* Funktionen m^{ten} Grades zerfallen (mod. M) in $n^m(n-1)$ verschiedene Restclassen.

Unter diesen eigentlichen Funktionen m^{ten} Grades (mod. M) pflegt man diejenigen hervorzuheben und als primär zu bezeichnen, bei welchen der Coefficient $a_0 \equiv 1$ (mod. n) ist. Werden nur diese betrachtet, so können die übrigen m Coefficienten nur noch n^m verschiedene Restcombinationen (mod. n) liefern und die Anzahl der Restclassen, in welche sich die *primären* Funktionen m^{ten} Grades (mod. M) vertheilen, beträgt folglich nur n^m.

5. Nach (9) wird man, wenn alle Coefficienten der Funktion $f'(x)$ durch n theilbar sind, dies durch die Congruenz

(11) $$f'(x) \equiv 0 \ (\text{mod. } M)$$

ausdrücken können, wobei x eine Unbestimmte bedeutet. Welchen ganzzahligen Werth wir nun dieser auch beilegen mögen, wir werden doch, da sämmtliche Coefficienten in $f'(x)$ durch n theilbar sind, als Werth von $f'(x)$ dann nothwendig eine gleichfalls durch n theilbare Zahl erhalten, und erschliessen demnach aus der Congruenz (11) das Bestehen der folgenden:

Von den Congruenzen.

(12) $$f'(x) \equiv 0 \pmod{n}$$

für jeden ganzzahligen Werth von x.

Hat nun eine Congruenz

(13) $$f(x) \equiv 0 \pmod{n}$$

auch in dem Falle einen Sinn, wo nicht alle Coefficienten von $f(x)$ durch n theilbar sind, und welches ist dieser Sinn? In der That, sie hat auch dann einen Sinn, nämlich den einer zu lösenden Aufgabe. Nicht so, wie die Congruenz (12), wird diese für jede ganze Zahl erfüllt sein; es bleibt im Gegentheil von vornherein zweifelhaft, ob es ganze Zahlen x giebt, die $f(x)$ zu einer durch n theilbaren ganzen Zahl machen also der Congruenz genügen. Demnach stellt uns eine Congruenz (13), in welcher nicht alle Coefficienten durch n theilbar sind, die Aufgabe, die etwa vorhandenen ganzzahligen Werthe von x, welche ihr genügen — ihre Wurzeln —, zu suchen, oder, kürzer gesagt: die Congruenz zu *lösen*. Die beiden Congruenzen (12) und (13) unterscheiden sich also von einander, wie eine Identität von einer zu lösenden Gleichung.

Es entsteht aus dieser Aufgabe eine Theorie von ähnlichem Umfange wie die Lehre von der Auflösung der Gleichungen: nämlich die Lehre von den Congruenzen beliebigen Grades und von ihrer Auflösung, und diese Lehre lässt sich passender Weise ähnlich gliedern und anordnen, wie die der Gleichungen, indem man zuerst die Congruenzen ersten Grades, dann zweiten und höheren Grades betrachtet. Die ausführlichere Verfolgung dieser Richtung würde uns aber zu weit von den Grundlehren der Zahlentheorie abführen, wir werden uns im Folgenden ausschliesslich auf die Congruenzen ersten Grades und eine einfache Gattung von solchen höheren Grades beschränken müssen. Nur einen allgemeinen Satz über Congruenzen eines beliebigen Grades müssen wir hier einschalten, werden jedoch dabei wieder die andere Beschränkung einführen, dass der Modulus n eine Primzahl p sei. Dieser Satz lautet:

Eine Congruenz

(14) $$f(x) \equiv 0 \pmod{p},$$

in welcher der Modulus eine Primzahl, $f(x)$ aber eine ganze Funktion von x vom Grade m mit ganzzahligen Coefficienten ist, deren höchster a_0 nicht durch p aufgeht, kann höchstens m unter einander (mod. p) incongruente Lösungen haben.

Zum Beweise nehmen wir an, sie hätte mehr als m, also mindestens $m+1$ unter einander incongruente Lösungen, z. B.

$$\alpha, \alpha_1, \alpha_2, \ldots \alpha_m,$$

und nennen P den Modulus all' derjenigen Funktionen m^{ten} Grades, deren Coefficienten durch p theilbar sind. Da, nach der Voraussetzung, $f(\alpha_m)$ eine durch p theilbare Zahl, würde die Congruenz stattfinden

$$f(x) \equiv f(x) - f(\alpha_m) \; (\text{mod. } P),$$

der man, weil die rechte Seite algebraisch durch $x - \alpha_m$ theilbar ist, auch folgende Form geben kann:

(15) $\qquad f(x) \equiv (x - \alpha_m) \cdot f_1(x) \; (\text{mod. } P),$

wenn unter $f_1(x)$ eine gewisse ganze und ganzzahlige Funktion von x vom $m-1^{\text{ten}}$ Grade verstanden wird. In einer solchen Congruenz bedeutet x eine Unbestimmte, der man jeden Werth beilegen kann; dem Sinne der Congruenz gemäss aber geht für jeden ganzzahligen Werth von x aus ihr die andere hervor:

$$f(x) \equiv (x - \alpha_m) \cdot f_1(x) \; (\text{mod. } p),$$

und wenn nun in dieser $x = \alpha_{m-1}$ gewählt wird, ergiebt sich — nach den Annahmen —, dass

$$(\alpha_{m-1} - \alpha_m) \cdot f_1(\alpha_{m-1}) \equiv 0 \; (\text{mod. } p),$$

und da der erste Faktor der Voraussetzung nach nicht durch p theilbar ist, dass $f_1(\alpha_{m-1})$ es sein, d. h. dass α_{m-1} eine Lösung der Congruenz

$$f_1(x) \equiv 0 \; (\text{mod. } p)$$

sein müsste. Ganz, wie die Congruenz (15) aus (14) hergeleitet worden ist, würde aus der vorstehenden die folgende hervorgehen:

$$f_1(x) \equiv (x - \alpha_{m-1}) \cdot f_2(x) \; (\text{mod. } P),$$

wobei $f_2(x)$ eine ganze Funktion vom $m-2^{\text{ten}}$ Grade bezeichnet. Hieraus folgte für (15) die neue Gestalt:

$$f(x) = (x - \alpha_{m-1})(x - \alpha_m) \cdot f_2(x) \pmod{p},$$

also für jedes ganzzahlige x auch (mod. p). Nun würde α_{m-2} der Congruenz

$$f_2(x) \equiv 0 \pmod{p}$$

genügen, u. s. w., und so käme man schliesslich zu einer Congruenz von der Form:

$$f(x) \equiv f_m \cdot (x - \alpha_1)(x - \alpha_2) \cdots (x - \alpha_m) \pmod{p},$$

wo f_m eine ganze Funktion vom 0ten Grade, d. i. ein von x unabhängiger constanter Faktor sein würde, der, dem Sinne einer solchen Congruenz zufolge, dem höchsten Coefficienten links, d. i. a_0, (mod. p) congruent sein müsste. Für jedes ganzzahlige x würde sich hieraus

$$f(x) \equiv a_0(x - \alpha_1)(x - \alpha_2) \cdots (x - \alpha_m) \pmod{p}$$

und folglich, wenn $x = \alpha$ gewählt wird,

$$a_0(\alpha - \alpha_1)(\alpha - \alpha_2) \cdots (\alpha - \alpha_m) \equiv 0 \pmod{p}$$

ergeben. Es müsste demnach das Produkt zur Linken, in welchem nach den Voraussetzungen kein Faktor durch die Primzahl p theilbar sein kann, durch p aufgehn, was gegen den Fundamentalsatz verstösst, den wir früher bewiesen haben.

6. Wir führen jetzt einen allgemeinen Begriff ein, der nicht nur in der Zahlentheorie, sondern auch in mancherlei anderen Gebieten der Mathematik eine grosse Rolle spielt: den Begriff der Gruppe. Man nennt (endliche) Gruppe eine endliche Reihe von Zahlen, welche die Eigenschaft hat, dass das Produkt irgend einer jener Zahlen mit wieder irgend einer von ihnen, gleichviel, ob diese zweite mit der erstern identisch ist oder nicht, wieder eine Zahl derselben Reihe ist.

Dieser Begriff ist freilich ohne Nutzen, wenn wir die Betrachtung auf ganze Zahlen beschränken, denn es giebt keine endliche Reihe ganzer Zahlen, für welche er zuträfe. Betrachten wir dagegen einmal sogenannte algebraische Zahlen, d. i. die Wurzeln algebraischer Gleichungen, deren Coefficienten ganze Zahlen sind, z. B. die m Wurzeln der einfachen Gleichung $x^m = 1$, die sogenannten m^{ten} Einheitswurzeln $\xi_1, \xi_2, \ldots \xi_m$, so bilden diese offenbar eine Gruppe; denn, wenn ξ_i mit ξ_k, wo für k auch der Werth $k = i$ zulässig ist, multiplicirt wird, so entsteht $\xi_i \cdot \xi_k$, und da sowohl $\xi_i^m = 1$, als auch $\xi_k^m = 1$ ist, so wird auch $(\xi_i \xi_k)^m = 1$, d. i. auch $\xi_i \xi_k$ eine m^{te} Einheitswurzel sein. — Wir brauchen aber bei Anwendung des Gruppenbegriffes wieder gar nicht an eigentliche Zahlen zu denken, sondern können ihn auch dann anwenden, wenn wir statt der letztern irgend welche Elemente haben, die wie Zahlen nach bestimmten Rechnungsregeln verknüpft werden sollen, wenn nur für diese Elemente die Multiplikation in bestimmter Weise definirt ist. Z. B. können wir unter Zahl dabei die Restclassen (mod. n) verstehen, und in der That ist leicht einzusehen, dass die sämmtlichen Restclassen (mod. n) eine Gruppe bilden. Denn, wenn

(16) $\qquad R_0, R_1, R_2, \ldots R_{n-1}$

die n Restclassen (mod. n) bezeichnen, und

$$r_0, r_1, r_2, \ldots r_{n-1}$$

sind irgend welche Repräsentanten derselben, so haben wir unter dem Produkte $R_i \cdot R_k$ zweier Restclassen wieder eine ganz bestimmte Restclasse R_h verstanden, diejenige nämlich, zu welcher die Zahl $r_i r_k$ (mod. n) gehört, der Art, dass

$$r_i r_k \equiv r_h \pmod{n}$$

ist. Das Produkt gehört also wieder der Reihe (16) an.

Desgleichen, wenn wir nur die $\varphi(n)$ zu n relativ primen Restclassen

(17) $\qquad P_1, P_2, \ldots P_{\varphi(n)}$

betrachten, und nennen ihre Repräsentanten

(18) $\qquad \varrho_1, \varrho_2, \ldots \varrho_{\varphi(n)},$

so bilden auch sie wieder eine Gruppe. Denn das Produkt $P_i \cdot P_k$ ist wieder eine bestimmte Restklasse, die dadurch charakterisirt ist, dass ihr die Zahl $\varrho_i \varrho_k$ angehört, welche offenbar zu n relativ prim, also einer Zahl ϱ_h des reducirten Restsystems (18) congruent ist; demnach ist $P_h = P_i P_k$, d. h.

das Produkt von irgend zwei Elementen der Reihe (17) ist wieder ein Element dieser Reihe, w. z. b. w.

Aus der Definition der Gruppe fliessen nun unmittelbar einige Folgerungen, welche zunächst abgeleitet werden sollen. Wir setzen dabei die Multiplikation für die Zahlen oder Elemente, aus denen die Gruppe besteht, als einpaarig und associativ voraus. Sei also

(19) $\qquad a, a_1, a_2, \ldots a_{m-1}$

irgend eine Gruppe von m Zahlen oder Elementen. Die aufeinanderfolgenden Potenzen $a, a^2, a^3, \ldots$ gehören, der Definition der Gruppe gemäss, sämmtlich zu derselben; da aber die Anzahl ihrer Glieder nur gleich m, die der Potenzen aber unbegrenzt ist, müssen nothwendig gewisse der letztern mit einander identisch sein, z. B. $a^\mu = a^\nu$, wobei $\mu > \nu$ angenommen werden darf, sodass man, wenn die positive Zahl $\mu - \nu = \delta$ gesetzt wird, die Gleichheit auch so schreiben kann:
$$a^\delta \cdot a^\nu = a^\nu$$
oder auch
$$a^\nu \cdot a^\delta = a^\nu.$$

Bezüglich der Multiplikation mit a^ν spielt hiernach das Element a^δ vollkommen die Rolle der Einheit; es thut dies aber auch bei der Multiplikation mit irgend einem Gliede der Gruppe überhaupt. Denn jedenfalls ist
$$a_i \cdot a^{\nu+\delta} = a_i \cdot a^\nu,$$
wofür man schreiben kann:
$$(a_i \cdot a^\delta) \cdot a^\nu = a_i \cdot a^\nu,$$
und folglich wegen der vorausgesetzten Einpaarigkeit der Multiplikation auch
$$a_i \cdot a^\delta = a_i;$$
und in gleicher Weise ist
$$a^{\nu+\delta} \cdot a_i = a^\nu \cdot a_i,$$
d. h.
$$a^\nu \cdot (a^\delta \cdot a_i) = a^\nu \cdot a_i,$$
folglich auch
$$a^\delta \cdot a_i = a_i.$$

Also: in jeder Gruppe giebt es ein Element (es sei dies das Element a), welches die Rolle der Einheit bei der Multiplikation von Elementen spielt und deshalb der Einheit äquivalent heissen mag; wir deuten es aus dieser Rücksicht geradezu durch das Zeichen 1 an, sodass man die Gruppe (19) hinfort so schreiben kann:

(19a) $\qquad 1, a_1, a_2, \ldots a_{m-1}.$

Man erschliesst aber aus dem Vorstehenden dann noch einen weiteren Satz, nämlich: **Für jedes Element a_i einer Gruppe giebt es einen Exponenten, zu welchem erhoben es der Einheit äquivalent wird.**

Ist d_i der kleinste Exponent dieser Art, so werden wir sagen, das Element gehöre zum Exponenten d_i. In diesem Falle sind die Potenzen

$$1, a_i, a_i^2, \ldots a_i^{d_i-1}$$

von einander verschieden; denn aus der Gleichheit zweier von ihnen würde offenbar die Existenz einer Potenz von a_i mit noch kleinerem Exponenten als d_i folgen, welche der Einheit äquivalent wäre, gegen die Bedeutung von d_i.

Hieraus folgt leicht folgender Hauptsatz über Gruppen[*]: **Sind $1, a_1, a_2, \ldots a_{m-1}$ und α irgend welche Elemente, welche eine einpaarige und associative Multiplikation zulassen, und bilden die ersteren zudem eine Gruppe, so wird die Reihe der Produkte**

(20) $\qquad \alpha, \alpha a_1, \alpha a_2, \ldots \alpha a_{m-1}$

aus verschiedenen Elementen bestehen und mit der Gruppe (19a) identisch oder gänzlich von ihr verschieden sein, jenachdem α zur Gruppe gehört oder nicht.[**]

Die Verschiedenheit der Elemente (20) folgt aus der über die Multiplikation gemachten Voraussetzung. Wenn nun

---

[*] Im Grunde haben wir von ihm schon Gebrauch gemacht bei der Betrachtung in No. 2 des vor. Abschnittes.

[**] Das Gleiche gilt von der Reihe

$$\alpha, a_1\alpha, a_2\alpha, \ldots a_{m-1}\alpha,$$

welche mit der obigen nur dann identisch ist, wenn die Multiplikation der hier betrachteten Elemente commutativ ist, was nicht immer der Fall zu sein braucht.

zweitens α ein Element der Gruppe ist, so gehören, der Definition der letzteren gemäss, sämmtliche Produkte (20) ihr an, und müssen sie erfüllen. Wenn dagegen α kein Element der Gruppe ist, so kann überhaupt keins jener Produkte zu dieser gehören, weil aus einer Gleichheit von der Form

$$\alpha a_i = a_k$$

die folgende:

$$\alpha \cdot a_i^{d_i} = a_k \cdot a_i^{d_i - 1}$$

hervorginge, in welcher $a_i^{d_i}$ der Einheit äquivalent, das Produkt $a_k \cdot a_i^{d_i - 1}$ aber mit einem gewissen Elemente a_h der Gruppe identisch wäre, sodass man einfacher

$$\alpha = a_h,$$

d. i. einen Widerspruch gegen die Voraussetzungen erhielte.

7. Von letzterem Satze machen wir nun einige sehr wichtige Anwendungen auf die Restclassen (mod. n). Multipliciren wir die Restclassen (16), desgleichen auch die relativ primen Restclassen (17) mit irgend einer zu n relativ primen Restclasse P, in Bezug auf welche nach der am Schlusse von No. 3 gemachten Bemerkung die Multiplikation einpaarig ist, so werden, dem Satze zufolge, die Produkte

$$PR_0, PR_1, PR_2, \ldots PR_{n-1},$$

resp.

$$PP_1, PP_2, \ldots PP_{\varphi(n)}$$

wieder — von der Reihenfolge abgesehen — mit den Restclassen (16) resp. (17) identisch sein. Mit anderen Worten: wenn ϱ den Repräsentanten von P bedeutet, so müssen die Produkte

(21) $$\varrho r_0, \varrho r_1, \varrho r_2, \ldots \varrho r_{n-1}$$

resp.

(21a) $$\varrho \varrho_1, \varrho \varrho_2, \ldots \varrho \varrho_{\varphi(n)},$$

in gewisser Reihenfolge genommen, den Zahlen

$$r_0, r_1, r_2, \ldots r_{n-1}$$

resp.

$$\varrho_1, \varrho_2, \ldots \varrho_{\varphi(n)}$$

(mod. n) congruent sein.

Diese einfache Bemerkung bildet zunächst die Grundlage für die Auflösung der Congruenzen ersten Grades, d. i. der Congruenzen von der Form:

(22) $\qquad qx \equiv m \pmod{n},$

in welcher q, m und n gegebene Zahlen sind. Nicht immer ist eine solche Congruenz durch eine ganze Zahl x lösbar; denn, hätten q, n einen von 1 verschiedenen grössten gemeinsamen Theiler d, so würde durch diesen auch das Product qx theilbar sein, welche ganze Zahl immer für x gesetzt werde; mithin müsste auch m diesen Theiler haben und die Congruenz würde unlösbar, wenn m ihn nicht hätte. Werden dagegen, wenn m diesen Theiler hat,

$$q = q'd, \quad n = n'd, \quad m = m'd$$

gesetzt, wo nun q', n' ohne gemeinsamen Theiler sind, so wird die Theilbarkeit der Differenz

$$qx - m = d(q'x - m')$$

durch
$$n = dn'$$

gleichbedeutend sein mit der Theilbarkeit der Differenz $q'x - m'$ durch n', d. h. die obige Congruenz ist gleichbedeutend mit der folgenden:

(23) $\qquad q'x \equiv m' \pmod{n'},$

in welcher q', n' relative Primzahlen sind. Wir dürfen uns mit andern Worten hinfort auf den Fall beschränken, in welchem q, n in der Congruenz (22) keinen von 1 verschiedenen gemeinsamen Theiler haben, d. h. q eine der Zahlen ist, welche wir allgemein ϱ genannt haben.

Eine Congruenz von der Form

(24) $\qquad \varrho x \equiv m \pmod{n}$

ist aber stets lösbar, wie aus dem zuvor bewiesenen Satze sogleich folgt. In der That, wenn für x successive die Werthe $r_0, r_1, r_2, \ldots r_{n-1}$ gesetzt werden, so repräsentiren, wie gezeigt, die entstehenden Producte die sämmtlichen Restclassen (mod. n), darunter also einmal auch diejenige Restclasse, der m angehört. Geschieht letzteres für $x = r_i$, so ist

$$\varrho \cdot r_i \equiv m \pmod{n},$$

d. h. $x = r_i$ eine Lösung der gegebenen Congruenz. Nicht minder aber wird jede andere ganze Zahl x, welche r_i (mod. n) congruent ist, diese Congruenz erfüllen, sodass man unendlich viel Lösungen derselben erhält durch die Formel

$$x \equiv r_i \pmod{n}.$$

Da sie aber sämmtlich ein- und derselben Restclasse angehören, und in den Congruenzen (mod. n) alle Individuen derselben Restclasse für einander eintreten können und sich also nur wie eine einzige Zahl verhalten, so sieht man jene unendlich vielen unter einander congruenten *Lösungen* nur für eine einzige *Wurzel* an. Und in gleicher Weise rechnet man auch bei anderen Congruenzen nur solche Lösungen als verschiedene Wurzeln, die nach dem Modulus incongruent sind.

Nach diesem Sprachgebrauche kann man dann z. B. den am Schlusse von No. 5 bewiesenen Satz ganz einfach dahin aussprechen, dass die Congruenz (14) höchstens m verschiedene Wurzeln habe. Und das eben gewonnene Ergebniss kann in den Satz gefasst werden: dass eine Congruenz von der Art (24), in welcher der Coefficient der Unbestimmten relative Primzahl zum Modulus ist, stets eine und nur eine einzige Wurzel hat. Denn wäre $x = r$ noch eine zweite Wurzel, r also eine mit r_i (mod. n) incongruente Zahl, welche der Congruenz genügt, so hätte man gleichzeitig

$$\varrho r_i \equiv m, \quad \varrho r \equiv m \pmod{n},$$

also

$$\varrho(r - r_i) \equiv 0 \pmod{n},$$

d. h. das Produkt müsste durch n theilbar sein, während doch nach den Voraussetzungen der erste Faktor relativ prim gegen n und der zweite nicht durch n theilbar ist.

8. Etwas anders verhalten sich die Congruenzen ersten Grades von der Form (22), bei welchen der Coefficient q der Unbestimmten mit dem Modulus n einen grössten gemeinsamen Theiler $d > 1$ hat. Eine solche, wenn sie überhaupt möglich war, war gleichbedeutend mit der andern:

$$q'x \equiv m' \pmod{n'}.$$

Da aber in dieser nun q', n' relativ prim sind, so hat sie, dem soeben Bewiesenen zufolge, unendlich viel Lösungen, welche durch eine Congruenz von der Form

(25) $\qquad\qquad x \equiv r \pmod{n'}$

gegeben werden; indessen sind diese, zwar für den Modulus n' congruenten Lösungen doch nicht auch alle (mod. n) congruent, zerfallen vielmehr in d verschiedene Restclassen (mod. n) und repräsentiren daher auch d verschiedene Wurzeln der gegebenen Congruenz. Denn die Beziehung (25) sagt dasselbe wie die Gleichung

$$x = r + n'z,$$

wenn für z alle ganzen Zahlen gesetzt werden; diese aber nimmt, wenn z in der Form $dy + e$ gedacht wird, in welche es jederzeit gesetzt werden kann, während e eine der Zahlen 0, 1, 2, ... $d-1$ bezeichnet, die Gestalt an:

$$x = (r + n'e) + ny$$

oder
$$x \equiv r + n'e \pmod{n},$$

und stellt, entsprechend den möglichen Werthen von e, die d (mod. n) incongruenten Wurzeln der Congruenz (22) vor, nämlich:

(26) $x \equiv r$, $x \equiv r + n'$, $x \equiv r + 2n'$, ... $x \equiv r + (d-1)n'$
$\qquad\qquad \pmod{n}.$

Zum Beispiel, wenn die Congruenz vorliegt:

$$30x \equiv 42 \pmod{108},$$

so ist $d = 6$; da $m = 42$ durch 6 theilbar ist, ist die Congruenz lösbar und gleichbedeutend mit dieser:

$$5x \equiv 7 \pmod{18}.$$

Als ihre Wurzel findet man leicht

$$x \equiv 5 \pmod{18},$$

und hieraus folgen als Wurzeln der gegebenen Congruenz:

$$x \equiv 5,\ 23,\ 41,\ 59,\ 77,\ 95 \pmod{108}.$$

Die Auflösung der Congruenz (22) ist im Grunde nichts anderes, als die ganzzahlige Auflösung der unbestimmten Gleichung ersten Grades von der Form
(27) $$qx - ny = m.$$
Denn, wenn eine solche überhaupt lösbar ist, und x, y bezeichnen zwei ganze Zahlen, welche sie befriedigen, so folgt $qx = m + n \cdot y$, d. i.
$$qx \equiv m \pmod{n};$$
und umgekehrt: ist x eine Lösung dieser Congruenz, so ist die Differenz $qx - m$ eine durch n theilbare ganze Zahl, d. i. $qx - m = n \cdot y$, mithin sind x, y eine ganzzahlige Auflösung der Gleichung (27). Um aber alle Auflösungen der letzteren zu finden, bringen wir diese zunächst, wenn q, m einen grössten gemeinsamen Theiler d haben, durch welchen dann auch n aufgehen muss, auf die einfachere Form:
(28) $$q'x - n'y = m'.$$
Sind $x = r$, $y = s$ eine Auflösung der letzteren, wie nach dem Obigen eine solche stets existirt, so giebt die Verbindung jener Gleichung mit der folgenden:
$$q'r - n's = m'$$
die Beziehung:
$$q'(x - r) = n'(y - s),$$
aus welcher, weil q', n' relativ prim sind, sogleich folgt, dass $x - r$ durch n' theilbar, etwa gleich $n'z$, und folglich $y - s = q'z$ sein muss; mit andern Worten: alle Lösungen jener Gleichung sind nothwendig in den Formeln enthalten:
$$x = r + n'z, \quad y = s + q'z;$$
diese geben aber auch, wie ersichtlich ist, für jeden ganzzahligen Werth des z wirklich eine Lösung. Da endlich die Lösungen der Gleichung (27) mit denen der einfacheren Gleichung (28) identisch sind, so findet sich das mit der Lösung der Congruenz (22) in Einklang stehende Ergebniss: Ist r, s *eine* Lösung der Gleichung (27) in ganzen Zahlen, so finden sich *alle* ihre ganzzahligen Lösungen, wenn in den Formeln

$$x = r + \frac{n}{d}z, \quad y = s + \frac{q}{d}z,$$

in welchen d den grössten gemeinsamen Theiler von n, q bezeichnet, dem z alle ganzzahligen Werthe beigelegt werden.

9. An die Auflösung der Congruenzen ersten Grades schliesst sich die Aufgabe, eine Zahl zu finden, welche nach gegebenen Moduln gegebene Reste lässt — eine Aufgabe, deren Lösung wir nöthig haben werden. Suchen wir also eine ganze Zahl x den folgenden Forderungen gemäss zu bestimmen: es soll

(29) $\quad x \equiv \alpha \pmod{a}, \quad x \equiv \beta \pmod{b}, \quad x \equiv \gamma \pmod{c}, \ldots$

sein.

Man könnte hier allmählich zu Werke gehen, indem man erst die Zahlen aufstellt, welche nur der ersten Bedingung Genüge leisten, und welche offenbar gegeben werden durch die Formel: $x = \alpha + ay$ für alle ganzzahligen y; indem man dann hieraus diejenigen ausscheidet, welche auch die zweite Forderung, d. i. die Congruenz

$$ay \equiv \beta - \alpha \pmod{b}$$

erfüllen, u. s. w. Hätten a, b einen gemeinsamen Theiler, so wissen wir, dass die zuletzt geschriebene Congruenz nur dann lösbar wäre, wenn auch $\beta - \alpha$ diesen Theiler hätte. Hieraus ist einleuchtend, dass die gestellte Aufgabe keineswegs immer lösbar ist. Aber man übersieht leicht, dass sie in dem Falle, wo die gegebenen Moduln a, b, c, ... relative Primzahlen sind, unzweifelhaft eine Lösung gestattet, wovon wir uns nun auch überzeugen wollen, indem wir eine andere Methode zu ihrer Auflösung angeben, welche symmetrisch verfährt, d. i. die gestellten Bedingungen gleichmässig behandelt.

Hierbei hat man zunächst soviele Hilfsgrössen zu bestimmen, als verschiedene Bedingungen gestellt sind. Wir suchen eine Zahl r, welche durch jeden der Moduln b, c, ... theilbar (also auch durch ihr Produkt theilbar), nach dem Modulus a aber der Einheit congruent ist:

$$r \equiv 1 \pmod{a}, \quad r \equiv 0 \pmod{bc\ldots},$$

d. i., wenn $r = (bc\ldots) \cdot r'$ gesetzt wird, eine Zahl r', welche der Congruenz

$$(bc\ldots)r' \equiv 1 \pmod{a}$$

genügt; eine solche giebt es sicherlich, da a und $bc\ldots$ nach der gemachten Voraussetzung relativ prim sind. Desgleichen kann man eine Zahl s finden, welche die Bedingungen erfüllt, dass

$$s \equiv 1 \pmod{b}, \quad s \equiv 0 \pmod{ac\ldots},$$

eine Zahl t, welche die Bedingungen

$$t \equiv 1 \pmod{c}, \quad t \equiv 0 \pmod{ab\ldots}$$

erfüllt, u. s. w. Sind diese Hilfszahlen r, s, t, ... gefunden und setzt man

(29a) $$\xi = \alpha r + \beta s + \gamma t + \cdots,$$

so wird behauptet: alle Lösungen der Congruenzen (29) stimmen überein mit den Zahlen x, welche durch folgende Congruenz definirt werden:

(29b) $$x \equiv \xi \pmod{abc\ldots}.$$

Denn erstlich ist jede solche Zahl eine Lösung jener sämmtlichen Congruenzen. In der That folgt aus (29b) selbstverständlich dieselbe Congruenz auch für jeden der Moduln a, b, c, ... einzeln genommen. Nun kann aber in der Congruenzbeziehung

$$x \equiv \alpha r + \beta s + \gamma t + \cdots \pmod{a}$$

z. B. jede der Zahlen s, t, ..., als durch a theilbar, unterdrückt werden, und wegen $r \equiv 1$ ist $\alpha r \equiv \alpha \pmod{a}$, also findet sich aus (29b) zunächst

$$x \equiv \alpha \pmod{a}$$

und ähnlicherweise auch $x \equiv \beta \pmod{b}$, $x \equiv \gamma \pmod{c}$ u. s. w.

Zweitens muss aber auch jede Lösung aller Congruenzen (29) mit der Zahl $\xi \pmod{abc\ldots}$ congruent sein; denn, wenn gleichzeitig

$$x \equiv \alpha \pmod{a}, \quad x \equiv \beta \pmod{b}, \quad x \equiv \gamma \pmod{c}, \ldots$$

ist, während auch

$$\xi \equiv \alpha \pmod{a}, \quad \xi \equiv \beta \pmod{b}, \quad \xi \equiv \gamma \pmod{c},$$

sich gezeigt hat, so wird der Unterschied $x - \xi$ durch alle Moduln $a, b, c, \ldots$ einzeln, und da sie relativ prim vorausgesetzt sind, auch durch ihr Produkt theilbar sein.

Beispiel.

Man sucht eine Lösung der Congruenzen

(30) $x \equiv 17 \pmod{504}$, $x \equiv -4 \pmod{35}$, $x \equiv 33 \pmod{16}$.

Wir wollen hier einmal in Rücksicht auf die leichtere Rechnung zeigen, dass diese Aufgabe durch eine einfachere ersetzt werden kann. Der Modulus 504 ist gleich dem Producte der unter einander primen drei Zahlen 9, 8, 7, und demnach ist die erste der geforderten Congruenzen gleichbedeutend mit den drei Forderungen:

$x \equiv 17 \pmod{7}$, $x \equiv 17 \pmod{8}$, $x \equiv 17 \pmod{9}$;

in gleicher Weise ist die zweite Congruenz mit den zwei Forderungen gleichbedeutend:

$x \equiv -4 \pmod{5}$, $x \equiv -4 \pmod{7}$.

Da jedoch $17 \equiv -4 \pmod{7}$, so besagen die zwei Congruenzen (mod. 7) dieselbe Forderung, und eine von ihnen, etwa die erstere, kann unterdrückt werden. Desgleichen ist die Congruenz (mod. 8) nur eine Forderung, welche in derjenigen schon enthalten ist oder aus derjenigen folgt, die die Congruenz (mod. 16) ausspricht, denn aus $x \equiv 33 \pmod{16}$ folgt auch $x \equiv 33 \pmod{8}$, was nichts anderes sagt, als $x \equiv 17 \pmod{8}$, da $33 \equiv 17 \pmod{8}$. Die Congruenz (mod. 8) kann demnach auch wegbleiben, und es erübrigen so nur die folgenden:

(31) $x \equiv 17 \pmod{9}$, $x \equiv 33 \pmod{16}$

$x \equiv -4 \pmod{5}$, $x \equiv -4 \pmod{7}$,

deren beide letzten auch nun wieder durch die eine gleichbedeutende

(31) $x \equiv -4 \pmod{35}$

ersetzt werden kann. Hiernach ist also zunächst das System (30) von Congruenzforderungen dem einfacheren (31) gleichbedeutend.

Nun hat man die Hilfszahlen zu ermitteln:

$$r = 560r' \equiv 1 \pmod{9}, \quad r' = 5, \quad r = 2800$$
$$s = 144s' \equiv 1 \pmod{35}, \quad s' = 9, \quad s = 1296$$
$$t = 315t' \equiv 1 \pmod{16}, \quad t' = 3, \quad t = 945.$$

Hiernach ist
$$\xi = \alpha r + \beta s + \gamma t$$
$$= 47600 - 5184 + 31185 = 73601$$

und
$$x \equiv 73601 \pmod{5040}$$

oder einfacher
$$x \equiv 3041 \pmod{5040}$$

wäre die Lösung der Aufgabe.

10. Die soeben angewandte Methode zur Lösung der gestellten Aufgabe zeigt nicht nur ihre Lösbarkeit in dem gedachten Falle und empfiehlt sich nicht nur durch die gleichmässige Behandlung der verschiedenen Forderungen, sondern sie gestattet auch, sehr wichtige Folgerungen zu ziehen.

Denken wir uns in den Congruenzen (29) statt der Reste $\alpha, \beta, \gamma, \ldots$ ein zweites, davon verschiedenes System von Resten $\alpha', \beta', \gamma', \ldots$ gesetzt, der Art, dass nicht gleichzeitig

(32) $\alpha' \equiv \alpha \pmod{a}, \quad \beta' \equiv \beta \pmod{b}, \quad \ldots$

sein soll, so ist auch unschwer einzusehen, dass die entsprechende Zahl
$$\xi' = \alpha' r + \beta' s + \gamma' t + \cdots$$

nicht congruent sein kann mit ξ (mod. $abc\ldots$). Denn sonst wäre sie ja ξ auch nach jedem der Moduln $a, b, c, \ldots$ einzeln congruent, und die eben ausgeschlossene Gleichzeitigkeit der Congruenzen (32) würde die Folge davon sein. Hieraus schliessen wir das Resultat: Wenn die Zahlen $\alpha, \beta, \gamma, \ldots$ nach jedem der Moduln $a, b, c, \ldots$ resp. ein *vollständiges* Restsystem durchlaufen, so durchläuft die Zahl

$$\xi = \alpha r + \beta s + \gamma t + \cdots$$

gleichfalls ein *vollständiges* Restsystem nach dem Modulus $abc\ldots$; denn sie erhält $abc\ldots$ unter einander (mod. $abc\ldots$) incongruente Werthe.

Wenn ferner jede der Zahlen α, β, γ, ... zum entsprechenden Modulus a, b, c, ... relative Primzahl ist, so ist auch ξ relativ prim zu abc... und umgekehrt. Denn hätte — um das erstere zu zeigen — ξ einen Primtheiler d mit abc... gemeinsam, also auch mit einem der Moduln a, b, c, ... etwa mit a, so würde aus der Congruenz $\xi \equiv \alpha$ (mod. a) nothwendig folgen, dass auch α und a diesen Theiler d gemeinsam hätten, gegen die Voraussetzung. Umgekehrt aber würde, sobald eine der Zahlen α, β, γ, ... mit ihrem zugehörigen Modulus, etwa α mit a einen gemeinsamen Theiler d hätte, auch ξ diesen Theiler mit a und folglich mit abc... haben; sind daher ξ und abc... relativ prim, so sind's auch α und a, β und b, γ und c u. s. w. — Da nun schon gezeigt ist, dass verschiedenen Systemen α, β, γ, ... auch nach dem Modulus abc... incongruente Werthe des ξ entsprechen, können wir jetzt neben dem vorigen Satze folgenden engeren Satz aussprechen: Durchlaufen die Zahlen α, β, γ, ... *reducirte* Restsysteme nach den Moduln a, b, c, ... resp., so durchläuft auch

$$\xi = \alpha r + \beta s + \gamma t + \cdots$$

ein *reducirtes* Restsystem (mod. abc...).

Hieraus fliesst, wenn wir uns wieder des Zeichens $\varphi(m)$ bedienen, um die Anzahl der Glieder zu bezeichnen, aus denen ein reducirtes Restsystem (mod. m) besteht, sofort nachstehende sehr wichtige Gleichung:

(33) $$\varphi(abc...) = \varphi(a) \cdot \varphi(b) \cdot \varphi(c) \cdots,$$

welche gilt, so oft a, b, c, ... relative Primzahlen sind; denn das Produkt zur Rechten giebt ja die Anzahl der Combinationen der angegebenen Zahlen α, β, γ, ..., und diese muss der Anzahl der Glieder in einem reducirten Restsysteme (mod. abc...) gleich sein. Man kann diese Formel auch leicht mittels des allgemeinen für die Funktion $\varphi(m)$ gegebenen Ausdruckes (Formel (30) vor. Abschnitts) bestätigen; doch erweist sich der bedingende Zusatz: so oft a, b, c, ... relative Primzahlen sind — als durchaus nothwendig.

11. Kehren wir jetzt zu der Bemerkung zurück, welche für die letzte Reihe von Untersuchungen die Grundlage bildete, der Bemerkung, dass die Produkte aus einer zu n relativ primen Zahl ϱ und den Gliedern eines vollständigen resp. reducirten Restsystems (mod. n) wieder ein vollständiges resp. reducirtes Restsystem nach demselben Modulus bilden. Diesmal aber beziehen wir unsere Betrachtung auf ein reducirtes Restsystem. Ist

$$\varrho_1, \varrho_2, \varrho_3, \ldots \varrho_\nu$$

ein solches, wobei ν zur Abkürzung steht für $\varphi(n)$, so werden, wie bemerkt, auch

$$\varrho\varrho_1, \varrho\varrho_2, \varrho\varrho_3, \ldots \varrho\varrho_\nu$$

eins bilden, d. h. diese $\varphi(n)$ Zahlen sind jenen, von der Reihenfolge abgesehen, (mod. n) congruent. Folglich wird auch das Produkt der einen dem Produkte der andern congruent sein, was in folgender Formel ausgedrückt wird:

$$\varrho^\nu \cdot (\varrho_1 \varrho_2 \ldots \varrho_\nu) \equiv \varrho_1 \varrho_2 \ldots \varrho_\nu \pmod{n}.$$

Aber das gleiche, rechts und links stehende Produkt ist zu n relativ prim, mithin darf man damit beiderseits dividiren, und erschliesst aus der vorstehenden folgende einfachere Congruenz:

$$\varrho^\nu \equiv 1 \pmod{n}$$

oder

(34) $$\varrho^{\varphi(n)} \equiv 1 \pmod{n}.$$

Dieses Resultat ist die Verallgemeinerung eines Satzes, welchen schon Fermat*) angegeben und der als einer der einfachsten und zugleich folgenreichsten unter den von ihm gefundenen eine ganz besondere Berühmtheit erlangt hat und

---

*) Fermat lebte in der zweiten Hälfte des 17. Jahrhunderts zu Toulouse. Die Zahlentheorie verdankt ihm eine Reihe ihrer schönsten, berühmtesten Sätze, welche er seinen Zeitgenossen, meist ohne die Beweise zu liefern, die er möglicherweise selbst nicht durchweg besass, mitgetheilt hat. Die Bemühungen späterer Mathematiker, sie zu begründen, haben dazu gedient, die Wissenschaft der Zahlen zu entwickeln, sodass Fermat's Arbeiten als der eigentliche Ausgangspunkt der Zahlentheorie anzusehen sind. Sie finden sich in Fermatii opera mathematica, Tolosae 1679; neuerdings haben P. Tannery et Ch. Henry eine neue Ausgabe derselben, œuvres de Fermat, veranstaltet.

daher vorzugsweise als **Fermat'scher Satz** bezeichnet wird. Deshalb wollen wir den in der Congruenz (34) sich aussprechenden Satz den **verallgemeinerten Fermat'schen Lehrsatz** nennen. In Worte gefasst sagt er aus:

Wird eine zu n relativ prime Zahl zum Exponenten $\varphi(n)$, d. i. zu demjenigen Exponenten erhoben, welcher die Anzahl der zu n relativ primen Restclassen angiebt, so lässt die entstehende Potenz, durch n getheilt, den Rest Eins.

Der ursprüngliche Fermat'sche Lehrsatz bildet den einfachsten Fall des eben ausgesprochenen, er bezieht sich nämlich auf den Fall, wo n eine Primzahl p und folglich $\varphi(n) = p - 1$ ist. Der Fermat'sche Satz lautet demnach:

Erhebt man eine durch die Primzahl p nicht theilbare Zahl zum Exponenten $p - 1$, so giebt die entstehende $(p-1)^{\text{te}}$ Potenz bei Theilung durch p den Rest 1, in Zeichen:

(34a) $$\varrho^{p-1} \equiv 1 \pmod{p},$$

so oft ϱ nicht theilbar ist durch p.

Diese, aus der einfachsten Betrachtung hervorgegangenen Sätze sind von der äussersten Wichtigkeit für die ganze Zahlentheorie. Nach den verschiedensten Seiten hin bringen sie Ordnung und Licht in die complicirten Verhältnisse der ganzen Zahlen zu einander. Insbesondere bilden sie die wesentliche Grundlage für zwei grosse Theorieen: die **Lehre von den höheren Congruenzen** und die **Lehre von den Potenzresten**, welche zu einander in ähnlicher Beziehung stehen, wie in der Theorie der Gleichungen die Lehre von den allgemeinen und die von den binomischen Gleichungen eines bestimmten Grades. Von diesen beiden sehr umfangreichen Theorieen müssen wir uns in diesem Werke darauf beschränken, denjenigen Abschnitt ausführlicher zu behandeln, welcher die sogenannten quadratischen Reste betrifft. Doch wollen wir wenigstens hier vom Fermat'schen Satze, resp. seiner Verallgemeinerung, welche von Euler[*]) herrührt, wegen

---

[*]) Theoremata arithm. nova meth. demonstrata, Commentat. nov. Ac. Petropol. VIII p. 74.

ihrer grossen Bedeutung noch zwei andere Beweise mittheilen, welche, indem sie sich ein jeder der besonderen Beziehung des Satzes zur einen oder andern Theorie anschliessen, diese verschiedene Beziehung des Satzes hervortreten lassen.

12. Der erste dieser Beweise wird Euler verdankt, und gestattet, den verallgemeinerten Satz zu erweisen. Nach dem binomischen Satze ist zunächst

$$(a+b)^p = a^p + p \cdot a^{p-1} b + \frac{p(p-1)}{1 \cdot 2} \cdot a^{p-2} b^2 + \cdots$$
$$+ \frac{p(p-1)}{1 \cdot 2} a^2 b^{p-2} + p \cdot a b^{p-1} + b^p,$$

und die sämmtlichen Binomialcoefficienten sind, wie aus No. 8 des ersten Abschnitts hervorgeht, durch die Primzahl p theilbare ganze Zahlen. So oft demnach a, b ganze Zahlen bedeuten, lässt diese Gleichung sich in Gestalt einer Congruenz (mod. p) schreiben, wie folgt:

$$(a+b)^p \equiv a^p + b^p \pmod{p}.$$

Diese aber kann, wie nun sogleich ersichtlich ist, verallgemeinert werden für beliebig viel Summanden, und giebt dann:

$$(a+b+c+\cdots)^p \equiv a^p + b^p + c^p + \cdots \pmod{p},$$

wie gross die Anzahl der ganzzahligen Summanden auch sei. Ist nun m ihre Anzahl und nimmt man sie sämmtlich der Einheit gleich an, so kommt

$$m^p \equiv m \pmod{p}$$

zunächst für jede positive ganze Zahl m. Doch kann man hierin auch m in $-m$ verwandeln; denn, ist $p = 2$, so erhielte man auf solche Weise

$$m^2 \equiv -m \pmod{2},$$

was mit

$$m^2 \equiv m \pmod{2}$$

gleichbedeutend ist; und wenn p eine ungerade Primzahl bedeutet, so würde

$$(-m)^p \equiv -m \pmod{p}$$

auch nichts anderes bedeuten als

$$m^p \equiv m \pmod{p}.$$

Die obige Congruenz ist demnach für jede, positive oder negative, ganze Zahl bewiesen. Ist aber m nicht theilbar durch p, so darf man den Faktor m rechts und links unterdrücken und gewinnt dann den einfachen Fermat'schen Satz:

$$m^{p-1} \equiv 1 \pmod{p}.$$

Diese Congruenz aber ist gleichbedeutend mit einer Gleichung von der Form

$$m^{p-1} = 1 + h \cdot p,$$

unter h eine gewisse ganze Zahl verstanden. Wird nun die Gleichung wieder zur Potenz p erhoben, so liefert der binomische Satz das Resultat:

$$m^{p(p-1)} = 1 + p \cdot hp + \frac{p(p-1)}{1 \cdot 2} \cdot h^2 p^2 + \cdots,$$

wo rechts jedes Glied vom zweiten an offenbar durch p^2 theilbar ist, sodass die Gleichung sich einfacher in folgender Form schreiben lässt:

$$m^{p(p-1)} = 1 + h' \cdot p^2,$$

wo h' wieder eine ganze Zahl bezeichnet. Eine erneute Erhebung zur p^{ten} Potenz ergiebt

$$m^{p^2(p-1)} = 1 + p \cdot h' p^2 + \frac{p(p-1)}{1 \cdot 2} \cdot h'^2 p^4 + \cdots$$

oder einfacher, wenn h'' ganzzahlig ist,

$$m^{p^2(p-1)} = 1 + h'' \cdot p^3$$

u. s. f. Diese Betrachtung führt offenbar zu dem, schon etwas allgemeineren Fermat'schen Satze:

(35) $\qquad m^{p^{a-1} \cdot (p-1)} \equiv 1 \pmod{p^a},$

bei welchem m als eine durch p nicht theilbare Zahl vorausgesetzt werden musste.

Gesetzt nun, m sei eine Zahl, welche auch durch keine der Primzahlen $q, r, \ldots$ theilbar ist, so werden in derselben Weise folgende Congruenzen sich herleiten lassen:

$$m^{q^{b-1} \cdot (q-1)} \equiv 1 \pmod{q^b}$$

$$m^{r^{c-1} \cdot (r-1)} \equiv 1 \pmod{r^c}$$

Wir bezeichnen mit n das Produkt
$$n = p^a q^b r^c \ldots,$$
sodass
$$\varphi(n) = p^{a-1}(p-1) \cdot q^{b-1}(q-1) \cdot r^{c-1}(r-1) \cdots$$
ist. Da die Zahlen, welche die rechte und linke Seite der Congruenz (35) bilden, einander congruent bleiben (mod. p^a), auch wenn sie zu irgend einer und derselben Potenz erhoben werden, und da offenbar $\varphi(n)$ ein Vielfaches von $p^{a-1}(p-1)$ ist, so schliesst man aus (35) die nachstehende Congruenz
$$m^{\varphi(n)} \equiv 1 \pmod{p^a},$$
in gleicher Weise aber auch die anderen:
$$m^{\varphi(n)} \equiv 1 \pmod{q^b}$$
$$m^{\varphi(n)} \equiv 1 \pmod{r^c}$$
. . . .

Ist aber die Differenz $m^{\varphi(n)} - 1$ zugleich theilbar durch jede der verschiedenen Primzahlpotenzen p^a, q^b, r^c, ..., so ist sie es auch durch deren Produkt; und so ergiebt sich in der That für jede ganze Zahl n und jede zu n relativ prime Zahl m der **verallgemeinerte Fermat'sche Lehrsatz**:
$$m^{\varphi(n)} \equiv 1 \pmod{n}.$$

13. In der Form, wie wir diesen Satz gefasst haben, gehört er offenbar der Lehre von den Potenzresten an, d. h. er spricht eine Eigenschaft einer gewissen Potenz — der $\varphi(n)^{\text{ten}}$, resp. $p - 1^{\text{ten}}$ Potenz — aus, betreffend ihren Rest (mod. n) bez. (mod. p). Und diesem Gesichtspunkte schliesst der Euler'sche Beweis sich an, indem er wesentlich auf der Untersuchung der Reste einer gewissen Reihe von Potenzen beruht. Doch können wir den Fermat'schen Satz auch in anderer Weise auffassen. Denn die Congruenz (34) gilt ja für jede zu n relativ prime Zahl ϱ, und folglich dürfen wir sagen: die Congruenz
$$x^{\varphi(n)} \equiv 1 \pmod{n}$$
vom Grade $\varphi(n)$ wird durch jede Zahl $x = \varrho$ erfüllt, welche ohne gemeinsamen Theiler mit n ist, und hat demnach genau soviel Wurzeln, als ihr Grad beträgt.

In der That zerfallen ja jene Zahlen ϱ in $\varphi(n)$ Restclassen und repräsentiren daher ebenso viel Wurzeln jener Congruenz. Dass es aber auch keine Wurzeln weiter giebt, würde beim einfachen Fermat'schen Satze, d. h. für $n = p$, aus einem früher (No. 5) bewiesenen allgemeinen Satze von selbst folgen, gilt aber auch im allgemeinen Falle einfach aus dem Grunde, weil jede andere Lösung x einen gemeinsamen Theiler mit n haben müsste, sodass die linke Seite der Congruenz denselben auch, die rechte aber nicht hätte, was nicht angeht.

Die letztere Fassung des Fermat'schen Satzes offenbart seine Zugehörigkeit zur Lehre von den höheren Congruenzen, und der Beweis des einfachen Fermat'schen Satzes, den wir nun nach Lagrange*) mittheilen wollen, schliesst diesem Gesichtspunkte sich an.

Das Produkt
$$(x + 1)(x + 2)(x + 3) \cdots (x + p - 1)$$
giebt ersichtlich, entwickelt, eine ganze Funktion $p - 1^{ten}$ Grades von x, deren Coefficienten ganze Zahlen sind, und welche demnach durch
$$x^{p-1} + A_1 x^{p-2} + \cdots + A_{p-1}$$
bezeichnet werden kann:

(36) $\quad (x + 1)(x + 2)(x + 3) \cdots (x + p - 1)$
$\quad = x^{p-1} + A_1 x^{p-2} + \cdots + A_{p-1}.$

Ersetzt man in diesen einander identischen Ausdrücken x durch $x + 1$, so erhält man die neue Gleichheit:
$$(x + 2)(x + 3) \cdots (x + p - 1)(x + p)$$
$$= (x + 1)^{p-1} + A_1(x + 1)^{p-2} + \cdots + A_{p-1}$$
und durch eine geeignete Verbindung beider mit einander die nachstehende:
$$(x + 1)^p + A_1(x + 1)^{p-1} + \cdots + A_{p-1}(x + 1)$$
$$= (x + p)[x^{p-1} + A_1 x^{p-2} + \cdots + A_{p-1}],$$
aus welcher durch Vergleichung der Coefficienten gleich hoher Potenzen von x auf beiden Seiten sich folgende Reihe von Beziehungen ergiebt:

---

*) S. Nouv. mémoires de l'Académie de Berlin 1771.

$$A_1 = \frac{p(p-1)}{1\cdot 2}$$

$$2A_2 = \frac{p(p-1)(p-2)}{1\cdot 2\cdot 3} + \frac{(p-1)(p-2)}{1\cdot 2}A_1$$

$$3A_3 = \frac{p(p-1)(p-2)(p-3)}{1\cdot 2\cdot 3\cdot 4} + \frac{(p-1)(p-2)(p-3)}{1\cdot 2\cdot 3}A_1$$

$$+ \frac{(p-2)(p-3)}{1\cdot 2}A_2$$

. . . .

$$(p-2)A_{p-2} = p + (p-1)A_1 + (p-2)A_2 + \cdots + 3A_{p-3}$$
$$(p-1)A_{p-1} = 1 + A_1 + A_2 + \cdots A_{p-2}.$$

Werden diese Gleichungen aber als Congruenzen nach dem Modulus p aufgefasst, so schliesst man sogleich, dass

$$A_1 \equiv A_2 \equiv A_3 \equiv \cdots \equiv A_{p-2} \equiv 0,$$
(37) $$A_{p-1} \equiv -1 \ (\text{mod.}\ p)$$

ist. Demnach dürfen wir die Gleichung (36) als eine Congruenz (mod. p) auch folgendermassen schreiben:

$$(x+1)(x+2)\cdots(x+p-1) \equiv x^{p-1} - 1 \ (\text{mod.}\ P),$$

wenn wieder, wie in No. 5, unter P der Modulus derjenigen Funktionen, und zwar $p-1^{\text{ten}}$ Grades, verstanden wird, deren sämmtliche Coefficienten durch p theilbar sind. Bei Ausführung des Produktes werden aber, dem Sinn solcher Congruenz entsprechend, die Zahlen $1, 2, 3, \ldots p-1$, welche ein reducirtes Restsystem (mod. p) bilden und nur Multiplikationen und Additionen unterworfen werden, durch irgendwelche andere ihnen resp. (mod. p) congruente Zahlen, d. h. durch irgend ein anderes reducirtes System von Resten ersetzt werden dürfen. Bezeichnet demnach $a_1, a_2, \ldots a_{p-1}$ irgend ein solches, sodass auch $-a_1, -a_2, \ldots -a_{p-1}$ ein solches ist, so darf man die obige Congruenz auch in der folgenden Form aussprechen:

(38) $(x-a_1)(x-a_2)\cdots(x-a_{p-1}) \equiv x^{p-1} - 1 \ (\text{mod.}\ P).$

Und diese ist nicht nur gleichbedeutend mit dem Fermatschen Satze, sondern sie giebt auch auf das Deutlichste den Grund, aus welchem dieser Satz herfliesst. In der That, weil dieser Congruenz gemäss der Ausdruck $x^{p-1} - 1$ mit dem

Produkte zur Linken für jedes ganzzahlige x auch (mod. p) congruent wird, muss er für jeden Werth von x auch durch p theilbar werden, für welchen es das Produkt wird; letzteres wird aber durch p aufgehn, sobald es einer seiner Faktoren thut, und dies geschieht offenbar für jeden Werth des x, der nicht durch p theilbar ist. Das ist aber der eigentliche Inhalt des Fermat'schen Satzes, und zugleich sieht man, dass die Congruenz

$$x^{p-1} - 1 \equiv 0 \; (\mathrm{mod.}\, p)$$

die $p - 1$ Wurzeln hat:

$$x \equiv a_1, \quad x \equiv a_2, \quad \ldots \quad x \equiv a_{p-1} \; (\mathrm{mod.}\, p).$$

Im engsten Zusammenhange mit dieser Entwicklung steht ein anderer Satz, der sogenannte Wilson'sche Satz*), den wir sofort aus der Congruenz (37) erhalten, wenn wir darin für A_{p-1} seinen Werth einsetzen. So ergiebt sich die Congruenz:

(39) $\qquad 1 \cdot 2 \cdot 3 \ldots (p-1) \equiv -1 \; (\mathrm{mod.}\, p),$

oder der Wilson'sche Satz: Wenn p eine Primzahl ist, so ist das Produkt aller ganzen Zahlen, welche kleiner sind als p, um die Einheit vermehrt, theilbar durch p. Dieser Satz ist besonders deshalb beachtenswerth, weil er dazu dienen kann, eine Zahl als Primzahl zu *charakterisiren*; denn nicht allein gilt er stets dann, wenn p eine solche ist, sondern auch nur in diesem Falle. In der That, wäre p eine zusammengesetzte Zahl und d ein Theiler von p, so würde diese Zahl $d < p$ nothwendigerweise auch Theiler der linken Seite in der Congruenz (39) sein, ohne doch in ihrer rechten Seite aufzugehen, was nicht möglich ist. Theoretisch — freilich nicht praktisch — würde hiernach der Wilson'sche Satz ein Mittel abgeben zu entscheiden, ob eine gegebene Zahl eine Primzahl ist oder nicht.**)

---

*) Dieser Satz wurde zuerst von Waring in seinen Meditationes algebricae ed. 3 p. 380 mitgetheilt, doch zuerst bewiesen von Lagrange a. a. O.

**) Uebrigens kann der Wilson'sche Satz verallgemeinert werden, wie Gauss art. 78 schon angegeben hat; s. z. B. Dedekind Vorlesungen von Dirichlet, 3. Aufl. p. 88.

14. Wir werden nun zu dem fundamentalen Begriffe der Gruppe noch einmal zurückkehren, um aus demselben eine vollständigere Reihe von Eigenschaften abzuleiten, als bisher geschehen ist.

1) Bilden die Elemente

$$a_0, a_1, a_2, \ldots a_{m-1}$$

eine Gruppe, so haben wir unter der Voraussetzung, dass für diese und die ausser ihnen noch in Betracht kommenden Elemente die Multiplikation associativ und einpaarig ist, folgende Sätze erhalten: Unter jenen Elementen befindet sich eines, welches bei der Multiplikation die Rolle der Einheit spielt; es sei das Element a_0. Jedes andere Element a_i gehört zu einem gewissen Exponenten d_i von der Art, dass $a_i^{d_i}$ die niedrigste Potenz ist, welche mit jener Einheit identisch ist, und die Potenzen

(40) $$1, a_i, a_i^2, a_i^3, \ldots a_i^{d_i-1}$$

von einander verschieden sind. Ferner sind die Produkte

$$\alpha, \alpha a_1, \alpha a_2, \ldots \alpha a_{m-1}$$

unter sich und von den Elementen der Gruppe durchweg verschieden, sobald α ein der Gruppe nicht angehöriges Element bezeichnet.

·2) Diesen Sätzen fügen wir zunächst noch folgenden an, welcher unter den gleichen Voraussetzungen gilt: Gehört ein Element a der Gruppe zu einem Exponenten d, so giebt es auch Elemente der Gruppe, welche zu einem beliebigen Theiler $d' = \frac{d}{\delta}$ von d gehören. Denn a^α ist ein solches Element, sobald α und d den grössten gemeinsamen Theiler δ haben. In der That, heisst ε der Exponent, zu welchem a^α gehört, der Art, dass $a^{\alpha \varepsilon} = 1$ ist, so muss, wie leicht zu sehen, $\alpha \varepsilon$ durch d theilbar sein, weil, wenn im Gegentheile $\alpha \varepsilon = qd + r$ und der Divisionsrest $r < d$ von Null verschieden wäre, sich $a^{\alpha \varepsilon} = a^{qd} \cdot a^r = a^r$, also $a^r = 1$ ergäbe, während doch erst die Potenz $a^d = 1$ sein sollte. Setzt man demnach $d = \delta d'$, $\alpha = \delta \alpha'$, sodass d', α' relativ prim sind, so kann $\delta \cdot \alpha' \varepsilon$ nur dann durch $\delta \cdot d'$ theilbar sein, wenn a'^ε durch d', d. h. ε durch d' theilbar ist; ε muss also von der Form $\varepsilon = zd'$ sein; aber schon für $z = 1$ oder $\varepsilon = d'$ wird $a^{a\varepsilon} = a^{ad'} = a^{a'd} = 1$, womit die Behauptung bewiesen ist.

Die weiteren Sätze, die wir aus dem Begriffe der Gruppe ableiten wollen*), setzen für die Multiplikation zwischen ihren Elementen die dritte Eigenschaft der Commutativität voraus. Dann findet sich zunächst:

3) **Wenn das Element a zum Exponenten d, das Element a' zum Exponenten d' gehört, während d, d' relative Primzahlen sind, so gehört das Element aa' zum Exponenten dd'.** Denn, sei δ der Exponent, zu welchem aa' gehört:

$$(aa')^\delta = 1;$$

dann lässt sich diese Gleichung wegen der vorausgesetzten Commutativität der Multiplikation auch folgendermassen schreiben:

$$a^\delta \cdot a'^\delta = 1.$$

Wenn aber c den grössten gemeinsamen Theiler von d und δ bezeichnet, der Art, dass $d = d_1 c$, $\delta = \varepsilon e$ gesetzt und d_1, ε als relativ prim angesehen werden können, so wird wegen $a^d = a^{d_1 c} = 1$ auch $a^{d_1 \delta} = a^{\varepsilon \cdot d_1 c} = 1$, und folglich liefert die obige Gleichheit, wenn sie zur Potenz d_1 erhoben wird, diese andere:

$$a'^{d_1 \delta} = 1,$$

welche — vgl. 2) — erfordert, dass $d_1 \delta$ durch d' theilbar ist, oder, weil d, d' mithin auch d_1, d' relativ prim sind, dass δ durch d' theilbar ist. In gleicher Weise aber lässt sich zeigen, dass δ durch d theilbar sein muss, und folglich ist es theilbar durch dd'. Da endlich schon dd' selbst ein Exponent ist, zu welchem erhoben aa' der Einheit gleich wird, muss

$$\delta = dd'$$

sein, w. z. b. w.

4) Sind nun

(41) $\qquad 1, d_1, d_2, \ldots d_{m-1}$

die Exponenten, zu welchen resp. die Elemente

---

*) Vgl. hierzu Kronecker in den Monatsberichten der Berliner Akademie vom 1. December 1870.

Von den Congruenzen. 81

$$1, a_1, a_2, \ldots a_{m-1}$$

der Gruppe gehören, und m_1 ihr kleinstes gemeinsames Vielfache, so findet sich m_1 selbst unter den Zahlen (41) vor, d. h. von den Elementen der Gruppe gehört wenigstens eins zum Exponenten m_1. Denn, zerlegen wir m_1 in seine Primzahlpotenzen:

$$m_1 = p^\alpha \cdot q^\beta \cdot r^\gamma \cdots,$$

so ist p^α, nach der Art, wie das kleinste gemeinsame Vielfache gegebener Zahlen zu bilden ist, Theiler von wenigstens einem der Exponenten (41) und demnach gehört nach dem zweiten der obigen Sätze zum Exponenten p^α wenigstens ein Element der Gruppe. In gleicher Weise giebt es Elemente, welche resp. zum Exponenten q^β, r^γ, ... gehören, und da diese Exponenten alle relativ prim sind, giebt es nach dem vorigen Satze auch ein Element, das zum Exponenten m_1 gehört, w. z. b. w.

Dieser grösste aller Exponenten, zu welchem Elemente der Gruppe gehören, hat zudem, weil er durch jeden dieser Exponenten theilbar ist, offenbar die Eigenschaft, dass für jedes Element a der Gruppe die Gleichung stattfindet:

$$a^{m_1} = 1.$$

15. Mit Hilfe der so aufgeführten Sätze lässt sich nun zeigen, wie alle Elemente der Gruppe aus einigen fundamentalen Elementen zusammengesetzt werden können.

In der That, ist zunächst α_1 ein zum Exponenten m_1 gehöriges Element der Gruppe, so bilden die Potenzen

$$1, \alpha_1, \alpha_1^2, \alpha_1^3, \ldots \alpha_1^{m_1-1},$$

welche, wie schon bekannt, unter einander verschieden sind, offenbar eine Gruppe. Wenn sie noch nicht alle Elemente der gegebenen Gruppe umfassen, so sei α' ein nicht darin enthaltenes Element der letztern; dann folgt sofort, dass die Elemente

$$\alpha', \alpha'\alpha_1, \alpha'\alpha_1^2, \ldots \alpha'\alpha_1^{m_1-1}$$

m_1 neue Elemente der gegebenen Gruppe sind. Ist diese Gruppe damit noch nicht erschöpft, so sei α'' ein Element, das zu keiner der beiden, schon aufgestellten Reihen gehört; nach dem ersten Satze vor. Nummer giebt dann die Reihe

$$\alpha'', \ \alpha''\alpha_1, \ \alpha''\alpha_1^2, \ \ldots \ \alpha''\alpha_1^{m_1-1}$$

m_1 Elemente der gegebenen Gruppe, die unter sich und von den Elementen der ersten Reihe jedenfalls verschieden sind; sie sind es aber auch, wie unschwer zu beweisen, von den Elementen der zweiten Reihe. Denn, wären z. B.

$$\alpha''\alpha_1^k = \alpha'\alpha_1^h,$$

so würde auch $\alpha''\alpha_1^{m_1} = \alpha' \cdot \alpha_1^{h+m_1-k}$, und da wegen $\alpha_1^{m_1} = 1$ die Potenz $\alpha_1^{h+m_1-k} = \alpha_1^q$ ist, wenn q den kleinsten positiven Rest von $h + m_1 - k$ (mod. m_1) bezeichnet, einfacher

$$\alpha'' = \alpha' \cdot \alpha_1^q,$$

d. i. gleich einem Gliede der zweiten Reihe sein, gegen die Voraussetzung. In gleicher Weise kann man offenbar fortfahren und so die ganze gegebene Gruppe in eine gewisse Anzahl von Reihen vertheilen, wie folgt:

(42)
$$\begin{cases} 1, & \alpha_1, & \alpha_1^2, & \ldots & \alpha_1^{m_1-1} \\ \alpha', & \alpha'\alpha_1, & \alpha'\alpha_1^2, & \ldots & \alpha'\alpha_1^{m_1-1} \\ \alpha'', & \alpha''\alpha_1, & \alpha''\alpha_1^2, & \ldots & \alpha''\alpha_1^{m_1-1} \\ \cdot & \cdot & \cdot & \cdot & \cdot \\ \alpha^{(\mu)}, & \alpha^{(\mu)}\alpha_1, & \alpha^{(\mu)}\alpha_1^2, & \ldots & \alpha^{(\mu)}\alpha_1^{m_1-1}. \end{cases}$$

Hier überzeugt man sich sofort, dass jede der unterschiedenen Reihen fortfährt, genau dieselben Elemente zu enthalten, sobald man das Anfangsglied, aus welchem sie entsteht, durch irgend ein anderes Glied der Reihe ersetzt. Wird z. B. in der dritten Reihe α'' ersetzt durch $\alpha''\alpha_1^2$, so geht sie über in die Reihe

$$\alpha''\alpha_1^2, \ \alpha''\alpha_1^3, \ \ldots \ \alpha''\alpha_1^{m_1-1}, \ \alpha''\alpha_1^{m_1}, \ \alpha''\alpha_1^{m_1+1},$$

deren letzte beide Glieder mit α'', $\alpha''\alpha_1$ resp. gleich sind, und diese Reihe ist insgesammt mit der dritten Reihe identisch.

Aus dieser Rücksicht dürfen und wollen wir zwei Elemente der gegebenen Gruppe einander äquivalent nennen, wenn sie ein- und derselben der unterschiedenen *Reihen* angehörig sind.

Dies vorausgeschickt, betrachten wir die einander nicht äquivalenten Elemente
(43) $\qquad$ 1, α', α'', ... $\alpha^{(\mu)}$.
Das Produkt irgend eines von ihnen mit wieder irgend einem von ihnen ist ein Element der gegebenen Gruppe und muss deshalb in einer bestimmten jener Reihen befindlich, d. h. einem bestimmten der Elemente (43) äquivalent sein. Diese $\mu + 1$ Elemente bilden demnach in einem erweiterten Sinne eine neue Gruppe, die in der ursprünglichen enthalten ist, insofern jedes Produkt aus zweien von ihnen zwar nicht wieder einem von ihnen gleich, aber doch in dem zuvor festgesetzten Sinne äquivalent ist. Die gleichen Erwägungen aber, welche uns die vorher entwickelten allgemeinen Gruppensätze geliefert, sind augenscheinlich auch anwendbar auf den erweiterten Gruppenbegriff, wenn nur statt der Gleichheit von Elementen die Aequivalenz durchweg gesetzt wird. Somit finden wir insbesondere, dass jedes der $\mu + 1$ Elemente (43) zu einem bestimmten Exponenten gehört, d. i. dass eine bestimmte kleinste Potenz desselben dem Elemente 1 in dem angegebenen Sinne äquivalent, nämlich zur ersten der Reihen (42) gehörig ist. Und ferner wird — nach 4) vor. Nummer — ein Element α unter jenen $\mu + 1$ Elementen vorhanden sein, das in solchem Sinne zum Exponenten m_2 gehört, welcher das kleinste gemeinsame Vielfache all' derjenigen Exponenten ist, die den einzelnen Elementen zukommen. Da nun α^{m_1} gleich 1 — nach Schluss von 4) vor. Nummer — und folglich zur ersten der Reihen (42) gehörig, d. h. auch in dem festgesetzten Sinne äquivalent 1 ist, so folgt offenbar, dass m_1 ein Vielfaches von m_2 ist.

Setzt man ferner die Potenz α^{m_2}, welche zur ersten der Reihen (42) gehört, gleich α_1^k, so folgt

$$1 = \alpha^{m_1} = \alpha_1^{k \cdot \frac{m_1}{m_2}},$$

mithin ist $k \cdot \frac{m_1}{m_2}$ theilbar durch den Exponenten m_1, zu dem α_1 gehört, und k durch m_2, etwa $k = cm_2$; hieraus findet sich $\alpha^{m_2} = \alpha_1^{cm_2}$. Nun sei $\alpha_2 = \alpha \cdot \alpha_1^{m_1 - c}$, also α_2 mit dem Elemente α der neuen Gruppe äquivalent, dann findet sich

(44) $$\alpha_2 \alpha_1^c = \alpha,$$
und hieraus
$$\alpha_2^{m_2} \cdot \alpha_1^{c\,m_2} = \alpha^{m_2} = \alpha_1^{c\,m_2},$$
folglich
$$\alpha_2^{m_2} = 1.$$

Zugleich ist klar, dass keine kleinere Potenz von α_2 der Einheit äquivalent, d. i. gleich einer Potenz von α_1, geschweige denn der Einheit gleich sein kann, weil sonst nach (44) auch die gleiche Potenz von α gegen die Voraussetzung schon eine Potenz von α_1 oder der Einheit äquivalent würde. Das so bestimmte Element α_2 hat demnach die Eigenschaft, in doppeltem Sinne, in dem der Aequivalenz sowohl, als auch in ursprünglichem Sinne, zum Exponenten m_2 zu gehören.

Hiernach werden nun unter den $\mu + 1$ Elementen der neuen Gruppe (43) sich wieder gewisse Elemente

(45) $$1,\ \beta',\ \beta'',\ \ldots\ \beta^{(\nu)}$$

auswählen lassen, der Art, dass alle $\mu + 1$ Elemente dieser Gruppe den folgenden äquivalent sind:

$$1,\quad \alpha_2,\quad \alpha_2^2,\ \ldots\quad \alpha_2^{m_2-1}$$
$$\beta',\quad \beta'\alpha_2,\quad \beta'\alpha_2^2,\ \ldots\quad \beta'\alpha_2^{m_2-1}$$
$$\beta'',\quad \beta''\alpha_2,\quad \beta''\alpha_2^2,\ \ldots\quad \beta''\alpha_2^{m_2-1}$$
$$\cdots\cdots\cdots\cdots$$
$$\beta^{(\nu)},\quad \beta^{(\nu)}\alpha_2,\quad \beta^{(\nu)}\alpha_2^2,\ \ldots\quad \beta^{(\nu)}\alpha_2^{m_2-1}.$$

Das heisst aber, alle Elemente der gegebenen Gruppe werden erhalten, wenn man die vorstehenden mit $1,\ \alpha_1,\ \alpha_1^2,\ \ldots\ \alpha_1^{m_1-1}$ multiplicirt, oder sie lassen sich in $\nu + 1$ *Complexe* von je $m_1 m_2$ Elementen vertheilen, welche wir darstellen können durch

(46) $$1 \cdot \alpha_2^i \alpha_1^k,\quad \beta' \cdot \alpha_2^i \alpha_1^k,\quad \beta'' \cdot \alpha_2^i \alpha_1^k,\ \ldots\ \beta^{(\nu)} \cdot \alpha_2^i \alpha_1^k,$$

sodass wir z. B. den Complex $\beta' \cdot \alpha_2^i \alpha_1^k$ erhalten, wenn wir dem Exponenten i alle Werthe $0, 1, 2, \ldots m_2 - 1$, dem Exponenten k alle Werthe $0, 1, 2, \ldots m_1 - 1$ beilegen.

16. Aehnlicherweise kann man nun fortfahren. Wir ändern den Sinn der Aequivalenz dahin ab, dass wir jetzt zwei Elemente der gegebenen Gruppe einander äquivalent nennen, wenn beide ein- und demselben *Complexe* (46) angehören. Um in der Bezeichnung diesen neuen Sinn der Aequivalenz vom früheren zu unterscheiden, wollen wir die Aequivalenz zweier Elemente a, a' im früheren Sinne durch

$$a \sim a',$$

ihre Aequivalenz im neuen Sinne durch

$$a \simeq a'$$

bezeichnen. Die Elemente (45) sind dann unter einander in diesem Sinne nicht äquivalent; dagegen bilden sie, wie man sich sogleich überzeugt, insofern eine, in der vorigen enthaltene Gruppe, als jedes Produkt eines dieser Elemente mit wieder einem von ihnen einem Elemente (45) im neuen Sinne äquivalent ist, da es sich nothwendig in einem der Complexe (46) befindet. Indem auf diese Art Gruppen von wieder weiterem Sinne als zuvor die allgemeinen Gruppensätze von neuem angewendet werden, findet sich vor allem, dass jedes Element der Gruppe (45) zu einem bestimmten Exponenten gehört, d. h. dass eine bestimmte kleinste Potenz desselben dem Elemente 1 im neuen Sinne äquivalent, nämlich zum ersten der Complexe (46) gehörig wird; und ferner, dass ein Element β in der Gruppe (45) vorhanden ist, welches zu demjenigen Exponenten m_3 gehört, der das kleinste gemeinsame Vielfache aller, den einzelnen Elementen entsprechenden Exponenten ist; alsdann ist also

d. h.
$$\beta^{m_3} \sim 1,$$

$$\beta^{m_3} = \alpha_2^i \alpha_1^k.$$

Gleichzeitig ist aber β auch ein Element der weiteren Gruppe (43), und da für jedes Glied der letzteren der entsprechende Exponent in der oben definirten Zahl m_2 aufgeht, ist

d. h.
$$\beta^{m_2} \sim 1,$$

$$\beta^{m_2} = \alpha_1^n.$$

Hieraus folgt leicht, dass m_3 ein Theiler von m_2 ist. Denn, wäre $m_2 = qm_3 + r$ und $r < m_3$ von Null verschieden, so fände sich

$$\beta^{m_2} = \beta^{qm_3} \cdot \beta^r = \alpha_2^{?i} \alpha_1^{qk} \cdot \beta^r = \alpha_1^n$$

und hieraus ergäbe sich β^r schon als Produkt von der Form $\alpha_2^i \alpha_1^k$, gegen die Voraussetzung. Setzt man demnach $m_2 = qm_3$, so kann man schreiben:

$$\beta^{m_2} = \alpha_2^{i\frac{m_2}{m_3}} \cdot \alpha_1^{k\frac{m_2}{m_3}} = \alpha_1^n;$$

da nun eine Potenz von α_2 nur dann einer solchen von α_1 gleich sein kann, wenn ihr Exponent theilbar ist durch den Exponenten m_2, zu welchem α_2 gehört, so muss, der vorigen Gleichheit zufolge, $i \cdot \frac{m_2}{m_3}$ durch m_2, also i durch m_3 theilbar sein, etwa $i = b \cdot m_3$, und daher

$$\beta^{m_2} = \alpha_2^{bm_2} \cdot \alpha_1^k.$$

Nun sei $\beta_1 = \beta \alpha_2^{m_2 - b}$, also $\beta = \beta_1 \alpha_2^b$, so findet sich nach der vorstehenden Gleichung

$$\beta_1^{m_2} = \alpha_1^k,$$

woraus, gerade wie in voriger Nummer, k durch m_3 theilbar, etwa $k = cm_3$, und $\beta_1^{m_2} = \alpha_1^{cm_2}$ hervorgeht. Wird endlich

$$\alpha_3 = \beta_1 \alpha_1^{m_1 - c}$$

also

$$\beta_1 = \alpha_3 \alpha_1^c$$

gesetzt, so folgt mit Rücksicht auf die unmittelbar voraufgehende Gleichung

$$\alpha_3^{m_3} = 1.$$

Von selbst folgt aus dieser Gleichheit auch die Aequivalenz der Potenz $\alpha_3^{m_3}$ mit der Einheit in jedem der beiden Aequivalenzsinne; aber man findet auch leicht, dass eine kleinere Potenz von α_3 der Einheit weder gleich, noch in einem der beiden Sinne äquivalent sein kann, ohne dass daraus eine geringere als die m_3^{te} Potenz von β hervorginge, welche der Einheit in dem letztbezeichneten Sinne äqui valent würde, gegen die Voraussetzung. Somit ist das Vorhandensein eines Elementes α_3 nachgewiesen, welches gleichzeitig im Sinne der Gleichheit, der engeren und weiteren Aequivalenz zum Exponenten m_3 gehört. Da sich

$$\beta = \beta_1 \alpha_2^b = \alpha_3 \cdot \alpha_2^b \alpha_1^c$$

findet, ist dieses Element α_3 zudem dem Elemente β der Gruppe (45) äquivalent:

$$\alpha_3 \simeq \beta.$$

Hieraus ist offenbar wieder der Schluss zu ziehen: alle Elemente der gegebenen Gruppe lassen sich jetzt in eine Anzahl *weiterer Complexe* vertheilen von der Form:

(47) $\quad 1 \cdot \alpha_3^h \alpha_2^i \alpha_1^k, \quad \gamma' \cdot \alpha_3^h \alpha_2^i \alpha_1^k, \quad \ldots \quad \gamma^{(\varrho)} \cdot \alpha_3^h \alpha_2^i \alpha_1^k,$

wo

(48) $\quad\quad\quad\quad 1, \gamma', \gamma'', \ldots \gamma^{(\varrho)}$

gewisse Elemente der Gruppe (45) sind, und jeder Complex aus $m_1 m_2 m_3$ Gliedern besteht, welche gefunden werden, indem den Exponenten die Werthe ertheilt werden:

$$h = 0, 1, 2, \ldots m_3 - 1$$
$$i = 0, 1, 2, \ldots m_2 - 1$$
$$k = 0, 1, 2, \ldots m_1 - 1.$$

So fortfahrend, und bedenkend, dass die Mengen der Elemente in den Gruppen (43), (45), (48), ..., von denen jede nur ein Theil der voraufgehenden ist, eine Reihe abnehmender Zahlen bilden, gelangt man nach einer endlichen Reihe von Schlüssen offenbar dahin, dass nur noch ein Complex erübrigt, der alle Elemente der ursprünglichen Gruppe liefert, d. h. man erschliesst folgenden sehr allgemeinen und sehr wichtigen, weil für viele Untersuchungen brauchbaren Satz:

Für jede (commutative) Gruppe von m Elementen

$$1, a_1, a_2, \ldots a_{m-1}$$

giebt es gewisse *Fundamentalelemente*

$$\alpha_1, \alpha_2, \alpha_3, \ldots \alpha_\omega,$$

welche resp. zu den Exponenten $m_1, m_2, m_3, \ldots m_\omega$ gehören, von der Art, dass alle Elemente und jedes einmal durch den Ausdruck

$$\alpha_1^{h_1} \cdot \alpha_2^{h_2} \cdot \alpha_3^{h_3} \cdots \alpha_\omega^{h_\omega}$$

gegeben werden, wenn hierin die Exponenten die Werthe

$$h_1 = 0, 1, 2, \ldots m_1 - 1$$
$$h_2 = 0, 1, 2, \ldots m_2 - 1$$
$$h_3 = 0, 1, 2, \ldots m_3 - 1$$
$$\cdots \cdots \cdots$$
$$h_\omega = 0, 1, 2, \ldots m_\omega - 1$$

durchlaufen. Von den Exponenten $m_1, m_2, \ldots m_\omega$ ist jeder ein Theiler des vorhergehenden, und zugleich ist

$$m = m_1 m_2 m_3 \ldots m_\omega,$$

und daher enthält m keine andern Primfaktoren, als welche auch in m_1 enthalten sind.

17. Dieser Satz ist, wie man sieht, aus dem Begriffe der Gruppe selbst durch die allereinfachsten Ueberlegungen gewonnen worden, und die einzige Schwierigkeit, welche das Verständniss finden kann, liegt nur in der grossen Abstraktheit des Gegenstandes. Absichtlich aber haben wir die Untersuchung so allgemein wie möglich gehalten, indem wir über die Natur der die Gruppe bildenden Elemente keine weiteren Annahmen machten, als diejenigen, auf denen die Betrachtung wesentlich beruht, um eben dem Satze seine sehr allgemeine Verwendbarkeit zu bewahren. Nunmehr wollen wir ihn aber sogleich zur Anwendung bringen auf einen uns schon geläufigen Fall, wollen nämlich unter den Elementen der Gruppe diejenigen Restclassen (mod. n) verstehen, welche zu n relativ prim sind, sodass $m = \varphi(n)$ zu setzen ist. Doch beschränken wir uns zunächst auf den Fall, wo n eine ungerade Primzahl p ist. Hier ist also $m = p - 1$.

Dem allgemeinen Satze gemäss lassen sich gewisse jener Restclassen:

$$P_1, P_2, \ldots P_\omega,$$

so wählen, dass jede zu p relativ prime Restclasse durch einen Ausdruck von der Form

$$P_1^{h_1} \cdot P_2^{h_2} \cdots P_\omega^{h_\omega}$$

dargestellt werden kann; mit andern Worten: wenn

$$\varrho_1, \varrho_2, \ldots \varrho_\omega$$

die Repräsentanten jener Fundamentalclassen sind, so leistet jede durch p nicht theilbare Zahl ϱ einer Congruenz Genüge von der Form:

$$\varrho \equiv \varrho_1^{h_1} \cdot \varrho_2^{h_2} \cdots \varrho_\omega^{h_\omega} \pmod{p}.$$

Ferner war für jedes Element der Gruppe, d. i. für jede zu p relativ prime Restclasse P,

$$P^{m_1} = 1,$$

d. h. gleich derjenigen Restclasse, welche bei der Multiplikation die Rolle der Einheit spielt, und dies ist offenbar diejenige Restclasse, welche den Rest 1 enthält; die vorige Gleichheit besagt also dasselbe, wie die Congruenz

$$\varrho^{m_1} \equiv 1 \pmod{p},$$

so oft ϱ nicht theilbar ist durch p; sie besteht aber offenbar auch nur unter dieser Annahme. Diese Congruenz vom Grade m_1 hätte demnach, da die genannten Zahlen ϱ sich in $p-1$ Restclassen (mod. p) vertheilen, genau $p-1$ Wurzeln; da p Primzahl ist, muss daher — nach No. 5 — m_1 mindestens gleich $p-1$ sein, und da es, dem vorigen allgemeinen Satze gemäss, ein Theiler von $m = p-1$ ist, also auch nicht grösser als $p-1$ sein kann, muss m_1 genau gleich $p-1$ sein.

So findet sich das sehr wichtige Ergebniss: Unter den zu p relativ primen Restclassen findet sich mindestens eine, P_1, welche zum Exponenten $p-1$ gehört, mit andern Worten: es giebt durch p nicht theilbare Zahlen, ϱ_1, die Repräsentanten jener Restclasse, welche erst zur $p-1^{\text{ten}}$ Potenz erhoben, der Einheit (mod. p) congruent werden. Solche Zahlen heissen *primitive Wurzeln* der Congruenz

$$x^{p-1} \equiv 1 \pmod{p}$$

oder kürzer: primitive Wurzeln (mod. p).

Nachdem erst das Vorhandensein einer solchen primitiven Wurzel festgestellt ist, lässt sich sehr leicht die Anzahl aller (mod. p) nicht congruenten, also zu verschiedenen Restclassen gehörigen primitiven Wurzeln angeben. Denn, nennt man irgend eine derselben g, so müssen die Potenzen

(49) $\qquad 1, g, g^2, g^3, \ldots g^{p-2}$

(mod. p) unter einander incongruent sein, da aus einer Congruenz

$$g^h \equiv g^k \ (\text{mod. } p),$$

in welcher h, k zwei verschiedene der Exponenten 0, 1, 2, $\ldots p-2$ bezeichnen, unter denen h der kleinere sei, sogleich die andere:

$$g^{k-h} \equiv 1 \ (\text{mod. } p)$$

folgen würde, die der Voraussetzung widerspricht, da $k-h$ sicher kleiner als $p-1$ sein würde. Hieraus folgt zunächst: **Ist g eine primitive Wurzel (mod. p), so stellen die Potenzen (49) ein vollständiges reducirtes Restsystem nach diesem Modulus dar.**

Betrachtet man nun ferner statt der endlichen Reihe von Potenzen (49) die unbegrenzte Reihe aller aufeinanderfolgenden Potenzen von g:

$$1, g, g^2, \ldots g^{p-2}, g^{p-1}, g^p, g^{p+1}, \ldots,$$

so leuchtet ein, dass diese, (mod. p) aufgefasst, periodisch den Zahlen (49) congruent werden müssen. Schreibt man die letztern daher auf die Ecken eines regelmässigen Kreispolygons von $p-1$ Ecken, und denkt sich die unbegrenzte Reihe von Potenzen gewissermassen auf die Ecken dieses Polygons aufgewickelt, so fällt jede Potenz auf diejenige Ecke, welche von der ihr congruenten Potenz der Reihe (49) eingenommen wird. Indem man aber von der Ecke 1 aus immer um h Stellen weitergeht, so wird man, wie in No. 2 des 1. Abschnitts gezeigt worden ist, so oft h relativ prim ist zu $p-1$, aber auch nur dann zum Ausgangspunkte erst zurückkommen, nachdem alle andern Ecken berührt worden sind; d. h. die Potenzen

$$1, g^h, g^{2h}, g^{3h}, \ldots g^{(p-2)h}$$

werden dann, aber auch nur dann mit den sämmtlichen Potenzen (49) (mod. p) congruent sein — von ihrer Reihenfolge abgesehen —, wenn h relativ prim ist zu $p-1$. In diesem einzigen Falle sind sie folglich (mod. p) unter einander incongruent, in diesem einzigen Falle wird daher g^h erst, zur $p-1^{\text{ten}}$ Potenz erhoben, der Einheit (mod. p) congruent oder eine primitive Wurzel von p sein. Diese Betrachtung liefert demnach folgenden Satz: **Die Anzahl der Potenzen (49), d. i. der Glieder eines reducirten Restsystems, welche zum Exponenten $p-1$ gehören, kürzer: die Anzahl der incongruenten, primitiven Wurzeln (mod. p) ist gleich $\varphi(p-1)$.**

18. Weil die Potenzen (49) einer primitiven Wurzel g ein reducirtes Restsystem (mod. p) bilden, so muss jede durch p nicht theilbare Zahl m einer ganz bestimmten Potenz (49) (mod. p) congruent sein. Oder: es giebt eine bestimmte Zahl μ in der Reihe $0, 1, 2, \ldots p-2$, von der Art, dass

$$m \equiv g^\mu \pmod{p}$$

ist. Diese Zahl μ pflegt man den Index von m zu nennen. Zur vollständigen Definition desselben gehört freilich im allgemeinen noch die Angabe der primitiven Wurzel g, welche der Betrachtung zu Grunde gelegt wird; denn je nach der Wahl der letztern kann offenbar und wird im allgemeinen auch der Index von m ein verschiedener sein. Daher fügt man, wenn nöthig, der Bezeichnung auch die zur Basis dienende primitive Wurzel g hinzu und schreibt

$$\mu = \text{ind.}_g\, m.$$

Wo jedoch kein Irrthum zu besorgen, schreibt man grösserer Einfachheit wegen auch nur

$$\mu = \text{ind.}\, m.$$

Offenbar ist die Beziehung einer Zahl m zu ihrem Index μ ganz ähnlich derjenigen, welche zwischen einer Zahl n und ihrem Logarithmus ν besteht und welche bekanntlich durch die Gleichung

$$n = c^\nu$$

ausgedrückt wird, unter c die sogenannte Basis des Logarithmensystems verstanden. Dieser Analogie entsprechen denn auch ganz ähnliche Sätze, die für die Indices gelten, wie die aus der Theorie der Logarithmen her bekannten logarithmischen Sätze. Wir beweisen in dieser Hinsicht zunächst folgenden Satz:

Der Index eines Produktes zweier Zahlen ist der Summe der Indices der Faktoren (mod. $p-1$) congruent. Denn, ist
$$\text{ind. } m = \mu, \quad \text{ind. } m' = \mu',$$
also
$$m \equiv g^\mu, \quad m' \equiv g^{\mu'} \ (\text{mod. } p),$$
so folgt
$$mm' \equiv g^{\mu+\mu'} \ (\text{mod. } p),$$
während, der Definition der Indices zufolge,
$$mm' \equiv g^{\text{ind.}(mm')} \ (\text{mod. } p)$$
ist. Nun gehören die Indices stets der Reihe der Zahlen $0, 1, 2, \ldots p-2$ an; entweder ist demnach $\mu' + \mu < p-1$, und in diesem Falle würde die Congruenz
$$g^{\mu+\mu'} \equiv g^{\text{ind.}(mm')} \ (\text{mod. } p)$$
zweier Potenzen von g, deren Exponenten kleiner sind als $p-1$, d. h. zweier Potenzen (49), nothwendig die Gleichung
$$g^{\mu+\mu'} = g^{\text{ind.}(mm')}$$
oder
$$\mu + \mu' = \text{ind. } (mm')$$
also auch die Congruenz
$$\mu + \mu' \equiv \text{ind. } (mm') \ (\text{mod. } p-1)$$
bewirken. Oder aber es ist $p - 1 \leq \mu + \mu' < 2(p-1)$ und folglich $\mu + \mu' = p - 1 + \nu$, worin ν eine Zahl aus der Reihe $0, 1, 2, \ldots p-2$ bedeutet, und in diesem Falle folgt
$$g^{\mu+\mu'} \equiv g^\nu \ (\text{mod. } p),$$
also $\nu = \text{ind. } (mm')$, und folglich wieder
$$\mu + \mu' \equiv \text{ind. } (mm') \ (\text{mod. } p-1)$$
w. z. b. w.

Der hier für ein Produkt von zwei Faktoren bewiesene Satz gilt, wie sofort zu übersehen ist, auch für ein solches, das aus beliebig vielen Faktoren zusammengesetzt ist.

Dieselbe in diesem Satze sich zeigende Analogie mit der Logarithmenrechnung bietet sich dar, wenn man von einer bestimmten primitiven Wurzel zu einer andern übergeht und die Indices vergleicht, welche einer gegebenen Zahl in beiden Fällen entsprechen. Sei γ eine zweite, mit g incongruente primitive Wurzel (mod. p) und

d. h.
$$\mu = \mathrm{ind.}_g\, m, \quad \nu = \mathrm{ind.}_\gamma\, m,$$
(50) $\quad\quad m \equiv g^\mu, \quad m \equiv \gamma^\nu \ (\mathrm{mod.}\, p).$

Der Zahl γ kommt, da sie durch p nicht theilbar ist, auch ein Index bezüglich auf die primitive Wurzel g zu, welcher c heisse, sodass
$$c = \mathrm{ind.}_g\, \gamma, \quad \gamma \equiv g^c \ (\mathrm{mod.}\, p).$$
Hiernach wird die zweite der Congruenzen (50) die Form annehmen:
$$m \equiv g^{c\nu} \ (\mathrm{mod.}\, p),$$
welche, mit der ersten derselben verglichen,
$$c\nu \equiv \mu \ (\mathrm{mod.}\, p - 1)$$
oder
$$\mathrm{ind.}_g\, m \equiv \mathrm{ind.}_\gamma\, m \cdot \mathrm{ind.}_g\, \gamma \ (\mathrm{mod.}\, p - 1)$$
ergiebt, in Worten: **Multiplicirt man das System der Indices aller Zahlen für die Basis γ mit dem Index dieser Basis bezüglich auf die primitive Wurzel g, so erhält man das System der Indices für die Basis g oder vielmehr Zahlen, welche ihnen resp. (mod. $p - 1$) congruent sind.**

Nehmen wir beispielsweise $p = 7$, so ist $g = 10$ sowohl, als $\gamma = 5$ eine primitive Wurzel. Den Resten
$$m = 1, 2, 3, 4, 5, 6$$
entsprechen die Indices
(51) $\quad\quad \mathrm{ind.}_{10}\, m = 0, 2, 1, 4, 5, 3$
(52) $\quad\quad \mathrm{ind.}_5\, m = 0, 4, 5, 2, 1, 3.$

Zur Bestätigung des ersten Satzes suchen wir
$$\mathrm{ind.}_{10}\, 3 = 1, \quad \mathrm{ind.}_{10}\, 19 = \mathrm{ind.}_{10}\, 5\,^*) = 5$$

---

*) Congruente Zahlen (mod. p) haben der Definition zufolge gleiche Indices.

und finden
$$\mathrm{ind.}_{10} 57 \equiv \mathrm{ind.}_{10} 19 + \mathrm{ind.}_{10} 3 \pmod{6},$$
d. h. $\mathrm{ind.}_{10} 1$ oder $0 \equiv 5 + 1 \pmod{6}$, was richtig ist.

Zur Bestätigung des zweiten Satzes multipliciren wir das System (52) mit
$$\mathrm{ind.}_g \gamma = \mathrm{ind.}_{10} 5 = 5$$
und erhalten die Zahlen
$$0,\ 20,\ 25,\ 10,\ 5,\ 15,$$
welche (mod. 6) dem Systeme (51) in der That congruent sind.

Man sieht an den Systemen (51) und (52), dass den Zahlen $m = 1$ und $m = 6$, d. i. $m = p - 1$, in beiden derselbe Index entspricht. Dies gilt allgemein: der Index der Restclassen, welche durch die Zahlen 1 und $p - 1$ repräsentirt werden, ist durchaus unabhängig von der willkürlichen Wahl der primitiven Wurzel g. Welchen Werth nämlich g auch habe, nach Fermat's Satze ist stets
$$g^{p-1} \equiv 1 \pmod{p}$$
oder auch
$$(g^{\frac{p-1}{2}} - 1)(g^{\frac{p-1}{2}} + 1) \equiv 0 \pmod{p}.$$
Von den beiden Faktoren dieses durch p theilbaren Produktes kann der erste nicht durch p theilbar sein, da erst die $p - 1^{\text{te}}$ Potenz von g der Einheit (mod. p) congruent sein kann; folglich ist es der zweite, oder es ist
$$g^{\frac{p-1}{2}} \equiv -1 \pmod{p}.$$
Man hat hiernach in jedem Systeme von Indices:

(53) $\quad \mathrm{ind.}(1) = 0, \quad \mathrm{ind.}(-1) = \mathrm{ind.}(p-1) = \dfrac{p-1}{2}.$

19. Als eine kleine Anwendung der vorigen, sowie früherer Sätze schalte ich hier den Beweis eines nicht uninteressanten Satzes ein, den ich kürzlich veröffentlicht habe und welcher folgendermassen lautet: Ist p eine ungerade Primzahl und g primitive Wurzel (mod. p), sodass, wenn

(54) $\quad\quad\quad\quad g^{p-1} - 1 = p \cdot Q$

gesetzt wird, Q eine positive ganze Zahl ist, welche offenbar kleiner als g^{p-1} ist, und setzt man demnach, entsprechend der Darstellung in Formel (18) des ersten Abschnittes,

(55) $\quad Q = c_{p-2} g^{p-2} + c_{p-3} g^{p-3} + \cdots + c_1 g + c_0,$

wo also die Coefficienten c_i Null oder positive Zahlen kleiner als g sind, und wobei man darauf achten muss, diejenigen Potenzen, welche in der Darstellung ausfallen, bis zur $p-2^{\text{ten}}$ hin ausdrücklich mit dem Coefficienten 0 hinzuschreiben, so giebt die wiederholte cyklische Vertauschung der Coefficienten in der Formel (55) die sämmtlichen Vielfachen

$$1Q, \; 2Q, \; 3Q, \; \ldots kQ, \; \ldots (p-1)Q$$

in gewisser Reihenfolge, und zwar muss man, um kQ zu erhalten, die cyklische Vertauschung h-mal wiederholen, wenn $h = \text{ind. } k$ ist..

Aus (54) und (55) folgt die Gleichung

$$g^{p-1} = p(c_{p-2} g^{p-2} + \cdots + c_1 g + c_0) + 1$$

also

$$g^{p-2} = p(c_{p-2} g^{p-3} + \cdots + c_2 g + c_1) + \frac{pc_0 + 1}{g}.$$

Hier muss $\frac{pc_0 + 1}{g}$ eine positive ganze Zahl r_1 sein, und zwar, da c_0 höchstens $g - 1$ sein kann, $r_1 < p$; die vorige Gleichung lautet also:

$$g^{p-2} = p(c_{p-2} g^{p-3} + \cdots + c_2 g + c_1) + r_1.$$

Aus ihr folgt

$$g^{p-3} = p(c_{p-2} g^{p-4} + \cdots + c_2) + \frac{pc_1 + r_1}{g},$$

worin $\frac{pc_1 + r_1}{g}$ eine positive ganze Zahl $r_2 < p$ sein muss, da c_1 höchstens $g - 1$ und r_1 höchstens $p - 1$ sein kann; so nimmt die vorige Gleichung die Gestalt an:

$$g^{p-3} = p(c_{p-2} g^{p-4} + \cdots + c_2) + r_2;$$

man findet gleicherweise allgemein

$$g^{p-i} = p(c_{p-2} g^{p-i-1} + \cdots + c_{i-1}) + r_{i-1},$$

worin r_{i-1} eine positive Zahl $< p$ ist. Zuletzt wird ebenso
$$g^2 = p(c_{p-2}g + c_{p-3}) + r_{p-3}$$
$$g^1 = pc_{p-2} + r_{p-2}$$
gesetzt werden können und die Zahlen
$$1, r_1, r_2, \ldots r_{p-3}, r_{p-2}$$
müssen, da g primitive Wurzel (mod. p) ist, die sämmtlichen von Null verschiedenen Reste (mod. p):
$$1, 2, 3, \ldots p-1$$
in gewisser Reihenfolge sein.

Handelt es sich nun z. B. um das Vielfache kQ, so muss wegen $g^h \equiv k$ (mod. p) die Zahl k mit r_{p-1-h} identisch sein, sodass
$$g^h = p(c_{p-2}g^{h-1} + c_{p-3}g^{h-2} + \cdots + c_{p-1-h}) + k$$
gesetzt werden darf. Wird hier mit Q multiplicirt, so findet sich mit Rücksicht auf (54) und (55) sogleich die Gleichung
$$kQ = c_{p-2}g^{h+p-2} + c_{p-3}g^{h+p-3} + \cdots + c_1 g^{h+1} + c_0 g^h$$
$$- c_{p-2}g^{h+p-2} - c_{p-3}g^{h+p-3} - \cdots - c_{p-1-h}g^{p-1}$$
$$+ c_{p-2}g^{h-1} + c_{p-3}g^{h-2} + \cdots + c_{p-1-h},$$
also nach Aufhebung der gleichen Glieder entgegengesetzten Vorzeichens:
$$kQ = c_{p-h-2}g^{p-2} + c_{p-h-3}g^{p-3} + \cdots + c_0 g^h$$
$$+ c_{p-2}g^{h-1} + c_{p-3}g^{h-2} + \cdots + c_{p-1-h},$$
d. h. kQ entsteht, wenn man in dem Ausdrucke (55) für Q die Coefficienten um h Stellen cyklisch vertauscht.

Ist z. B. $p = 7$ und wählt man $g = 5$, so wird
$$g^6 - 1 = 7 \cdot 2232, \quad \text{also } Q = 2232,$$
und man findet, dem Ausdrucke (55) entsprechend:
$$Q = 0 \cdot 5^5 + 3 \cdot 5^4 + 2 \cdot 5^3 + 4 \cdot 5^2 + 1 \cdot 5^1 + 2;$$
beispielsweise folgt weiter:
$$6Q = 4 \cdot 5^5 + 1 \cdot 5^4 + 2 \cdot 5^3 + 0 \cdot 5^2 + 3 \cdot 5^1 + 2,$$
was aus der vorigen Gleichung entsteht, wenn die Coefficienten um 3 Stellen cyklisch vertauscht werden, und in der That ist $3 = \text{ind.}_5 6$.

Besonders prägnant wird das Beispiel, wenn $g = 10$ gewählt wird. In diesem Falle ist
$$10^6 - 1 = 999999 = 7 \cdot 142857$$
und die Darstellung (55) wird zur Darstellung im gewöhnlichen Ziffernsysteme; die successiven Vielfachen von Q sind in diesem Falle

1	4	2	8	5	7
2	8	5	7	1	4
4	2	8	5	7	1
5	7	1	4	2	8
7	1	4	2	8	5
8	5	7	1	4	2

und zeigen die cyklischen Vertauschungen auf das deutlichste.

20. Kehren wir nun noch einmal zu No. 17 zurück, indem wir unter n jetzt nicht mehr eine ungerade Primzahl, sondern einen beliebigen Modulus verstehen wollen; wir wollen die Frage untersuchen, ob es für jeden solchen Modulus eine primitive Wurzel, d. i. eine Zahl giebt, welche (mod. n) zum Exponenten $\varphi(n)$ gehört.

1) Wir beginnen mit dem Falle, dass $n = p^a$, nämlich die Potenz einer *ungeraden* Primzahl p ist. Die Anwendung des allgemeinen Gruppensatzes auf die Gruppe aller zu p^a relativ primen Restclassen, für welche m den Werth
$$m = p^{a-1} \cdot (p-1)$$
hat, führt dann genau wie in No. 17 zu einer Congruenz
$$\varrho^{m_1} \equiv 1 \ (\text{mod.} \ p^a),$$
welche für jede durch p nicht theilbare Zahl ϱ, augenscheinlich aber auch nur für solche, erfüllt sein muss. Aus ihr folgt für dieselben Zahlen ϱ umsomehr die folgende:
$$\varrho^{m_1} \equiv 1 \ (\text{mod.} \ p^{a-1}).$$

Nehmen wir nun das Vorhandensein primitiver Wurzeln für den Modulus p^{a-1} an, d. h. setzen wir voraus, es gebe eine Zahl $\varrho = g$, welche zum Exponenten $\varphi(p^{a-1}) = p^{a-2} \cdot (p-1)$ gehört, so müsste dem vorigen gemäss

$$g^{m_1} \equiv 1 \;(\text{mod.}\; p^{a-1})$$

und folglich, wie sogleich einzusehen, m_1 theilbar sein durch $p^{a-2} \cdot (p-1)$. Da aber nach dem allgemeinen Gruppensatze m_1 in $m = p^{a-1} \cdot (p-1)$ aufgeht, muss einer der beiden folgenden Fälle stattfinden:

entweder ist $m_1 = p^{a-1} \cdot (p-1)$.

In diesem Falle giebt es also unter den Restclassen (mod. p^a) wenigstens eine, P_1, welche zum Exponenten $p^{a-1} \cdot (p-1)$ gehört, oder, indem wir ihren Repräsentanten mit ϱ_1 bezeichnen, ϱ_1 ist eine primitive Wurzel (mod. p^a);

oder es ist $m_1 = p^{a-2} \cdot (p-1)$.

Dann folgt aus der Formel

$$m = m_1 \cdot m_2 \cdots m_\omega$$

des allgemeinen Gruppensatzes, in welcher jeder Faktor im nächst vorhergehenden aufgeht, dass dieser Fall sich nicht ereignen kann, wenn $a = 2$ ist, weil sie dann $m_1 = p-1$, $m_2 = p$ ergeben würde, wo m_1 nicht durch m_2 aufginge.

Im Falle $a > 3$ aber ergiebt sich gleichfalls

$$m_2 = p.$$

Demnach gäbe es zwei fundamentale Restclassen der Gruppe, P_1, P_2, welche resp. zu den Exponenten $m_1 = p^{a-2} \cdot (p-1)$ und $m_2 = p$ gehörten, sodass, wenn ϱ_1, ϱ_2 ihre Repräsentanten sind, die Congruenzen stattfänden:

$$\varrho_1^{p^{a-2} \cdot (p-1)} \equiv 1, \quad \varrho_2^{p} \equiv 1 \;(\text{mod.}\; p^a).$$

Die Wurzeln der Congruenz

(56) $$x^p \equiv 1 \;(\text{mod.}\; p^a)$$

sind aber leicht angebbar. In der That, ist x eine Lösung derselben, so muss auch

(57) $$x^p \equiv 1$$

sein nach jedem Modulus, der eine kleinere Potenz von p ist, zuletzt also auch

$$x^p \equiv 1 \;(\text{mod.}\; p),$$

was wegen des Fermat'schen Satzes nur möglich ist, wenn $x \equiv 1 \;(\text{mod.}\; p)$ oder

$$x = 1 + pz$$
ist. Hieraus folgt mittels des binomischen Satzes sofort
$$x^p \equiv 1 + p^2 z \pmod{p^3},$$
also muss z, damit die Congruenz (57) (mod. p^3) stattfinden kann, durch p theilbar, also
$$x = 1 + p^2 \cdot z'$$
sein. Nunmehr folgt
$$x^p \equiv 1 + p^3 z' \pmod{p^4}$$
und demnach wieder z' theilbar durch p und
$$x = 1 + p^3 z''$$
u. s. f., endlich
$$x = 1 + p^{a-1} \cdot y.$$
Dies ist die nothwendige Form aller Lösungen der Congruenz (56), zugleich aber auch die genügende, wie die Erhebung zur p^{ten} Potenz sogleich erweist. Die Formel stellt aber offenbar (mod. p^a) folgende p Wurzeln dar:
$$1, \quad 1 + p^{a-1}, \quad 1 + 2p^{a-1}, \quad \ldots \quad 1 + (p-1)p^{a-1}.$$
Da die Zahl ϱ_2 zum Exponenten p gehören soll, kann nicht schon ϱ_2 selbst der Einheit (mod. p^a) congruent sein, und somit ist ϱ_2 nothwendig einer der Zahlen
$$(58) \quad 1 + p^{a-1}, \quad 1 + 2p^{a-1}, \quad \ldots \quad 1 + (p-1)p^{a-1}$$
(mod. p^a) congruent.

Andererseits wird, weil ϱ_1 zum Exponenten $m_1 = p^{a-2} \cdot (p-1)$ gehört, die Zahl
$$\varrho' = \varrho_1^{p^{a-3} \cdot (p-1)}$$
eine solche sein, für welche ϱ'^p aber keine kleinere Potenz (mod. p^a) der Einheit congruent wird; ihre Potenzen
$$\varrho', \varrho'^2, \varrho'^3, \ldots \varrho'^{p-1}$$
werden unter einander (mod. p^a) incongruente Lösungen, d. i. $p-1$ Wurzeln der Congruenz (56) sein, und da sie der Einheit nicht congruent sind, nothwendig den Zahlen (58) congruent sein müssen. Demnach findet sich auch für ein h aus der Reihe $1, 2, 3, \ldots p - 1$
$$\varrho_2 \quad \varrho'^h$$

oder
$$\varrho_2 \equiv \varrho_1^{h p^{a-3}(p-1)} \pmod{p^a},$$

d. i. ϱ_2 wäre einer der Potenzen von ϱ_1 congruent, was der Bedeutung von P_2 als eines zweiten fundamentalen Elementes der Gruppe zuwider ist.

Aus alle diesem ist zu erschliessen, dass nicht
$$m_1 = p^{a-2} \cdot (p-1)$$
sein kann. Und somit ist bewiesen: **Unter der Voraussetzung, dass (mod. p^{a-1}) eine primitive Wurzel vorhanden ist, giebt es auch eine primitive Wurzel (mod. p^a)**. Da das Vorhandensein einer solchen (mod. p) aber schon in No. 17 bewiesen ist, leuchtet nunmehr ein, dass auch für jede Potenz einer *ungeraden* Primzahl p als Modulus primitive Wurzeln vorhanden sind. Ist g eine primitive Wurzel (mod. p^a), so giebt es für jede durch p nicht theilbare Zahl z eine Zahl $\mu < \varphi(p^a)$, für welche
$$z \equiv g^\mu \pmod{p^a},$$
und diese Zahl kann wieder der Index von z, in Zeichen: $\mu =$ ind. z genannt werden.

2) Da die Betrachtungen über die Congruenz (56) ihre Geltung verlieren, wenn p statt einer ungeraden Primzahl die Zwei bedeutet, lässt sich in gleicher Weise die Existenz primitiver Wurzeln (mod. 2^k) nicht erweisen, und in der That giebt es dann solche im allgemeinen auch nicht. Zwar darf man,

wenn $n = 2$, also $\varphi(n) = 1$ ist, jede ungerade Zahl z nach der Congruenz
(59) $\qquad z \equiv 1 \pmod{2}$

als eine primitive Wurzel, d. i. als eine zum Exponenten $\varphi(n)$ gehörige Zahl (mod. 2) ansehen;

desgleichen, wenn $n = 4$, also $\varphi(n) = 2$ ist, ist für jede ungerade Zahl z
(60) $\qquad z \equiv \pm 1 \pmod{4},$

und demnach darf -1 als eine primitive Wurzel (mod. 4) angesehen werden, d. i. als eine Zahl, für welche erst die $\varphi(n)^{\text{te}}$ Potenz congruent 1 wird.

Ist dagegen $n = 2^k$, $k > 3$, so giebt es keine primitive Wurzeln, d. i. keine zum Exponenten $\varphi(n) = 2^{k-1}$ gehörige Zahlen. Denn jede ungerade Zahl
$$z = 1 + 2y$$
giebt
$$z^2 = 1 + 4y + 4y^2 = 1 + 4y(y+1)$$
und folglich schon
$$z^2 \equiv 1 \pmod{8};$$
hieraus folgt weiter, wenn man die Congruenz als Gleichung schreibt und quadrirt:
$$z^4 = (1 + 8y')^2 \equiv 1 \pmod{16}$$
ähnlich
$$z^8 = (1 + 16y'')^2 \equiv 1 \pmod{32}$$
u. s. w., allgemein
$$z^{2^{k-2}} \equiv 1 \pmod{2^k},$$
keine ungerade Zahl also wird erst zur Potenz 2^{k-1} erhoben congruent 1.

Hier ist nun sehr bemerkenswerth, dass es Zahlen giebt, die wenigstens zum Exponenten $\frac{1}{2}\varphi(n) = 2^{k-2}$ gehören. Eine solche Zahl ist z. B. 5; denn man findet
$$5^1 \equiv 1 + 4 \pmod{8}$$
$$5^2 \equiv 1 + 8 \pmod{16}$$
$$5^4 \equiv 1 + 16 \pmod{32}$$
u. s. f., allgemein
$$5^{2^{k-3}} \equiv 1 + 2^{k-1} \pmod{2^k};$$
da aber stets
$$5^{2^{k-2}} \equiv 1$$
ist, kann der Exponent, zu welchem 5 gehört, nur ein Theiler von 2^{k-2}, und müsste also, wenn er nicht gleich 2^{k-2} ist, in 2^{k-3} enthalten, folglich schon
$$5^{2^{k-3}} \equiv 1$$
sein, gegen das zuvor Gefundene.

Demzufolge werden jedenfalls die Potenzen

$$1,\ 5,\ 5^2,\ \ldots 5^{2^{k-2}-1}$$

(mod. 2^k) incongruent sein, desgleichen auch die Potenzen

$$-1,\ -5,\ -5^2,\ \ldots -5^{2^{k-2}-1};$$

da die ersteren sämmtlich von der Form $4h + 1$, die letztern von der Form $4h + 3$ sind, kann auch eine der ersteren nicht einer der letztern congruent sein (mod. 2^k), denn sie sind es nicht einmal (mod. 4). Demnach bilden sie zusammengenommen 2^{k-1} ungerade, unter einander incongruente Zahlen (mod. 2^k), d. i. ein vollständiges reducirtes Restsystem. Wenn daher z irgend eine ungerade Zahl bedeutet, wird nothwendig

(61) $\qquad z \equiv \pm\, 5^\lambda$ (mod. 2^k)

sein, wenn sowohl das Vorzeichen, als auch die Zahl λ der Reihe $0, 1, 2, \ldots 2^{k-2} - 1$ passend gewählt wird. Die Zahl 5 spielt also hier in gewissem Sinne die Rolle einer primitiven Wurzel, oder besser gesagt: das Vorzeichen *und* der Exponent λ zusammen eine ähnliche Rolle, wie die Indices im Falle eines Modulus p oder p^a.

21. Sei endlich der Modulus n ganz beliebig; wir können dann setzen

$$n = 2^k \cdot N,$$

wo

$$N = p_1^{a_1} \cdot p_2^{a_2} \cdots,$$

wenn es nicht gleich 1 ist, nur aus ungeraden Primfaktoren zusammengesetzt ist. Unter z verstehen wir irgend eine zu n relativ prime Zahl.

Ist nun 1) $k = 0$, also $n = N$ und

$$\varphi(n) = p_1^{a_1-1}(p_1 - 1) \cdot p_2^{a_2-1}(p_2 - 1) \cdots = P,$$

so kann man, indem man mit $g_1, g_2, \ldots$ primitive Wurzeln für die Moduln $p_1^{a_1}, p_2^{a_2}, \ldots$ resp. bezeichnet, setzen:

(62) $\qquad z \equiv g_1^{\mu_1}$ (mod. $p_1^{a_1}$), $\quad z \equiv g_2^{\mu_2}$ (mod. $p_2^{a_2}$), $\ldots$

Ist 2) $k = 1$, $n = 2N$, $\varphi(n) = P$,

so hat man neben den voraufgehenden Congruenzen noch die Congruenz (59).

Ist 3) $k = 2$, $n = 4N$, $\varphi(n) = 2P$,

so gilt ausser den Congruenzen (62) noch für ein bestimmtes Vorzeichen die Congruenz (60).

Ist endlich 4) $k \geqq 3$, $n = 2^k N$, $\varphi(n) = 2^{k-1} P$, so gilt ausser den Congruenzen (62) noch für ein bestimmtes Vorzeichen und ein bestimmtes λ aus der Reihe 0, 1, 2, ... $2^{k-2} - 1$ die Congruenz (61).

Nun ist offenbar im 4ten Falle $\frac{1}{2}\varphi(n)$ stets eine gerade Zahl, welche durch P, also auch durch jeden der Exponenten

(63) $\qquad p_1^{a_1-1}(p_1-1), \ p_2^{a_2-1}(p_2-1), \ \ldots,$

zu welchen die primitiven Wurzeln $g_1, g_2, \ldots$ gehören, theilbar ist. Werden demnach die Congruenzen (61) und (62) zur Potenz $\frac{1}{2}\varphi(n)$ erhoben, so findet sich für jeden der Moduln 2^k, $p_1^{a_1}$, $p_2^{a_2}$, ... und folglich auch für ihr Produkt n schon

(64) $\qquad\qquad z^{\frac{1}{2}\varphi(n)} \equiv 1 \ (\text{mod. } n).$

Und dieser Schluss bleibt auch bestehen, wenn $N=1$ ist, also auch $P=1$ und $n=2^k$ ist, denn in diesem Falle kommen die Congruenzen (62) gar nicht in Betracht, sondern allein die Congruenz (61), aus welcher die vorstehende dann unmittelbar folgt.

Gleiches gilt auch im 3ten Falle, sobald N von 1 verschieden ist; man hat dazu nur statt der Congruenz (61) die jetzt in Betracht kommende Congruenz (60) zur Potenz $\frac{1}{2}\varphi(n)$ zu erheben.

Desgleichen wird $\frac{1}{2}\varphi(n)$ in den beiden ersten Fällen eine gerade und durch jeden der in Betracht kommenden Exponenten (63) noch theilbare Zahl sein, sobald N aus mehr als einem Primfaktor zusammengesetzt ist; aus den Congruenzen (62) und (59), welche diesen Fällen zukommen, findet sich demnach wieder schon

(64) $\qquad\qquad z^{\frac{1}{2}\varphi(n)} \equiv 1 \ (\text{mod. } n).$

In allen diesen Fällen ist demnach *keine* primitive Wurzel (mod. n) vorhanden, und solche sind daher, von den schon erledigten Fällen

$$n=2, \quad n=4, \quad n=p^a$$

abgesehen, höchstens noch möglich im Falle $n = 2p^a$, und man überzeugt sich leicht, dass es in diesem Falle auch wirklich Zahlen giebt, welche zum Exponenten $\varphi(n)$ gehören. Denn sei g eine primitive Wurzel (mod. p^a), so kann sie stets als eine ungerade Zahl vorausgesetzt werden, da gleichzeitig mit g auch die ihr congruente Zahl $g + p^a$ eine primitive Wurzel (mod. p^a) sein muss, eine der beiden Zahlen g und $g + p^a$ aber nothwendig ungerade ist. Gehört nun eine solche ungerade Zahl g zum Exponenten d nach dem Modulus $2p^a$, sodass
$$g^d \equiv 1 \ (\mathrm{mod.}\ 2p^a),$$
so muss auch
$$g^d \equiv 1 \ (\mathrm{mod.}\ p^a)$$
sein, also d theilbar durch $\varphi(p^a) = \varphi(n)$, und da nach dem verallgemeinerten Fermat'schen Satze nothwendig auch umgekehrt $\varphi(n)$ durch d theilbar ist, muss $d = \varphi(n)$ sein, w. z. b. w.

Dritter Abschnitt.

Von den quadratischen Resten.

1. Nachdem wir im Vorigen die Theorie der Congruenzen ersten Grades und andere damit im engsten Zusammenhange stehende Fragen erörtert haben, wenden wir uns nun zu den Congruenzen des nächst höheren zweiten Grades, d. i. den Congruenzen von der Form:

(1) $\qquad ax^2 + bx + c \equiv 0 \pmod{m}$.

Wir wollen an diesem als an einem besonders einfachen Falle den oben erwähnten Zusammenhang zwischen der Theorie der Congruenzen und der der Potenzreste aufzeigen, indem wir sie auf eine einfachere Congruenz zweiten Grades zurückführen, und so zur Lehre von den quadratischen Resten gelangen. Hierbei setzen wir grösserer Einfachheit wegen voraus, dass a relative Primzahl zu m sei. Dann wird die Congruenz (1) offenbar genau dieselben Lösungen haben, wie die folgende:

$$4a^2x^2 + 4abx + 4ac \equiv 0 \pmod{4m}$$

oder diese andere:

$$(2ax + b)^2 \equiv b^2 - 4ac.$$

Hierdurch wird also die Entscheidung über die Möglichkeit der Congruenz (1) darauf zurückgeführt, ob die einfachere quadratische Congruenz

(2) $\qquad z^2 \equiv b^2 - 4ac \pmod{4m}$

möglich ist oder nicht. Im letztern Falle ist auch jene unmöglich; im ersteren Falle sei $z = \alpha$ eine Lösung der Congruenz (2), so hat man, um (1) aufzulösen, nur, wenn es

möglich ist, eine Zahl x so zu bestimmen, dass die Congruenz ersten Grades
$$2ax + b \equiv a \pmod{4m}$$
erfüllt ist.

Man sagt nun, eine Zahl n sei (mod. m) quadratischer Rest (Rest einer Quadratzahl) oder quadratischer Nichtrest (nicht Rest einer Quadratzahl), jenachdem die Congruenz

(3) $\qquad x^2 \equiv n \pmod{m}$

auflösbar ist oder nicht. Wo nur quadratische Reste oder Nichtreste zur Sprache kommen, wie im Folgenden, lässt man des einfacheren Ausdruckes wegen das Beiwort quadratisch auch wohl weg; das Verhalten einer Zahl n in dieser Beziehung aber nennt man ihren quadratischen Charakter. Es leuchtet von selbst ein, dass alle Zahlen einer und derselben Restclasse (mod. m) bezüglich dieser Zahl m stets denselben quadratischen Charakter haben.

Man kann nun in der Congruenz (3) entweder, wie es bisher immer geschehen ist, den Modulus als gegeben ansehen, und dann nach denjenigen Zahlen n fragen, welche bezüglich dieses Modulus quadratische Reste, welche anderen quadratische Nichtreste sind. Oder aber, man kann auch n als gegeben betrachten und fragen, in Bezug auf welche Moduln m diese Zahl quadratischer Rest, in Bezug auf welche quadratischer Nichtrest sei.

2. Wir behandeln von diesen zwei Fragen zuerst die erstgenannte als diejenige, deren Lösung einfacher ist, und beginnen mit dem Falle, wo der Modulus m eine gegebene *ungerade* Primzahl p ist. Da für eine durch p theilbare Zahl n die Congruenz

(4) $\qquad x^2 \equiv n \pmod{p}$

stets lösbar ist, indem man nur auch für x eine durch p theilbare Zahl zu setzen braucht, lassen wir diesen Fall aus unserer weiteren Betrachtung ganz fort, setzen also n als eine Zahl voraus, welche nicht durch p aufgeht, mithin einer Zahl der Reihe

(5) $\qquad 1, 2, 3, \ldots p - 1$

(mod. p) congruent ist. Sei r irgend eine Zahl dieser Reihe, so hat, wie wir wissen, die Congruenz ersten Grades

$$rx \equiv n \pmod{p}$$

eine ganz bestimmte Zahl derselben Reihe zur Lösung. Heisst diese Zahl $x = s$, so sind zwei Fälle möglich: entweder sind r, s von einander verschieden, oder $r = s$. Dieser letztere Fall würde $r^2 \equiv n \pmod{p}$ ergeben, kann sich also nur dann ereignen, wenn n quadratischer Rest ist von p, die Congruenz (4) also auflösbar ist. Diese hat aber bekanntlich höchstens 2 Wurzeln (No. 5 vor. Abschn.), und sie hat 2 Wurzeln in der That, sobald sie möglich ist; denn, ist $x \equiv r$ eine Wurzel, so würde $x \equiv -r$ eine zweite sein. Also: wenn (4) möglich ist, so giebt es in der Reihe (5) zwei Zahlen r und $p - r$, welche ihr genügen; ist dagegen r' irgend eine andere Zahl dieser Reihe, so ist diejenige Zahl s' derselben Reihe, für welche $r's' \equiv n \pmod{p}$ ist, von r' verschieden. Daher lassen sich nach Absonderung der Zahlen r und $p - r$ die übrigen $p - 3$ Zahlen jener Reihe in $\frac{p-3}{2}$ Paare

$$r', s'; \quad r'', s''; \quad \ldots \quad r^{\left(\frac{p-3}{2}\right)}, s^{\left(\frac{p-3}{2}\right)};$$

vertheilen, so beschaffen, dass das Produkt eines jeden Paares (mod. p) congruent n ist. Werden diese Congruenzen mit einander und mit der anderen:

$$r(p - r) \equiv -r^2, \quad \text{d. i.} \quad r(p - r) \equiv -n \pmod{p}$$

multiplicirt, und beachtet, dass auf diese Weise links sämmtliche Zahlen (5) zum Produkte vereinigt werden, so ergiebt sich

$$1 \cdot 2 \cdot 3 \ldots (p - 1) \equiv -n^{\frac{p-1}{2}} \pmod{p}.$$

Wenn dagegen die Congruenz (4) nicht möglich ist, so lassen sich die $p - 1$-Zahlen (5) in der angegebenen Weise in $\frac{p-1}{2}$ Zahlenpaare vertheilen, so dass das Produkt jedes Zahlenpaares (mod. p) congruent n wird, und die analoge Operation führt jetzt zu der Congruenz

$$1 \cdot 2 \cdot 3 \ldots (p - 1) \equiv +n^{\frac{p-1}{2}} \pmod{p}.$$

Im ersteren der beiden unterschiedenen Fälle befindet man sich offenbar, wenn $n = 1$ ist. Dies giebt uns also nach der ersteren Congruenz sogleich den schon auf andere Weise gefundenen Wilson'schen Satz wieder:

$$1 \cdot 2 \cdot 3 \ldots (p-1) \equiv -1 \pmod{p}.$$

Mit Hilfe desselben aber lässt sich das gewonnene Resultat auch einfach folgendermassen fassen: Jenachdem n quadratischer Rest ist (mod. p) oder quadratischer Nichtrest, findet die Congruenz

(6) $\qquad n^{\frac{p-1}{2}} \equiv +1 \quad$ oder $\quad n^{\frac{p-1}{2}} \equiv -1 \pmod{p}$

statt. Dieser Satz, welcher ein leichtes Criterium darbietet, um über den quadratischen Charakter einer Zahl (mod. p) zu entscheiden, ist von Euler gefunden*) und führt darnach den Namen Euler'sches Criterium.

Mit Leichtigkeit erhält man hieraus einen neuen Beweis des Fermat'schen Lehrsatzes. Denn, da eine Zahl n, welche durch p nicht theilbar ist, nothwendig entweder quadratischer Rest oder Nichtrest ist und also entweder der ersten oder der zweiten der Congruenzen (6) genügt, aus deren jeder durch Quadrirung die andere:

$$n^{p-1} \equiv +1 \pmod{p}$$

hervorgeht, so ist eben diese für jede durch p nicht theilbare Zahl n erfüllt.

---

*) Dedekind (Vorlesungen pag. 77) verweist, mit der Bemerkung, dass er in Euler's Arbeiten keine Stelle gefunden, in welcher das Criterium in voller Schärfe ausgesprochen sei, auf die Abhandlung theoremata circa residua ex divisione potestatum relicta, Nov. Comm. Petrop. VII p. 49, deren theorema 17 coroll. 3 in der That sich auf das Criterium bezieht; aber in einer anderen Abhandlung de quibusdam eximiis proprietatibus circa divisores potestatum occurrentibus, in opusc. analyt. I 242. 268 oder im 2. Bande der commentationes arithmeticae collectae, enthält das problema § 36 das Criterium in seinem vollen Ausdruck. Indem Euler eine Primzahl $2p + 1$ als Modulus betrachtet, sagt er: Quo facto si numerus a inter residua reperiatur, tum semper formula $a^p - 1$ erit divisibilis; sin autem numerus a inter non-residua occurrat, tum altera formula $a^p + 1$ divisibilis erit. Der Beweis ist nicht ganz vollständig.

Aus dem Euler'schen Criterium ergiebt sich ferner ersichtlicherweise sogleich der Satz: Das Produkt zweier quadratischen Reste oder zweier Nichtreste ist ein quadratischer Rest, das Produkt aber aus einem quadratischen Rest in einen Nichtrest ist ein quadratischer Nichtrest. Und allgemeiner: Das Produkt mehrerer Zahlen ist ein quadratischer Rest oder Nichtrest, jenachdem unter den Faktoren sich eine gerade oder ungerade Anzahl quadratischer Nichtreste befindet.

Zur Bezeichnung des quadratischen Charakters einer Zahl n bezüglich einer ungeraden Primzahl p ist von Legendre ein sehr bequemes Zeichen, das jetzt sogenannte Legendre'sche Symbol, eingeführt worden. Nach ihm bezeichnet $\left(\frac{n}{p}\right)$ die positive oder negative Einheit, jenachdem n quadratischer Rest oder Nichtrest von p ist. Also:

$\left(\frac{n}{p}\right) = +1$ heisst: n ist quadr. Rest von p

$\left(\frac{n}{p}\right) = -1$ heisst: n ist quadr. Nichtrest von p.

Man hat demnach dem Euler'schen Criterium gemäss für jede durch p nicht theilbare Zahl n die Congruenz:

(7) $$n^{\frac{p-1}{2}} \equiv \left(\frac{n}{p}\right) \pmod{p}.$$

Ferner, da Zahlen derselben Restclasse (mod. p) auch denselben quadratischen Charakter haben, wird

(8) $$\left(\frac{n}{p}\right) = \left(\frac{n'}{p}\right), \text{ so oft } n \equiv n' \pmod{p}.$$

Endlich lässt sich der aus dem Euler'schen Criterium gewonnene Satz offenbar durch folgende Gleichung mittels des Legendre'schen Symbols aussprechen:

(9) $$\left(\frac{n n' n'' \ldots}{p}\right) = \left(\frac{n}{p}\right) \cdot \left(\frac{n'}{p}\right) \cdot \left(\frac{n''}{p}\right) \cdots,$$

in welcher jede der Zahlen n, n', n'', ... durch p nicht theilbar vorauszusetzen ist.

3. Wir untersuchen nunmehr die Möglichkeit der Congruenz (3) im Falle eines zusammengesetzten Modulus m.

1) Zunächst sei $m = p^\mu$, unter p eine ungerade Primzahl verstanden. Ist nun die Congruenz

(10) $\qquad x^2 \equiv n \pmod{p^\mu}$

möglich, so sei α eine Wurzel derselben, also

$$\alpha^2 \equiv n \pmod{p^\mu}$$

oder

$$\alpha^2 - n = h p^\mu.$$

Setzen wir dann

$$x = \alpha + p^\mu \cdot y,$$

folglich

$$x^2 - n = \alpha^2 - n + 2\alpha y \cdot p^\mu + y^2 \cdot p^{2\mu}$$

und

$$x^2 - n \equiv (2\alpha y + h) \cdot p^\mu \pmod{p^{\mu+1}},$$

so wird offenbar $x^2 - n$ theilbar durch $p^{\mu+1}$, wenn y so gewählt wird, dass $2\alpha y + h \equiv 0 \pmod{p}$ wird. Das ist aber stets möglich; denn da n relativ prim zum Modulus, d. i. zu p vorausgesetzt wird, so ist es auch α und ebenso 2α, die Congruenz ersten Grades kann also gelöst werden. Hieraus folgt: die Möglichkeit der Congruenz (10) reicht hin, auch die der Congruenz

$$x^2 \equiv n \pmod{p^{\mu+1}}$$

zu sichern. Und da diese Betrachtung unabhängig ist vom Werthe des Exponenten μ, so schliesst man: Zur Möglichkeit der Congruenz (10) ist die der einfacheren Congruenz (4) ausreichend; offenbar aber auch nothwendig, weil aus der Congruenz (10) a fortiori auch die Congruenz (4) hervorgeht. Also: **Zur Möglichkeit der Congruenz (10) ist nothwendig und hinreichend, dass n ein quadratischer Rest sei von p.** In diesem Falle hat die Congruenz genau 2 Wurzeln. Denn, ist α eine Lösung derselben, x irgend eine andere, so findet sich aus den Congruenzen

$$x^2 \equiv n, \quad \alpha^2 \equiv n \pmod{p^\mu}$$

die folgende:

$$(x - \alpha)(x + \alpha) \equiv 0 \pmod{p^\mu}.$$

Nun sind x und α, desgleichen, da p ungerade ist, auch $2x$ und 2α relativ prim zu p. Diese Zahlen sind aber Summe und Differenz jener beiden Faktoren, deren Produkt durch p^μ

theilbar ist; unmöglich sind also beide Faktoren theilbar durch p, und folglich muss einer von ihnen,

$$\text{entweder } x - \alpha \text{ oder } x + \alpha,$$

durch p^μ theilbar, d. h.

$$\text{entweder } x \equiv \alpha \text{ oder } x \equiv -\alpha \pmod{p^\mu}$$

sein. Die Congruenz (10) kann demnach nur diese zwei Wurzeln haben, hat sie aber auch wirklich, die Wurzel α nach der Voraussetzung, und $-\alpha$ deshalb offenbar auch.

2) Ferner untersuchen wir die Congruenz

(11) $$x^2 \equiv n \pmod{2^\nu}.$$

Hier wäre n relativ prim zu 2, d. h. als ungerade vorauszusetzen, und daher werden die etwaigen Lösungen gleichfalls ungerade sein. Ist nun α eine solche, also

$$\alpha^2 \equiv n \pmod{2^\nu}$$
$$\alpha^2 - n = h \cdot 2^\nu,$$

so folgt, wenn $x = \alpha + 2^{\nu-1} \cdot y$ gesetzt wird,

$$x^2 - n = \alpha^2 - n + 2^\nu \cdot \alpha y + 2^{2\nu-2} \cdot y^2.$$

Sobald also $\nu > 3$ ist, wo dann $2\nu - 2 > \nu + 1$ sein wird, lässt sich vorstehende Gleichung als Congruenz folgendermassen schreiben:

$$x^2 - n \equiv 2^\nu \cdot (h + \alpha y) \pmod{2^{\nu+1}}$$

und folglich wird

$$x^2 - n \equiv 0 \pmod{2^{\nu+1}},$$

sobald y durch die offenbar auflösbare Congruenz ersten Grades $h + \alpha y \equiv 0 \pmod{2}$ bestimmt wird. Da andererseits die Congruenz (11), sobald $\nu > 3$ ist, sogleich auch die andere:

(12) $$x^2 \equiv n \pmod{8}$$

erfordert, gewinnt man hieraus den Satz: Zur Möglichkeit der Congruenz (11) ist, wenn $\nu > 3$ ist, nothwendig und hinreichend, dass die Congruenz (12) besteht. Diese aber erfordert, dass $n \equiv 1 \pmod{8}$ ist; denn jede ungerade Zahl x hat eine der Formen $4k + 1$ oder $4k - 1$, und ihre Quadrate $16k^2 + 8k + 1$ resp. $16k^2 - 8k + 1$ geben, durch 8 getheilt, den Rest 1.

Ist aber diese nothwendige Bedingung erfüllt, so hat die Congruenz (12) auch Lösungen, nämlich im Ganzen 4 Wurzeln:
$$x \equiv 1, \quad x \equiv 3, \quad x \equiv 5, \quad x \equiv 7 \;(\text{mod. } 8);$$
desgleichen hat dann auch die Congruenz (11) vier Wurzeln. Denn, ist α eine bestimmte Lösung, x irgend eine andere, so folgt leicht
$$(x + \alpha)(x - \alpha) \equiv 0 \;(\text{mod. } 2^\nu)$$
oder auch, da α und x gleichzeitig ungerade, ihre Summe und Differenz also gerade sind,
$$\frac{x+\alpha}{2} \cdot \frac{x-\alpha}{2} \equiv 0 \;(\text{mod. } 2^{\nu-2}).$$
Die beiden Faktoren dieses Produktes können nun aber nicht mehr gleichzeitig gerade sein, weil ihre Differenz gleich α, also ungerade ist; daher muss einer der Faktoren für sich durch $2^{\nu-2}$ theilbar sein, also

entweder:
$$\frac{x-\alpha}{2} = 2^{\nu-2} \cdot z, \quad x = \alpha + 2^{\nu-1} \cdot z,$$
oder:
$$\frac{x+\alpha}{2} = 2^{\nu-2} \cdot z, \quad x = -\alpha + 2^{\nu-1} \cdot z.$$

Alle Lösungen der Congruenz (11) sind daher in diesen beiden Formeln enthalten, und folglich kann sie keine anderen Wurzeln haben als diese vier:

(13) $\quad \begin{cases} x \equiv \alpha, & x \equiv \alpha + 2^{\nu-1} \\ x \equiv -\alpha, & x \equiv -\alpha + 2^{\nu-1} \end{cases} \;(\text{mod. } 2^\nu).$

Dass diese vier aber in der That die Congruenz erfüllen, davon überzeugt man sich sogleich durch den Versuch. Alles in allem haben wir folgenden Satz bewiesen: **Zur Möglichkeit der Congruenz (11), in welcher $\nu > 3$ ist, ist nothwendig und hinreichend, dass $n \equiv 1$ ist (mod. 8). In diesem Falle hat die Congruenz genau 4 Wurzeln.**

3) Es bleiben noch die beiden Fälle $\nu = 1$ und $\nu = 2$ zu betrachten. Die Congruenz
$$x^2 \equiv n \;(\text{mod. } 2)$$
ist aber ohne weiteres möglich, wenn n ungerade oder

$n \equiv 1 \pmod{2}$ ist, und wird in diesem Falle durch alle ungeraden Zahlen x erfüllt, welche eine Wurzel darstellen.

Die Congruenz
(14) $$x^2 \equiv n \pmod{4}$$
dagegen erfordert, dass die ungerade Zahl $n \equiv 1$ sei (mod. 4), da jede ungerade Zahl $x = 2k + 1$ ein Quadrat
$$x^2 = 4k^2 + 4k + 1 \equiv 1 \pmod{4}$$
ergiebt. Ist diese nothwendige Bedingung erfüllt, so hat die Congruenz die zwei Wurzeln:
$$x \equiv 1, \quad x \equiv 3 \pmod{4}.$$
Also: **Zur Möglichkeit der Congruenz (14) ist die Bedingung $n \equiv 1$ (mod. 4) nothwendig und hinreichend. Ist diese Bedingung erfüllt, so hat sie zwei Wurzeln**

4. Die vorigen besondern Ergebnisse setzen uns nun in den Stand, über die Möglichkeit der Congruenz (3) für jeden Modulus m zu entscheiden und im Falle der Möglichkeit die Anzahl ihrer Wurzeln zu bestimmen. Sei m, in Primfaktoren zerlegt,
$$m = 2^\nu \cdot p^\mu \cdot p'^{\mu'} \cdot p''^{\mu''} \ldots$$
Hierin würde $\nu = 0$ zu setzen sein, wenn m eine ungerade Zahl ist. Soll nun die Congruenz (3) eine Lösung x haben, also $x^2 - n$ durch m theilbar sein, so muss es auch durch jede der Primzahlpotenzen, aus denen m besteht, theilbar sein; die Congruenz (3) setzt demnach die Möglichkeit der folgenden voraus:

(15) $x^2 \equiv n \pmod{2^\nu}$, $x^2 \equiv n \pmod{p^\mu}$, $x^2 \equiv n \pmod{p'^{\mu'}}$

u. s. w., von welchen die erste, wenn m ungerade ist, als nicht in Betracht kommend, wegzulassen ist. Gesetzt umgekehrt, diese Congruenzen wären erfüllt, und
$$x \equiv \beta \pmod{2^\nu}, \quad x \equiv \alpha \pmod{p^\mu}, \quad x \equiv \alpha' \pmod{p'^{\mu'}}$$
u. s. w. wären je eine Wurzel einer jeden, so lässt sich, wie früher (No. 9 vor. Abschn.) gezeigt worden ist, eine Zahl ξ bestimmen, welche allen diesen Restbestimmungen gleichzeitig genügt, und diese giebt dann durch eine Congruenz von der Form

$$x \equiv \xi \pmod{m}$$

eine Wurzel der Congruenz (3). In der That, da

$$\xi \equiv \beta \pmod{2^\nu}, \quad \xi \equiv \alpha \pmod{p^\mu}, \quad \xi \equiv \alpha' \pmod{p'^{\mu'}}$$

u. s. w. sein soll, so ist offenbar $\xi^2 - n$ durch jeden der Moduln, also auch durch m selbst theilbar, d. h. $x \equiv \xi \pmod{m}$ stellt eine Wurzel der Congruenz (3) vor. — Denkt man sich ferner für β, α, α', ... sämmtliche Wurzeln der abgeleiteten Congruenzen (15) successive gesetzt, so entsprechen, wie früher gezeigt, diesen verschiedenen Combinationen incongruente Zahlen $\xi \pmod{m}$, und folglich hat die Congruenz (3) soviel Wurzeln, als solche Combinationen gebildet werden können.

Aus dieser Betrachtung folgen, wenn die möglichen Fälle unterschieden werden, nachstehende Sätze, bei welchen stets n als relative Primzahl zum Modulus m vorauszusetzen ist:

Ist m ungerade oder das Doppelte einer ungeraden Zahl, so sind für das Bestehen der Congruenz (3) folgende Bedingungen nothwendig:

(16) $$\left(\frac{n}{p}\right) = +1, \quad \left(\frac{n}{p'}\right) = +1, \quad \ldots$$

Sind sie erfüllt, so hat die Congruenz 2^k Wurzeln, wenn k die Anzahl der verschiedenen ungeraden Primfaktoren bezeichnet, aus denen m besteht.

Ist m das Vierfache einer ungeraden Zahl, so ist ausser den Bedingungen (16) noch die folgende nothwendig:

$$n \equiv 1 \pmod{4};$$

und wenn sie erfüllt sind, so hat die Congruenz (3) 2^{k+1} Wurzeln.

Ist m durch 8 theilbar, so ist die Bedingung

$$n \equiv 1 \pmod{8}$$

ausser den Bedingungen (16) zu erfüllen; und wenn sie erfüllt sind, so hat die Congruenz (3) genau 2^{k+2} Wurzeln.

5. Zur Erläuterung betrachten wir ein paar Beispiele.

1) Handelt es sich zuerst um die Congruenz

$$x^2 \equiv 9 \pmod{32},$$

so ist die erforderliche Bedingung

$$9 \equiv 1 \;(\text{mod. } 8)$$
erfüllt, die Congruenz also lösbar. Um sie zu lösen, bemerke man die beiden offenbaren Lösungen $x \equiv \pm 3$; nach 2) vor. Nummer sind dann die vier Wurzeln:
$$x \equiv \pm 3, \quad x \equiv \pm 3 + 16 \;(\text{mod. } 32),$$
z. B. also
$$x = 13.$$

2) Die Congruenz
$$x^2 \equiv 19 \;(\text{mod. } 4913),$$
deren Modulus $4913 = 17^3$ eine ungerade Primzahlpotenz ist, ist möglich, weil
$$\left(\tfrac{19}{17}\right) = \left(\tfrac{2}{17}\right) = +1,$$
nämlich die Congruenz $x^2 \equiv 2 \;(\text{mod. } 17)$ lösbar ist, denn offenbar ist $x = 6$ eine Lösung. Hieraus findet sich, in Anwendung der Betrachtungen unter 1) vor. Nummer, eine Lösung der Congruenz
$$x^2 \equiv 19 \;(\text{mod. } 17^2),$$
wenn man $x = 6 + 17y$ setzt und y so bestimmt, dass diese Congruenz erfüllt ist, was geschieht, wenn
$$1 + 12y \equiv 0 \;(\text{mod. } 17)$$
wird, z. B. also für $y = 7$; daher ist $x = 125$ eine Lösung der voraufgehenden Congruenz. Um nun die gegebene zu lösen, setze man
$$x = 125 + 17^2 \cdot y;$$
sie wird dann erfüllt, sobald man y der Congruenz
$$54 + 250y \equiv 0$$
oder einfacher
$$1 + 4y \equiv 0 \;(\text{mod. } 17)$$
gemäss wählt, also z. B. $y = 4$. So erhält man $x = 1281$, also die beiden Wurzeln:
$$x \equiv \pm 1281 \;(\text{mod. } 4913).$$

3) Sei endlich zu lösen die Congruenz:
(17) $$x^2 \equiv 361 \;(\text{mod. } 1872).$$

Der Modulus, in Primzahlfaktoren zerlegt, ist
$$1872 = 16 \cdot 9 \cdot 13.$$
Die abgeleiteten Congruenzen (15) sind demnach:
$$x^2 \equiv 361 \ (\text{mod. } 16), \quad x^2 \equiv 361 \ (\text{mod. } 9), \quad x^2 \equiv 361 \ (\text{mod. } 13).$$
Die erstere ist möglich, denn $361 \equiv 1$ (mod. 8); als ihre Wurzeln ergeben sich, dem oben Gesagten folgend, leicht folgende vier:
$$x \equiv 5, \ -5, \ 13, \ -13 \ (\text{mod. } 16).$$
Die zweite Congruenz ist möglich, weil
$$\left(\frac{361}{3}\right) = \left(\frac{1}{3}\right) = +1$$
ist, denn 1 ist selbstverständlich stets ein quadratischer Rest, da es selbst als Quadrat angesehen werden kann. Durch Anwendung der unter 1) vor. Nummer mitgetheilten Betrachtungen finden sich ihre beiden Wurzeln, nämlich
$$x \equiv \pm 1 \ (\text{mod. } 9).$$
Die dritte Congruenz ist auch möglich, da
$$\left(\frac{361}{13}\right) = \left(\frac{10}{13}\right) = +1$$
ist nach der Congruenz $6^2 \equiv 10$ (mod. 13); ihre beiden Wurzeln sind
$$x \equiv \pm 6 \ (\text{mod. } 13).$$
Soll nunmehr eine Zahl gefunden werden, die den Congruenzbedingungen
$$x \equiv \alpha \ (\text{mod. } 16), \quad x \equiv \beta \ (\text{mod. } 9), \quad x \equiv \gamma \ (\text{mod. } 13)$$
gleichzeitig genügt, so muss man nach (9) vor. Abschn. zuerst gewisse, dort mit r, s, t bezeichnete Hilfszahlen ermitteln; hier erhalten sie folgende Werthe:
$$r = 1521, \quad s = 208, \quad t = 144.$$
Die vollständige Lösung vorstehender Congruenzforderungen giebt dann die Formel:
$$x \equiv 1521\alpha + 208\beta + 144\gamma \ (\text{mod. } 1872).$$
Um aber die sämmtlichen Wurzeln der gegebenen Congruenz (17) zu finden, muss man hierin für α, β, γ alle Wurzeln der

drei abgeleiteten Congruenzen einsetzen. Es ist klar, dass immer je zwei solche Combinationen, deren drei Elemente sich nur im Vorzeichen unterscheiden, Werthe von x ergeben werden, die einander entgegengesetzt sind, oder auch, was (mod. 1872) dasselbe ist, Werthe, die sich zu 1872 ergänzen. Man findet daher, entsprechend

den Combinationen:			die Wurzeln:	
α	β	γ	x und	$-x$
5	1	6	1189	683
5	1	— 6	1333	539
5	— 1	6	773	1099
5	— 1	— 6	917	955
13	1	6	253	1619
13	1	— 6	397	1475
13	— 1	6	1709	163
13	— 1	— 6	1853	19.

6. Hiermit haben wir die erste der beiden in No. 1 gestellten Fragen vollständig beantwortet, die Frage: wenn der Modulus m gegeben ist, welche zu m primen Zahlen sind seine quadratischen Reste, welches seine Nichtreste? Ungleich schwieriger ist es gewesen, die zweite Frage zu erledigen: in **Bezug auf welche Moduln m ist eine gegebene Zahl n quadratischer Rest resp. Nichtrest?** Doch ist es den Bemühungen der Forscher allmählich gelungen, die ursprünglich zu ihrer Beantwortung versuchten Methoden wesentlich zu vereinfachen, und so können wir denn jetzt auch die auf diesen Theil unserer Untersuchung bezüglichen Sätze ohne grosse Schwierigkeit auseinandersetzen.

Zunächst können wir bemerken, dass nach den vorigen Nummern die Frage, ob n in Bezug auf einen zusammengesetzten Modulus m quadratischer Rest oder Nichtrest ist, durchaus auf die Aufsuchung des quadratischen Charakters von n bezüglich der einzelnen in m enthaltenen Primfaktoren zurückkommt; und da dieser Charakter bezüglich der Zwei und ihrer Potenzen stets nach der Form von n, ob es die Form $4k + 1$ resp. die Form $8k + 1$ hat oder nicht hat, leicht entschieden werden kann, steht offenbar nur noch zu entscheiden, von welchen *ungeraden Primzahlen* p eine gegebene Zahl n quadratischer Rest resp. Nichtrest ist. Dies hängt aber nach dem aus dem Euler'schen Criterium gewonnenen Satze in No. 2 wieder davon ab, wie sich bezüglich des Modulus p die Faktoren verhalten, in welche n zerlegbar ist; und da n positiv oder negativ, gerade oder ungerade sein kann, so wird unsere Untersuchung schliesslich auf eine der drei folgenden Fragen zurückkommen:

1) Von welchen ungeraden Primzahlen p ist -1 quadratischer Rest oder Nichtrest?

2) Von welchen ist es die Zahl 2?

3) Von welchen ist es eine andere ungerade Primzahl q?

Die erste dieser Fragen beantwortet sich augenblicklich mit Hilfe des Euler'schen Criteriums, nach welchem allgemein

$$\left(\frac{n}{p}\right) \equiv n^{\frac{p-1}{2}} \pmod{p}$$

ist. Denn für $n = -1$ giebt es diese Congruenz:

$$\left(\frac{-1}{p}\right) \equiv (-1)^{\frac{p-1}{2}} \pmod{p};$$

rechts und links stehen aber Ausdrücke, welche nur $+1$ oder -1 bedeuten können; wären sie einander nicht gleich, so müssten $+1$ und $-1 \pmod{p}$ congruent, d. h. 2 durch p theilbar sein, was nicht der Fall ist, und folglich schliesst man die Gleichung:

(18) $$\left(\frac{-1}{p}\right) = (-1)^{\frac{p-1}{2}}.$$

In Worten besagt dieselbe folgenden eleganten, auch schon von Fermat*) gegebenen Satz:

Die Zahl -1 ist quadratischer Rest von jeder Primzahl p von der Form $4k+1$, quadratischer Nichtrest von jeder Primzahl p von der Form $4k+3$; der

---

*) Euler hat zuerst diesen Satz bewiesen; s. z. B. seine Abhandl. observationes circa divisionem quadratorum per numeros primos, in Opusc. analyt. I p. 64, oder commentationes arithmeticae collectae I, p. 477, das. im theorema IV und V.

Art, dass die Congruenz $x^2 \equiv -1 \pmod{p}$ möglich oder unmöglich ist, jenachdem p jene oder diese Form hat.

7. Auf die zweite Frage antwortet ein Satz von ähnlichem Charakter. Dieser jedoch, sowie der sehr berühmte Satz, welcher die dritte Frage beantwortet, kann auf ein- und denselben von Gauss gegebenen Hilfssatz*), das sogenannte Gauss'sche Lemma, begründet werden, welches dazu dient, das Euler'sche Criterium passend umzuformen. Dies soll mithin zuvörderst hergeleitet werden.

Sei n eine durch p nicht theilbare Zahl, so werden die $\frac{p-1}{2}$ Vielfache von n:

(19) $\qquad 1 \cdot n, \quad 2 \cdot n, \quad 3 \cdot n, \quad \ldots \quad \frac{p-1}{2} \cdot n$

relativ prim gegen p und unter einander incongruent sein (mod. p), d. h. ihre absolut kleinsten Reste (mod. p) werden der Reihe

$$\pm 1, \quad \pm 2, \quad \ldots \quad \pm \frac{p-1}{2}$$

angehören und von einander verschieden sein. Sie werden zum Theil positiv sein, also der Reihe

(20) $\qquad +1, \quad +2, \quad \ldots \quad + \frac{p-1}{2}$

angehören; diese Reste mögen

$$\beta_1, \beta_2, \ldots \beta_\lambda$$

genannt werden; zum andern Theil werden sie negativ sein, also der Reihe

$$-1, \quad -2, \quad \ldots \quad -\frac{p-1}{2}$$

angehören; werden letztere Reste durch

$$-\alpha_1, \quad -\alpha_2, \quad \ldots \quad -\alpha_\mu$$

bezeichnet, so sind offenbar

$$+\alpha_1, \quad +\alpha_2, \quad \ldots \quad +\alpha_\mu$$

auch Zahlen der Reihe (20) und

$$\lambda + \mu = \frac{p-1}{2}.$$

---

*) S. Gauss ges. Werke Bd. II p. 4.

Es wird nun behauptet, dass die Zahlen α und β zusammengenommen die ganze Reihe der Zahlen (20) erschöpfen. Denn, da die Zahlen (19) (mod. p) incongruent sind, können erstlich weder zwei der Zahlen β unter sich, noch auch zwei der Zahlen α unter sich gleich sein; doch kann auch zweitens keine Zahl β einer Zahl α gleich sein, etwa $\beta_1 = \alpha_2$; denn, nennt man hn und kn die Produkte der Reihe (19), welche resp. die Reste β_1 und $-\alpha_2$ lassen, so würde aus der angenommenen Gleichheit die Congruenz folgen:

$$(h + k)n \equiv 0 \ (\text{mod.} \ p),$$

in welcher doch keiner der Faktoren des Produkts durch p theilbar ist, auch der erste nicht, da h und k kleiner als $\frac{p}{2}$ sind. Die Behauptung ist hiermit erwiesen: α, β zusammengenommen sind $\frac{p-1}{2}$ verschiedene Zahlen der Reihe (20).

Nachdem dies feststeht, bilden wir das Produkt der Zahlen (19) und untersuchen seinen Rest (mod. p). Dies giebt uns zunächst die Congruenz:

$$n^{\frac{p-1}{2}} \cdot 1 \cdot 2 \cdot 3 \cdots \frac{p-1}{2} \equiv (-1)^\mu \cdot \alpha_1 \alpha_2 \cdots \alpha_\mu \cdot \beta_1 \beta_2 \cdots \beta_\lambda$$
$$(\text{mod.} \ p)$$

und nach dem eben Bewiesenen und da der gemeinsame Faktor $1 \cdot 2 \cdot 3 \cdots \frac{p-1}{2}$ beider Seiten, weil relativ prim gegen den Modulus p, weggelassen werden darf, die folgende einfachere:

(21) $$n^{\frac{p-1}{2}} \equiv (-1)^\mu \ (\text{mod.} \ p).$$

Vergleichen wir sie mit derjenigen, welche das Euler'sche Criterium ausspricht, so gewinnt man, ähnlich wie bei jener, die folgende Gleichung:

(22) $$\left(\frac{n}{p}\right) = (-1)^\mu.$$

Das heisst: n ist quadratischer Rest oder Nichtrest von p, jenachdem unter den absolut kleinsten Resten der Produkte

$$1 \cdot n, \ 2 \cdot n, \ 3 \cdot n, \ \cdots \frac{p-1}{2} \cdot n$$

(mod. p) eine gerade oder ungerade Anzahl von negativen sich findet.

Den Exponenten μ in der Formel (22) wollen wir mit einer besonderen Benennung auszeichnen, indem wir ihn die Gaussische Charakteristik heissen.

Unmittelbar erhalten wir hieraus die Antwort auf unsere zweite, die Zahl 2 betreffende Frage. In der That, für $n = 2$ geht die Reihe der Vielfachen (19) in diese über:
$$2, 4, 6, \ldots p-1;$$
bestimmt man nun die Zahl i durch die Bedingung, dass
$$p - 1 - 2i < \tfrac{p}{2} < p + 1 - 2i$$
sei, so werden die Zahlen
$$p + 1 - 2i, \quad p + 3 - 2i, \quad \ldots p - 1$$
jener Reihe diejenigen sämmtlichen Glieder derselben, welche grösser als $\tfrac{p}{2}$, deren absolut kleinste Reste (mod. p) demnach negativ sind, ihre Anzahl aber beträgt i. Aus den bezüglichen Ungleichheiten ergiebt sich ferner, dass
$$\tfrac{p-2}{4} < i < \tfrac{p+2}{4},$$
d. h.
$$i = E\left(\tfrac{p+2}{4}\right)$$
ist. Nun findet sich

für $p = 8k + 1$, $\quad \tfrac{p+2}{4} = \tfrac{8k+3}{4}$, $\quad i = 2k$

„ $p = 8k + 3$, $\quad \tfrac{p+2}{4} = \tfrac{8k+5}{4}$, $\quad i = 2k + 1$

„ $p = 8k + 5$, $\quad \tfrac{p+2}{4} = \tfrac{8k+7}{4}$, $\quad i = 2k + 1$

„ $p = 8k + 7$, $\quad \tfrac{p+2}{4} = \tfrac{8k+9}{4}$, $\quad i = 2k + 2$;

mithin ist i gerade im ersten und letzten, ungerade in den beiden mittleren Fällen. Nach dem Gaussischen Lemma aber ist

(23) $$\left(\tfrac{2}{p}\right) = (-1)^i$$

und demnach ist 2 quadratischer Rest von jeder Prim-

abgedruckt ist im 1. Bande seiner commentationes arithmeticae collectae, das Reciprocitätsgesetz seinem eigentlichen Wesen nach in seinem ganzen Umfange ausgesprochen hat. Ja, er hat sogar in einer weiteren Abhandlung, welche unter dem Titel: observationes circa divisionem quadratorum per numeros primos im 1. Band seiner opuscula analytica, also schon 1783, veröffentlicht ist, das Reciprocitätsgesetz unter einer Form ausgesprochen, welche der von Gauss im Art. 131 der Disqu. arithm. gegebenen ausserordentlich ähnlich ist.*) Wunderbarer Weise hat Gauss offenbar diese Abhandlung nicht gekannt, und auch Legendre thut derselben nirgend Erwähnung, obwohl sich nachweisen lässt**), dass beide diesen Band der opusc. analytica in Händen gehabt haben.

Das bisher Gesagte bezieht sich nun zunächst nur auf die Aufstellung des Gesetzes. Fragt man jedoch nach dem Beweise desselben, so ist zu antworten, dass der erste strenge Beweis der von Gauss in den Disqu. Arithm. von Art. 131 an (1801) gegebene, und dass die Kritik, welche Gauss im Art. 151 an den bezüglichen Arbeiten seiner Vorgänger übt, vollkommen gerechtfertigt ist. Die Euler'schen Arbeiten stellen die darin ausgesprochenen Sätze meist nur mit Hilfe unbewiesener Induction auf und seine Versuche, zum Beweis derselben zu gelangen, sind unzureichend. Legendre andererseits kommt zwar das Verdienst zu, einen Theil des Reciprocitätsgesetzes schon etwa 10 Jahre vor Gauss wirklich bewiesen zu haben, der Beweis aber des ganzen Gesetzes ist ihm nicht gelungen; denn der Beweis, welcher in der oben genannten Abhandlung versucht wird, wie auch die spätere in seinem essai sur la théorie des nombres enthaltene Darstellung beruhen auf verschiedenen unbewiesenen Annahmen (vgl. Gauss Disqu. Arithm. art. 296, 297) über das Vorhandensein gewisser Primzahlen, von welchen die eine, dass in jeder unbegrenzten arithmetischen Progression, deren erstes Glied und Differenz Zahlen ohne gemeinsamen Theiler sind, un-

---

*) Vgl. zu diesem allen Kronecker, Bemerkungen zur Geschichte des Reciprocitätsgesetzes, in Monatsber. d. Berliner Akad. 1875.
**) Kronecker a. a. O. p. 270 u. 273.

endlich viel Glieder vorkommen, die Primzahlen sind, erst viel später durch eine höchst geniale Methode von Lejeune Dirichlet bewiesen worden ist.

9. Gauss ist der erste gewesen, der einen vollständig genügenden Beweis des Reciprocitätsgesetzes gegeben hat; er findet sich Disquisitiones Arithmeticae von Art. 131 ab. Dieser erste Gaussische Beweis ist auf geistvolle Weise durch Dirichlet, namentlich durch Verwendung des Legendre'schen Symbols, wesentlich vereinfacht worden, solcherweise von ihm in seinen Vorlesungen über Zahlentheorie vorgetragen und daher auch in die Dedekind'sche Darstellung derselben aufgenommen worden.*) Derselbe hat vor allen Beweisen, welche seitdem bekannt geworden sind, den Vorzug, dass er, am unmittelbarsten aus dem Probleme selbst geschöpft, ausschliesslich sich im Gebiete des zu beweisenden Satzes bewegt, nämlich durch die einfachsten Folgerungen aus dem Begriffe eines quadratischen Restes zu Stande kommt. Seine Methode ist übrigens die der allgemeinen Induktion.

Aber, wie bereits angedeutet, dieser erste Beweis von Gauss ist nicht der einzige Beweis des Satzes geblieben, der einer der schönsten und wichtigsten der ganzen Zahlentheorie ist. Gauss selbst schon hat dem ersten noch sechs weitere Beweise folgen lassen. Schon im Art. 151 der Disqu. Arithm. verspricht Gauss: ceterum infra duas alias demonstrationes ejusdem gravissimi theorematis trademus a praecedente et inter se toto coelo diversas. Von diesen findet man jedoch in den Disquisitiones, so wie sie veröffentlicht worden sind, nur einen, nämlich in Art. 262, den man deshalb den zweiten Gaussischen Beweis nennt. Wahrscheinlich ist jener andere derjenige, welcher sich in Gauss' Nachlass (s. in Bd. II seiner Werke pag. 234) in einem Fragmente vorgefunden hat, welches den Titel führt: Disquisitiones generales de congruentiis: Analysis Residuorum caput octavum, und nach Dedekind's Angabe einem umfangreichen, aus den Jahren

---

*) Dirichlet: über den ersten der von Gauss gegebenen Beweise des Reciprocitätsgesetzes in der Theorie der quadratischen Reste, Crelle's Journal Bd. 47.

1797/98 stammenden und durch eine gänzliche Umarbeitung in die Disqu. Arithm. übergegangenen Manuscripte entnommen ist. Dieser Beweis, der nach der Reihe der Veröffentlichung der siebente ist, ist eigentlich ein Doppelbeweis, und Gauss selbst sagt von ihm: haec igitur est tertia theorematis fundamentalis completa demonstratio ... At ex eodem fonte sed via opposita quartam deducamus. Möglich ist aber auch, dass, wie Kronecker annimmt[*]), jener andere in Art. 151 versprochene Beweis der sogenannte vierte der Gaussischen Beweise, derjenige nämlich ist, welchen die Abhandlung summatio quarundam serierum singularium, Bd. II, pag. 9, vom August 1808, enthält; letzterer dürfte in der That wenigstens, wenn auch später veröffentlicht als der dritte: theorematis arithmetici demonstratio nova, Bd. II, pag. 1, vom 15. Januar 1808, doch früher von Gauss aufgefunden worden sein als dieser. Der fünfte Gaussische Beweis erschien 1817 gemeinsam mit dem sechsten in der Abhandlung: theorematis fundamentalis in doctrina de residuis quadraticis demonstrationes et ampliationes novae (Bd. II, pag. 47).

Das Reciprocitätsgesetz übte aber seitdem auch auf viele andere, darunter die ausgezeichnetsten Forscher, einen ganz besonderen Reiz aus und veranlasste eine grosse Menge von Beweisen, in denen sich die Bemühungen, immer neue Wege der Ableitung und die einfachsten Ursprünge des Gesetzes zu finden, wiederspiegeln, und welche so die mannigfachen Beziehungen des Gesetzes zu den verschiedensten Theilen der höheren Arithmetik ans Licht gebracht haben. Eine möglichst vollständige Zusammenstellung der bekannt gewordenen Beweise und ihre Gruppirung nach den zu Grunde liegenden Gedanken ist von Oswald Baumgart (Schlömilch's Ztschr. f. Math. 1885) gegeben worden. Es ist sehr beachtenswerth, dass die verschiedenen Kategorieen, in welche sie sich vertheilen lassen, schon durch die Beweise von Gauss selbst charakterisirt sind.

Der erste, von Dirichlet vereinfachte dieser Beweise bildet im Grunde eine Kategorie ganz für sich allein.

---

[*]) a. a. O. p. 272.

Eine zweite Kategorie von Beweisen wird durch Gauss'
zweiten Beweis charakterisirt; sie beruhen, wie z. B. die Beweise von Kummer*), ja wie schon die ersten Beweisversuche von Legendre**), auf Betrachtungen aus der Theorie
der quadratischen Formen, welche keineswegs zu den Elementen derselben gerechnet werden können.

Eine dritte, sehr zahlreiche Kategorie hat ihre eigentliche
Quelle in einem fernliegenden Gebiete, dessen gleichwohl
innigster Zusammenhang mit der höheren Arithmetik auch
zuerst von Gauss erkannt und dargestellt worden ist, in der
Lehre von der Kreistheilung; sie wird charakterisirt durch den
4ten und 6ten der Gaussischen Beweise.

Die vierte Kategorie endlich hat den 3ten oder 5ten der
Gaussischen Beweise, welche beide das Gaussische Lemma
zum Ausgangspunkte nehmen, zu ihrem Muster; alle diese
Beweise der letzten Kategorie zielen dahin, die Gaussische
Charakteristik auf möglichst einfache oder ursprüngliche Weise
zu bestimmen, bezw. die Charakteristiken, welche zweien reciproken Legendre'schen Symbolen entsprechen, mit einander zu vergleichen.

Da der erste Gaussische Beweis in Dedekind's Ausgabe von Dirichlets Vorlesungen***) eine ausführliche Darstellung gefunden hat, wollen wir hier darauf oder auf
Dirichlet's genannte Originalabhandlung verweisen. Desgleichen mag bezüglich der dritten Kategorie von Beweisen,
die sich nicht in den Rahmen dieses Werkes einfügen lassen,
auf des Verfassers: Lehre von der Kreistheilung und ihre
Beziehungen zur Zahlentheorie, Leipzig 1872, hingewiesen
werden. Auf die zweite Beweiskategorie gedenken wir am
Schlusse unseres Werkes noch einmal zurückzukommen. Hier
wollen wir für das Reciprocitätsgesetz einige Beweise beibringen, welche der vierten Kategorie angehören, also die
Gaussische Charakteristik zum Gegenstande haben.

---

*) Zwei neue Beweise der allgemeinen Reciprocitätsgesetze u. s. w.,
Einleitung; Abh. der Berl. Akad. 1861.
**) Essai sur la théorie des nombres, 2. éd., pag. 198.
***) von § 48 bis § 51.

1797/98 stammenden und durch eine gänzliche Umarbeitung in die Disqu. Arithm. übergegangenen Manuscripte entnommen ist. Dieser Beweis, der nach der Reihe der Veröffentlichung der siebente ist, ist eigentlich ein Doppelbeweis, und Gauss selbst sagt von ihm: haec igitur est tertia theorematis fundamentalis completa demonstratio ... At ex eodem fonte sed via opposita quartam deducamus. Möglich ist aber auch, dass, wie Kronecker annimmt*), jener andere in Art. 151 versprochene Beweis der sogenannte vierte der Gaussischen Beweise, derjenige nämlich ist, welchen die Abhandlung summatio quarundam serierum singularium, Bd. II, pag. 9, vom August 1808, enthält; letzterer dürfte in der That wenigstens, wenn auch später veröffentlicht als der dritte: theorematis arithmetici demonstratio nova, Bd. II, pag. 1, vom 15. Januar 1808, doch früher von Gauss aufgefunden worden sein als dieser. Der fünfte Gaussische Beweis erschien 1817 gemeinsam mit dem sechsten in der Abhandlung: theorematis fundamentalis in doctrina de residuis quadraticis demonstrationes et ampliationes novae (Bd. II, pag. 47).

Das Reciprocitätsgesetz übte aber seitdem auch auf viele andere, darunter die ausgezeichnetsten Forscher, einen ganz besonderen Reiz aus und veranlasste eine grosse Menge von Beweisen, in denen sich die Bemühungen, immer neue Wege der Ableitung und die einfachsten Ursprünge des Gesetzes zu finden, wiederspiegeln, und welche so die mannigfachen Beziehungen des Gesetzes zu den verschiedensten Theilen der höheren Arithmetik ans Licht gebracht haben. Eine möglichst vollständige Zusammenstellung der bekannt gewordenen Beweise und ihre Gruppirung nach den zu Grunde liegenden Gedanken ist von Oswald Baumgart (Schlömilch's Ztschr. f. Math. 1885) gegeben worden. Es ist sehr beachtenswerth, dass die verschiedenen Kategorieen, in welche sie sich vertheilen lassen, schon durch die Beweise von Gauss selbst charakterisirt sind.

Der erste, von Dirichlet vereinfachte dieser Beweise bildet im Grunde eine Kategorie ganz für sich allein.

---

*) a. a. O. p. 272.

Eine zweite Kategorie von Beweisen wird durch Gauss' zweiten Beweis charakterisirt; sie beruhen, wie z. B. die Beweise von Kummer*), ja wie schon die ersten Beweisversuche von Legendre**), auf Betrachtungen aus der Theorie der quadratischen Formen, welche keineswegs zu den Elementen derselben gerechnet werden können.

Eine dritte, sehr zahlreiche Kategorie hat ihre eigentliche Quelle in einem fernliegenden Gebiete, dessen gleichwohl innigster Zusammenhang mit der höheren Arithmetik auch zuerst von Gauss erkannt und dargestellt worden ist, in der Lehre von der Kreistheilung; sie wird charakterisirt durch den 4ten und 6ten der Gaussischen Beweise.

Die vierte Kategorie endlich hat den 3ten oder 5ten der Gaussischen Beweise, welche beide das Gaussische Lemma zum Ausgangspunkte nehmen, zu ihrem Muster; alle diese Beweise der letzten Kategorie zielen dahin, die Gaussische Charakteristik auf möglichst einfache oder ursprüngliche Weise zu bestimmen, bezw. die Charakteristiken, welche zweien reciproken Legendre'schen Symbolen entsprechen, mit einander zu vergleichen.

Da der erste Gaussische Beweis in Dedekind's Ausgabe von Dirichlets Vorlesungen***) eine ausführliche Darstellung gefunden hat, wollen wir hier darauf oder auf Dirichlet's genannte Originalabhandlung verweisen. Desgleichen mag bezüglich der dritten Kategorie von Beweisen, die sich nicht in den Rahmen dieses Werkes einfügen lassen, auf des Verfassers: Lehre von der Kreistheilung und ihre Beziehungen zur Zahlentheorie, Leipzig 1872, hingewiesen werden. Auf die zweite Beweiskategorie gedenken wir am Schlusse unseres Werkes noch einmal zurückzukommen. Hier wollen wir für das Reciprocitätsgesetz einige Beweise beibringen, welche der vierten Kategorie angehören, also die Gaussische Charakteristik zum Gegenstande haben.

---

*) Zwei neue Beweise der allgemeinen Reciprocitätsgesetze u. s. w., Einleitung; Abh. der Berl. Akad. 1861.
**) Essai sur la théorie des nombres, 2. éd., pag. 198.
***) von § 48 bis § 51.

10. Wir beginnen damit, denjenigen Beweis auseinanderzusetzen, welcher vom Pfarrer Zeller herrührt*) und ausser dem Gaussischen Lemma nicht der geringsten weiteren Hilfsmittel bedarf.

Bei Anwendung der früheren Bezeichnungen war

$$\left(\frac{q}{p}\right) = (-1)^{\mu},$$

wenn μ die Anzahl derjenigen (mod. p) genommenen absolut kleinsten Reste der Produkte

(26) $\qquad 1 \cdot q, \quad 2 \cdot q, \quad 3 \cdot q, \quad \ldots \frac{p-1}{2} \cdot q$

bezeichnet, welche negativ sind; desgleichen wird

$$\left(\frac{p}{q}\right) = (-1)^{\nu}$$

sein, sobald unter ν die Anzahl derjenigen nach dem Modulus q genommenen absolut kleinsten Reste der Produkte

(27) $\qquad 1 \cdot p, \quad 2 \cdot p, \quad 3 \cdot p, \quad \ldots \frac{q-1}{2} \cdot p$

verstanden wird, welche negativ sind. Hiernach würde

(28) $\qquad \left(\frac{p}{q}\right) \cdot \left(\frac{q}{p}\right) = (-1)^{\mu+\nu}$

sein und alles darauf ankommen, zu untersuchen, wann $\mu + \nu$ eine gerade, wann eine ungerade Zahl ist.

Zu diesem Zwecke nennen wir wieder

$$\beta_1, \quad \beta_2, \quad \ldots \quad \beta_\lambda$$
$$-\alpha_1, \quad -\alpha_2, \quad \ldots -\alpha_\mu$$

die absolut kleinsten Reste der Reihe (26) (mod. p) und nennen gleicherweise

$$\delta_1, \quad \delta_2, \quad \ldots \quad \delta_\varkappa$$
$$-\gamma_1, \quad -\gamma_2, \quad \ldots -\gamma_\nu$$

die absolut kleinsten Reste der Reihe (27) (mod. q). Da die Primzahlen p, q verschieden vorausgesetzt werden, so wird eine von ihnen die grössere sein; wir wollen voraussetzen, q sei grösser als p. Wir dürfen dann die Zahlen γ, welche der Reihe

---

*) S. Monatsberichte der Berliner Akademie v. J. 1872.

$$1, 2, 3, \ldots \frac{q-1}{2}$$

angehören, in zwei Kategorien theilen, jenachdem sie kleiner oder grösser sind als $\frac{p}{2}$, also im letztern Falle zwischen $\frac{p}{2}$ und $\frac{q}{2}$ enthalten sind; die erstern wollen wir allgemein mit γ', die letzteren mit γ'' bezeichnen.

Es wird nun zuerst behauptet, dass die Zahlen α und γ' zusammengenommen die ganze Reihe

$$1, 2, 3, \ldots \frac{p-1}{2}$$

erschöpfen. Denn, findet sich eine Zahl r dieser Reihe nicht unter den Zahlen α, so findet sie sich nothwendig unter den Zahlen β, da, wie früher gezeigt, die Zahlen α und β zusammengenommen jene ganze Reihe erschöpfen. Ist daher dann hq dasjenige Vielfache der Reihe (26), welches (mod. p) den Rest r lässt, so kann man $hq = kp + r$ setzen, wo, wie leicht zu sehen, k eine positive Zahl $< \frac{q}{2}$ ist, und demnach ist, weil $kp = hq - r$, d. h. $kp \equiv -r$ (mod. q) ist, der Definition nach r eine der Zahlen γ, und zwar, weil $r < \frac{p}{2}$ ist, genauer eine der Zahlen γ'. — Ferner kann keine der Zahlen α mit einer Zahl γ identisch sein, weil aus einer Gleichung $hq = kp - \alpha$, wie sie für jedes α besteht und wobei dann $h < \frac{p}{2}$ ist, sich $kp = hq + \alpha$, d. i.

$$kp \equiv \alpha \pmod{q}$$

ergäbe, während $\alpha < \frac{p}{2} < \frac{q}{2}$ ist und $k < \frac{q}{2}$ gefunden wird; d. h. jede Zahl α ist eine der Zahlen δ, nicht eine der Zahlen γ. — Aus beiden Punkten zusammen ergiebt sich aber, dass die Zahlen $1, 2, 3, \ldots \frac{p-1}{2}$, weil zusammengesetzt aus den von einander verschiedenen Zahlen α, γ' und aus ihnen allein, mit ihrer Gesammtheit identisch sind.

Zweitens sei jetzt r eine der Zahlen γ'', und

$$kp \equiv -r \pmod{q}.$$

Hierin kann k die Zahl $\frac{q-1}{2}$ nicht sein, denn man findet

$$\frac{q-1}{2} \cdot p = \frac{p-1}{2} \cdot q + \frac{q-p}{2}$$

$$\frac{q-1}{2} \cdot p \equiv \frac{q-p}{2} \pmod{q},$$

worin der Rest $\frac{q-p}{2}$, weil offenbar positiv und $< \frac{q}{2}$, der Reihe δ angehört. Zu jeder Zahl k aus der Reihe

$$1, 2, 3, \ldots \frac{q-1}{2},$$

der ein Rest γ'' entspricht, muss sich daher eine Zahl k' derselben Reihe finden lassen durch die Formel

$$k' = \frac{q-1}{2} - k,$$

und für diese erhält man

$$k'p = \frac{q-1}{2} p - kp = \frac{p-1}{2} q + \frac{q-p}{2} - kp,$$

also

$$k'p \equiv -r' \pmod{q},$$

wenn $r' = \frac{p+q}{2} - r$ gesetzt wird. Die Zahl r' aber ist ersichtlich grösser als $\frac{p}{2}$ und kleiner als $\frac{q}{2}$, gehört also, wie r, zu den Zahlen γ''. Nun giebt es nur einen Fall, in welchem r und r' dieselbe Zahl γ'' sein können, nämlich dann, wenn $r = \frac{p+q}{4}$ eine solche Zahl ist. Jenachdem dieser Fall eintritt oder nicht, werden daher die Zahlen γ'' entweder nach Abzug der Zahl $\frac{p+q}{4}$, bezw. von vornherein sich zu zweien verschiedenen r, r' zusammenordnen lassen, d. h. wird ihre Anzahl, welche c heisse, ungerade oder gerade sein. Alles kommt darauf an, zu entscheiden, wann dieser oder jener Fall stattfindet.

Soll nun aber $\frac{p+q}{4}$ eine der Zahlen γ'' sein, so muss es eine ganze Zahl h und eine andere positive ganze Zahl $k < \frac{q}{2}$ geben, der Art, dass

oder
$$kp = hq - \frac{p+q}{4}$$

$$(4k+1)p = (4h-1)q$$

und folglich $4k+1$ durch q theilbar ist; dies ist, da $4k+1 < 2q+1$ ist, nur so möglich, dass

$$q = 4k+1,$$

folglich

$$p = 4h-1$$

ist. Die so erhaltene nothwendige Bedingung ist offenbar auch hinreichend, und demnach ist c ungerade, wenn gleichzeitig $q = 4k+1$, $p = 4h-1$ ist, gerade in jedem anderen Falle.

Nachdem dies bewiesen, betrachten wir die Gleichung

$$\mu + \nu = \frac{p-1}{2} + c,$$

in welcher beiderseits, verschieden gezählt, die Anzahl aller Zahlen α und γ, resp. α, γ' und γ'' notirt ist. Folgende Fälle sind nur möglich:

entweder ist $p = 4h+1$; dann sind $\frac{p-1}{2}$ und c und folglich auch ihre Summe $\mu + \nu$ gerade;

oder es ist $p = 4h-1$ und $q = 4k+1$; dann sind $\frac{p-1}{2}$ und c ungerade, ihre Summe $\mu + \nu$ wieder gerade;

oder endlich: es ist $p = 4h-1$, $q = 4k-1$, dann ist $\frac{p-1}{2}$ ungerade, c gerade, und demnach ihre Summe $\mu + \nu$ ungerade.

Hiermit ist das Reciprocitätsgesetz bewiesen; denn nach der Gleichung (28) wird $\left(\frac{p}{q}\right) \cdot \left(\frac{q}{p}\right)$ dann, aber auch nur dann gleich -1, d. i. $\left(\frac{p}{q}\right)$ und $\left(\frac{q}{p}\right)$ von entgegengesetztem Werthe sein, wenn beide Primzahlen p, q durch 4 getheilt den Rest 3 lassen.

11. Die Formeln (18), (24) und (25), in welchen die Beantwortung der drei von uns gestellten Fragen enthalten ist, lassen sich beträchtlich verallgemei-

nern, indem man dem Legendre'schen Symbole selbst, wie Jacobi*) es gethan hat, ausgedehntere Bedeutung verleiht, es nämlich auf den Fall ausdehnt, dass der Modulus eine beliebige positive ungerade Zahl ist. Sei P eine solche und, in gleiche oder ungleiche Primfaktoren zerlegt,

$$P = pp'p''\ldots,$$

so versteht Jacobi unter dem Symbole $\left(\frac{m}{P}\right)$, so oft m eine relative Primzahl zu P ist, das Produkt

(29) $\qquad \left(\frac{m}{P}\right) = \left(\frac{m}{p}\right) \cdot \left(\frac{m}{p'}\right) \cdot \left(\frac{m}{p''}\right) \cdots$

Von vornherein muss auf einen wesentlichen Unterschied zwischen dem Jacobi'schen und Legendre'schen Symbole aufmerksam gemacht werden. Wir wissen, dass, jenachdem $\left(\frac{m}{p}\right) = \pm 1$ ist, die Congruenz

$$x^2 \equiv m \pmod{p}$$

möglich oder unmöglich ist. Nun hat zwar nach der Formel (29) auch $\left(\frac{m}{P}\right)$ nur einen der zwei Werthe ± 1, und wenn es -1 ist, kann man sicher daraus schliessen, dass mindestens einer der Faktoren $\left(\frac{m}{p}\right)$, $\left(\frac{m}{p'}\right)$, $\left(\frac{m}{p''}\right)$, ... diesen Werth auch hat und folglich m von einer der Zahlen p, p', p'', ... quadratischer Nichtrest ist, sodass dann auch die Congruenz

$$x^2 \equiv m \pmod{P}$$

unmöglich ist; mit nichten aber kann man auch umgekehrt aus dem Werthe $\left(\frac{m}{P}\right) = +1$ schliessen, dass sie möglich ist, denn diese Gleichung würde auch dann stattfinden, wenn m für eine gerade Anzahl der Faktoren p, p', p'', ... quadratischer Nichtrest und in Folge davon jene Congruenz unmöglich ist.

Der Vollständigkeit wegen wollen wir das Symbol $\left(\frac{m}{P}\right)$ auch für den Fall definiren, wo $P = 1$ oder auch P negativ ist. Dazu bestimmen wir, dass

---

*) S. Monatsberichte der Berliner Akademie v. J. 1837.

(29 a) $$\left(\frac{m}{1}\right) = 1$$
und
(29 b) $$\left(\frac{m}{-P}\right) = \left(\frac{m}{P}\right)$$
sein soll.

Für das Jacobi'sche Symbol (29) mit positivem Nenner gelten nun ganz analoge Sätze, wie für das Legendre'sche. Zunächst fliesst unmittelbar aus der Definition die Bemerkung:

Ist m relative Primzahl gegen jede der zwei positiven ungeraden Zahlen P und Q, so ist

(30) $$\left(\frac{m}{P}\right) \cdot \left(\frac{m}{Q}\right) = \left(\frac{m}{PQ}\right);$$

denn, löst man die Jacobi'schen Symbole in Produkte von Legendre'schen auf, so werden beide Seiten aus denselben Faktoren bestehen müssen.

Ebenso leicht folgt, wenn $m, m', m'', \ldots$ sämmtlich prim sind gegen P, die zweite Formel:

(31) $$\left(\frac{m\,m'\,m''\ldots}{P}\right) = \left(\frac{m}{P}\right) \cdot \left(\frac{m'}{P}\right) \cdot \left(\frac{m''}{P}\right) \cdots,$$

welche der auf das Legendre'sche Symbol bezüglichen Formel (9) ganz analog ist; man hat zum Beweise eben nur diese Formel und die Definition des Jacobi'schen Symbols zu verwenden.

Sind ferner m, m' (mod. P) congruent, so ist

(32) $$\left(\frac{m}{P}\right) = \left(\frac{m'}{P}\right),$$

denn m, m' sind dann auch nach jedem der in P aufgehenden Primfaktoren p congruent und für einen solchen ist nach (8) $\left(\frac{m}{p}\right) = \left(\frac{m'}{p}\right)$.

Mit Hilfe dieser einfachen Definitionen und Sätze verallgemeinern wir nun die Formeln (18), (24) und (25). Ist nämlich wieder

$$P = p\,p'\,p''\ldots,$$

so folgt aus den Gleichungen

$$\left(\frac{-1}{p}\right) = (-1)^{\frac{p-1}{2}}, \quad \left(\frac{-1}{p'}\right) = (-1)^{\frac{p'-1}{2}}, \quad \left(\frac{-1}{p''}\right) = (-1)^{\frac{p''-1}{2}}, \ldots.$$

zunächst die folgende:

$$\left(\frac{-1}{P}\right) = (-1)^{\frac{p-1}{2} + \frac{p'-1}{2} + \frac{p''-1}{2} + \cdots} \tag{33}$$

Andererseits darf man schreiben:

$$P = [(p-1) + 1] \cdot [(p'-1) + 1] \cdot [(p''-1) + 1] \cdots$$

Beachtet man nun, dass $p-1$, $p'-1$, $p''-1$, $\cdots$ gerade Zahlen, das Produkt aus zwei oder mehreren von ihnen also durch 4 theilbar ist, so entsteht aus der vorigen Gleichung, wenn die Multiplikation ausgeführt gedacht wird, folgende Congruenz:

$$P - 1 \equiv (p-1) + (p'-1) + (p''-1) + \cdots \pmod{4}$$

und daraus

$$\frac{P-1}{2} \equiv \frac{p-1}{2} + \frac{p'-1}{2} + \frac{p''-1}{2} + \cdots \pmod{2}.$$

In der Formel (33) darf daher der Exponent von -1 durch $\frac{P-1}{2}$ ersetzt werden, und es entsteht so die der Gleichung (18) analoge Formel:

$$\left(\frac{-1}{P}\right) = (-1)^{\frac{P-1}{2}}. \tag{34}$$

In gleicher Weise würde man zunächst zu der Gleichung gelangen:

$$\left(\frac{2}{P}\right) = (-1)^{\frac{p^2-1}{8} + \frac{p'^2-1}{8} + \frac{p''^2-1}{8} + \cdots} \tag{35}$$

Man kann aber schreiben:

$$P^2 = \left((p^2-1) + 1\right)\left((p'^2-1) + 1\right)\left((p''^2-1) + 1\right) \cdots$$

und jede der Differenzen p^2-1, p'^2-1, p''^2-1, $\ldots$ ist durch 4 theilbar, jedes Produkt zweier oder mehrerer jener Differenzen ist folglich theilbar durch 16, sodass die Gleichung, aufgefasst als eine Congruenz (mod. 16), übergeht in

$$P^2 - 1 \equiv (p^2-1) + (p'^2-1) + (p''^2-1) + \cdots \pmod{16},$$

also

$$\frac{P^2-1}{8} \equiv \frac{p^2-1}{8} + \frac{p'^2-1}{8} + \frac{p''^2-1}{8} + \cdots \pmod{2}.$$

Von den quadratischen Resten. 135

Hiernach kann der Exponent zur Rechten der Congruenz (35) durch $\frac{P^2-1}{8}$ ersetzt und diese Gleichung, analog der Formel (24), folgendermassen geschrieben werden:

(36) $$\left(\frac{2}{P}\right) = (-1)^{\frac{P^2-1}{8}}.$$

Endlich wird behauptet, dass für irgend zwei positive, relativ prime und ungerade Zahlen P und Q folgendes verallgemeinerte Reciprocitätsgesetz besteht:

(37) $$\left(\frac{P}{Q}\right) \cdot \left(\frac{Q}{P}\right) = (-1)^{\frac{P-1}{2} \cdot \frac{Q-1}{2}}$$

Heisst nämlich
$$Q = q q' q'' \ldots$$
die Zerlegung von Q in seine gleichen oder verschiedenen Primfaktoren, so ist, der Definition des Jacobi'schen Symbols und der Gleichung (31) gemäss

$$\left(\frac{P}{Q}\right) = \prod \left(\frac{P}{q}\right),$$

d. i. gleich dem Produkte aller Legendre'schen Symbole, welche man erhält, wenn jeder Primfaktor in der Zerlegung von P als Zähler mit jedem Primfaktor in der Zerlegung von Q als Nenner des Symbols combinirt wird; desgleichen ist

$$\left(\frac{Q}{P}\right) = \prod \left(\frac{q}{p}\right),$$

wenn die Zähler und Nenner vertauscht werden. Dies giebt

$$\left(\frac{P}{Q}\right) \cdot \left(\frac{Q}{P}\right) = \prod \left(\frac{p}{q}\right) \cdot \left(\frac{q}{p}\right)$$

und nach dem Reciprocitätsgesetze

$$\left(\frac{P}{Q}\right) \cdot \left(\frac{Q}{P}\right) = (-1)^{\sum \frac{p-1}{2} \cdot \frac{q-1}{2}},$$

wo wieder die Summation auf alle Combinationen je eines Primfaktors p mit je einem Primfaktor q zu erstrecken ist. Die Summe im Exponenten ist demnach nichts anderes als das entwickelte Produkt

$$\left(\frac{p-1}{2} + \frac{p'-1}{2} + \frac{p''-1}{2} + \cdots\right) \cdot \left(\frac{q-1}{2} + \frac{q'-1}{2} + \frac{q''-1}{2} + \cdots\right),$$

$$\sum \frac{p-1}{2} \cdot \frac{q-1}{2} = \sum \frac{p-1}{2} \cdot \sum \frac{q-1}{2}.$$

Da hier der erste Faktor, wie gezeigt worden, der Zahl $\frac{P-1}{2}$ (mod. 2) congruent und ähnlich der zweite Faktor der Zahl $\frac{Q-1}{2}$ (mod. 2) congruent ist, so wird der ganze Exponent (mod. 2) dem Produkte $\frac{P-1}{2} \cdot \frac{Q-1}{2}$ congruent, und damit ist die Gleichung (37) bewiesen.

Die genannten Formeln lassen sich noch in etwas verallgemeinern, wenn man mittels der Definitionsgleichung (29b) auch negative Nenner in Betracht zieht. Offenbar bleiben dann die Formeln (31), (32) und (36) auch für den Fall giltig, dass der Nenner P durch $-P$ ersetzt wird. Dagegen ist die Formel (34) für einen negativen Nenner falsch; denn ist $P' = -P$, so würde nach der Definition

$$\left(\frac{-1}{P'}\right) = \left(\frac{-1}{P}\right) = (-1)^{\frac{P'-1}{2}} = (-1)^{\frac{P'+1}{2}},$$

d. i.

$$\left(\frac{-1}{P'}\right) = -(-1)^{\frac{P'-1}{2}} \text{ nicht } = (-1)^{\frac{P'-1}{2}}$$

sein.

Desgleichen gilt die verallgemeinerte Reciprocitätsgleichung zwar noch, wenn eine der Zahlen P, Q negativ ist, nicht jedoch, wenn sie es beide sind. Denn, ist zunächst $P' = -P$, so würde

$$\left(\frac{Q}{P'}\right) \cdot \left(\frac{P'}{Q}\right) = \left(\frac{-1}{Q}\right) \cdot \left(\frac{P}{Q}\right) \left(\frac{Q}{P}\right) = (-1)^{\frac{q-1}{2} + \frac{P-1}{2} \cdot \frac{q-1}{2}},$$

also

$$= (-1)^{\frac{P+1}{2} \cdot \frac{q-1}{2}} = (-1)^{\frac{P'-1}{2} \cdot \frac{q-1}{2}}$$

sein, die Formel (37) also bestehen bleiben. Ist dagegen auch $Q' = -Q$, so findet sich

$$\left(\frac{P'}{Q'}\right) \cdot \left(\frac{Q'}{P'}\right) = \left(\frac{-1}{Q}\right) \cdot \left(\frac{-1}{P}\right) \cdot \left(\frac{P}{Q}\right) \cdot \left(\frac{Q}{P}\right)$$

also gleich

Von den quadratischen Resten.

$$(-1)^{\frac{Q-1}{2}+\frac{P-1}{2}+\frac{P-1}{2}\cdot\frac{Q-1}{2}} = (-1)^{\frac{P+1}{2}\cdot\frac{Q+1}{2}},$$

d. i.

$$\left(\frac{P'}{Q'}\right)\cdot\left(\frac{Q'}{P'}\right) = -(-1)^{\frac{P'-1}{2}\cdot\frac{Q'-1}{2}},$$

eine nicht mit der Formel (37) übereinstimmende Gleichung.

12. An diese Verallgemeinerung der Sätze über quadratische Reste knüpfen wir, zu ihrem Abschlusse, noch eine Bemerkung. Noch sind wir nämlich nicht dazu geführt worden, die dritte Frage definitiv zu entscheiden: **ist eine gegebene ungerade Primzahl q von einer andern ungeraden Primzahl p quadratischer Rest oder Nichtrest?** Das Reciprocitätsgesetz — auch in seiner Verallgemeinerung — giebt uns nur die Möglichkeit, die Frage nach dem quadratischen Charakter einer Zahl bezüglich einer zweiten zurückzuführen auf die umgekehrte. Wir sind nunmehr jedoch auch in der Lage, vermittelst der im Vorigen abgeleiteten Sätze die genannte Aufgabe zu lösen, und zwar **können wir dafür eine sehr einfache Regel angeben, welche Eisenstein**[*]**) aufgestellt hat.**

Sind P und P_1 zwei positive ungerade Zahlen ohne gemeinsamen Theiler, so kann man bekanntlich stets setzen

$$P = QP_1 + R,$$

worin R eine ganze Zahl der Reihe $1, 2, 3, \ldots P_1 - 1$ ist, Q aber, je nach den Werthen von P, P_1 eine gerade oder ungerade Zahl sein kann. Im letzteren Falle könnte man jene Formel aber durch die folgende ersetzen:

$$P = (Q+1)P_1 - (P_1 - R),$$

in welcher nun der Multiplikator von P_1 eine gerade Zahl, der Rest aber zwar negativ, doch wieder seinem absoluten Werthe

---

[*]) Einfacher Algorithmus zur Bestimmung des Werthes von $\left(\frac{a}{b}\right)$, in Crelle's Journal f. d. r. u. a. Mathematik Bd. 27 p. 317. Ganz andere Methoden zu solcher Bestimmung hat Kronecker angegeben; s. Monatsber. der B. A. vom J. 1880 und Sitzungsber. der B. A. v. J. 1884 p. 530.

nach aus der Reihe 1, 2, 3, ... $P_1 - 1$ ist. Allgemein lässt sich daher schreiben:

(38) $$P = 2k_1 \cdot P_1 + \varepsilon_1 \cdot P_2,$$

wobei k_1 eine ganze Zahl, $\varepsilon_1 = \pm 1$ und P_2 eine positive, offenbar ungerade Zahl kleiner als P_1 ist; die letztere kann auch keinen gemeinsamen Theiler mit P_1 haben, da dieser gegen die Voraussetzung auch in P aufgehen, d. i. P und P_1 gemeinsam sein würde. Folglich kann man jetzt eine ähnliche Formel aufstellen:

(38) $$P_1 = 2k_2 \cdot P_2 + \varepsilon_2 \cdot P_3,$$

in welcher k_2 eine ganze Zahl, $\varepsilon_2 = \pm 1$ und P_3 eine positive ungerade Zahl kleiner als P_2 und ohne gemeinsamen Theiler mit P_2 ist, u. s. f. Dies giebt eine Reihe ähnlicher Gleichungen:

(38) $$P_2 = 2k_3 \cdot P_3 + \varepsilon_3 \cdot P_4$$

u. s. f., allgemein

(38) $$P_{i-1} = 2k_i \cdot P_i + \varepsilon_i \cdot P_{i+1};$$

sie ist nothwendig eine endliche Reihe, da die neu entstehenden Zahlen P_2, P_3, P_4, ... eine abnehmende Reihe positiver ganzer Zahlen bilden; keine jener Zahlen aber kann Null werden, ohne dass die nächst vorhergehende Zahl gleich 1 wäre, denn, würde etwa $P_{i+1} = 0$, ohne dass $P_i = 1$ wäre, so hätten P_{i-1} und P_i einen von 1 verschiedenen gemeinsamen Theiler, was der Art der Herleitung jener Gleichungen widerspricht. Die Reihe muss also enden mit zwei Gleichungen von der Form:

(38) $$\begin{cases} P_{n-1} = 2k_n \cdot P_n + \varepsilon_n \cdot P_{n+1} \\ P_n = 2k_{n+1} \cdot P_{n+1} + \varepsilon_{n+1} \cdot P_{n+2}, \end{cases}$$

wo nun $P_{n+2} = 1$ ist.

Denkt man sich dies System (38) von Gleichungen aufgestellt, so lässt sich der Werth des Symbols $\left(\frac{P}{P_1}\right)$ nach folgender Eisenstein'scher Regel sehr leicht bestimmen: Man zähle, wie oft in jenen Gleichungen die beiden aufeinanderfolgenden Zahlen P_i und $\varepsilon_i P_{i+1}$ von der Form $4h + 3$ sind; ist diese Anzahl gleich k, so ist

$$\left(\frac{P}{P_1}\right) = (-1)^k.$$

Die Begründung dieser Regel ergiebt sich unmittelbar durch die in der vorigen Nummer entwickelten Formeln. Nach der ersten Gleichung (38) ist

$$P = \varepsilon_1 P_2 \pmod{P_1},$$

folglich

$$\left(\frac{P}{P_1}\right) = \left(\frac{\varepsilon_1 P_2}{P_1}\right)$$

und hieraus

$$\left(\frac{P}{P_1}\right) \cdot \left(\frac{P_1}{\varepsilon_1 P_2}\right) = \left(\frac{\varepsilon_1 P_2}{P_1}\right) \cdot \left(\frac{P_1}{\varepsilon_1 P_2}\right).$$

Diese Gleichung kann aber nach dem Reciprocitätsgesetze, welches gilt, da eine der beiden Zahlen P_1, $\varepsilon_1 P_2$ wenigstens positiv ist, durch nachstehende einfachere ersetzt werden:

(39) $$\left(\frac{P}{P_1}\right) \cdot \left(\frac{P_1}{P_2}\right) = (-1)^{\frac{P_1-1}{2} \cdot \frac{\varepsilon_1 P_2 - 1}{2}}$$

und ähnlicherweise entstehen die folgenden Gleichungen:

(39) $$\begin{cases} \left(\frac{P_1}{P_2}\right) \cdot \left(\frac{P_2}{P_3}\right) = (-1)^{\frac{P_2-1}{2} \cdot \frac{\varepsilon_2 P_3 - 1}{2}} \\ \quad \cdot \quad \quad \cdot \quad \cdot \quad \cdot \quad \cdot \\ \left(\frac{P_{n-1}}{P_n}\right) \cdot \left(\frac{P_n}{P_{n+1}}\right) = (-1)^{\frac{P_n-1}{2} \cdot \frac{\varepsilon_n P_{n+1} - 1}{2}} \end{cases}$$

Die letzte der Gleichungen (38) giebt zunächst

$$\left(\frac{P_n}{P_{n+1}}\right) = \left(\frac{\varepsilon_{n+1}}{P_{n+1}}\right);$$

jenachdem $\varepsilon_{n+1} = \pm 1$ ist, hat dies Symbol den Werth $+1$ oder $(-1)^{\frac{P_{n+1}-1}{2}}$; da man aber im ersten Falle

$$\frac{\varepsilon_{n+1}-1}{2} = \frac{\varepsilon_{n+1} P_{n+2} - 1}{2}$$

gleich 0, im zweiten gleich -1 hat, kann man jene Gleichung auch, übereinstimmend mit den früheren, so schreiben:

(39) $$\left(\frac{P_n}{P_{n+1}}\right) = (-1)^{\frac{P_{n+1}-1}{2} \cdot \frac{\varepsilon_{n+1} P_{n+2} - 1}{2}}.$$

Werden nun die sämmtlichen Gleichungen (39) in einander multiplicirt, so entsteht links einfach $\left(\frac{P}{P_1}\right)$; denn, da der Werth des Jacobi'schen Symbols stets ± 1 ist, giebt jedes solches Symbol in sich selbst multiplicirt $+1$. Auf den rechten Seiten aber steht überall $+1$, ausgenommen die in der Regel bezeichneten Fälle, in denen gleichzeitig P_i und $\varepsilon_i P_{i+1}$ von der Form $4h+3$ sind, wo dann die rechte Seite den Werth -1 hat. Geschieht dies k mal, so findet sich also in der That

$$\left(\frac{P}{P_1}\right) = (-1)^k.$$

Wird insbesondere diese Regel angewendet auf zwei verschiedene ungerade Primzahlen $P=p$, $P_1=q$, so dient sie zur einfachen Entscheidung des quadratischen Charakters der ersten zur zweiten, womit die Beantwortung der dritten Frage vollständig geleistet ist.

Um an einigen Beispielen die Regel zu erläutern, wählen wir

1) das Symbol $\left(\frac{-286}{4272943}\right)$. Wird zur Abkürzung der Nenner n genannt, so ist das Produkt gleich dem Produkte

$$\left(\frac{-1}{n}\right) \cdot \left(\frac{2}{n}\right) \cdot \left(\frac{143}{n}\right).$$

Der erste Faktor ist -1, da n von der Form $4h+3$, der zweite Faktor ist $+1$, da n von der Form $8h+7$ ist, also ist zunächst der Werth des Symbols gleich

$$-\left(\frac{143}{n}\right).$$

Um letzteres zu ermitteln, stellen wir die Gleichungen (39) auf, welche hier folgende sind:

$$
\begin{aligned}
143 &= 0 \cdot n + 143 \\
n &= 29880 \cdot 143 + 103 \\
143 &= 2 \cdot 103 - 63 \\
103 &= 2 \cdot 63 - 23 \\
63 &= 2 \cdot 23 + 17 \\
23 &= 2 \cdot 17 - 11 \\
17 &= 2 \cdot 11 - 5 \\
11 &= 2 \cdot 5 + 1.
\end{aligned}
$$

Man findet nun $k = 3$, also $\left(\frac{143}{n}\right) = -1$, und demnach

$$\left(\frac{-286}{4272943}\right) = +1.$$

Gauss hat (Diquis. Arithm. art. 328) die Wurzeln der Congruenz

$$x^2 \equiv -286 \pmod{4272943}$$

ermittelt und gefunden

$$x \equiv \pm 1493445.$$

2) Sei zu bestimmen $\left(\frac{773}{343}\right)$. Die hier geltenden Gleichungen (39) lauten:

$$773 = 2 \cdot 343 + 87$$
$$343 = 4 \cdot 87 - 5$$
$$87 = 18 \cdot 5 - 3$$
$$5 = 2 \cdot 3 - 1,$$

woraus $k = 3$, folglich $\left(\frac{773}{343}\right) = -1$ gefunden wird. Die Congruenz

$$x^2 \equiv 773 \pmod{343}$$

ist also unlösbar.

13. Wir kehren nunmehr noch einmal zum Gaussischen Lemma zurück, welches die wesentliche Grundlage des oben für das Reciprocitätsgesetz mitgetheilten Beweises bildet. Eine Verallgemeinerung dieses principiellen Satzes, wie sie zuerst von E. Schering durch eine Mittheilung an die Berliner Akademie[*], sowie durch Kronecker in seinen Universitätsvorlesungen bekannt gegeben worden ist, ist diesen Forschern Anlass geworden, wiederholt auf den dritten Gaussischen Beweis zurückzukommen[**], um ihn nach Möglichkeit zu ver-

---

[*] Monatsberichte der Berliner Akademie vom 22. Juni 1876.
[**] S. E. Schering's Abhandlung in dem 1. Bande der Acta mathematica, sowie seinen Beweis des Reciprocitätsgesetzes in den Göttinger Nachrichten 1879 p. 217; ferner Kronecker in den Monatsber. der Berliner Akademie vom 22. Juni 1876; desgl. seine Abhh.: Beweis des Reciprocitätsgesetzes für die quadratischen Reste, in den Sitzungsber. der Berl. Akad. vom 7. Febr. 1884, Ueber den dritten Gaussischen Beweis etc., 12. Juni 1884 (auch im J. f. d. r. u. a. Math. Bd. 97 p. 93) und Bemerkung zu Hrn. Ernst Schering's Mittheilung, Sitzungsber. vom 5. Febr. 1885.

einfachen und seine eigentliche Quelle, die einfachsten arithmetischen Bestimmungen aufzudecken, aus denen er fliesst. So sind der Schaar der Beweise für das Reciprocitätsgesetz noch einige sehr einfache hinzugefügt worden, und da namentlich die Kronecker'schen Betrachtungen gewissermassen als abschliessend, nämlich als solche bezeichnet werden dürfen, welche volle Einsicht in die Natur und den Zusammenhang der obwaltenden Beziehungen gewähren, wollen wir hier die Lehre von den quadratischen Resten mit der Darlegung der genannten Untersuchungen beschliessen.

Bei dem verallgemeinerten Gaussischen Lemma handelt es sich um zwei ganze Zahlen P, Q, welche nicht mehr Primzahlen zu sein brauchen, die wir aber grösserer Einfachheit wegen von vornherein als positiv, ungerade und ohne gemeinsamen Theiler, übrigens beliebig voraussetzen wollen. Man betrachtet die Produkte

(40) $$1 \cdot Q,\ 2 \cdot Q,\ 3 \cdot Q,\ \cdots \frac{P-1}{2} \cdot Q$$

und ihre absolut kleinsten Reste (mod. P), Zahlen, die also sämmtlich der Reihe

(41) $$\pm 1,\ \pm 2,\ \pm 3,\ \cdots \pm \frac{P-1}{2}$$

angehören. Bezeichnet man allgemein für eine Zahl h aus der Reihe

(42) $$1,\ 2,\ 3,\ \cdots \frac{P-1}{2}$$

den absolut kleinsten Rest von $h \cdot Q$ mit $\pm h'$, der Art, dass

(43) $$hQ \equiv \pm h'\ (\mathrm{mod.}\ P)$$

und auch h' eine Zahl der Reihe (42) ist, so überzeugt man sich genau wie beim Gaussischen Lemma, dass die den sämmtlichen Zahlen h der Reihe (42) entsprechenden Zahlen h' diese ganze Reihe erschöpfen.

Die Anzahl derjenigen h, für welche der absolut kleinste Rest negativ, also in der Congruenz (43) rechts das untere Zeichen zu nehmen ist, werde wieder durch μ, und als die der Zahl Q (mod. P) entsprechende Gaussische Charakteristik bezeichnet. Für ihre Bestimmung, auf welche es beim dritten

Gaussischen Beweise wesentlich ankommt, werden wir naturgemäss auf eine nähere Untersuchung der Bedingungen gewiesen, unter denen in der Congruenz (43) das obere oder untere Vorzeichen eintreten wird.

Wir führen zunächst einige sehr bequeme Bezeichnungen ein. Während, wenn x positiv war, $E(x)$ das grösste Ganze bezeichnete, das in x enthalten ist, verstehen wir gegenwärtig für ein beliebiges x, sei es positiv oder negativ, welches jedoch für das Folgende stets als nicht ganzzahlig angesehen werden darf, darunter die grösste ganze Zahl, welche algebraisch nicht grösser als x ist; mit $G(x)$ bezeichnen wir diejenige ganze Zahl, welche am nächsten an x liegt, und setzen

(44) $$x - G(x) = R(x),$$

sodass stets

$$1 > x - E(x) > 0$$

$$R(x) \text{ absolut } < \frac{1}{2}$$

ist. Ist nämlich

$$x - E(x) < \frac{1}{2},$$

so ist

$$G(x) = E(x)$$

also algebraisch kleiner als x, und folglich

$$0 < R(x) < \frac{1}{2};$$

ist dagegen

$$x - E(x) > \frac{1}{2},$$

so ist

$$G(x) = E(x) + 1$$

also algebraisch grösser als x, und folglich

$$0 > R(x) > -\frac{1}{2}.$$

Bedeutet endlich $[x]$ den Absolutwerth von x, so wird $\frac{x}{[x]}$ nothwendig ± 1 sein, und wir bezeichnen diese positive oder negative Einheit nach Kronecker mit

$$\text{sgn. } x.$$

Man findet sogleich daraus die Beziehung
$$\operatorname{sgn.}(xyz\ldots) = \operatorname{sgn.}x \cdot \operatorname{sgn.}y \cdot \operatorname{sgn.}z \ldots$$

Dies vorausgeschickt, betrachten wir nunmehr den Rest von hQ (mod. P). Heisst r der kleinste positive Rest, der Art, dass man setzen kann:
$$hQ = kP + r = (k+1)P - (P-r),$$
während r eine der Zahlen 1, 2, 3, ... $P-1$ ist, so ist
$$k = E\left(\tfrac{hQ}{P}\right);$$
ist hierbei $r < \tfrac{P}{2}$, so ist es selbst, ist aber $r > \tfrac{P}{2}$, so ist $P-r$ der absolut kleinste Rest von hQ (mod. P) und zugleich wird dem entsprechend
$$G\left(\tfrac{hQ}{P}\right) = k \quad \text{oder} \quad = k+1$$
und $R\left(\tfrac{hQ}{P}\right)$ positiv resp. negativ, d. h.
$$\operatorname{sgn.}R\left(\tfrac{hQ}{P}\right) = +1 \quad \text{oder} \quad = -1$$
sein. Und folglich lässt sich stets die Gleichung aufstellen:

(45) $\qquad hQ = P \cdot G\left(\tfrac{hQ}{P}\right) + h' \cdot \operatorname{sgn.}R\left(\tfrac{hQ}{P}\right)$

und daher auch folgende Congruenz

(46) $\qquad hQ \equiv h' \cdot \operatorname{sgn.}R\left(\tfrac{hQ}{P}\right) \pmod{P}.$

Diese Congruenz bildet nun die Grundlage für alle ferneren Betrachtungen.

Unmittelbar fliesst aus ihr zur Bestimmung der Charakteristik μ nachstehende Gleichung:

(47) $\qquad (-1)^\mu = \operatorname{sgn.}\prod_h R\left(\tfrac{hQ}{P}\right),$

wo das Produkt über alle Zahlen h der Reihe (42) auszudehnen ist.

14. Mit Hilfe derselben beweist man nun ohne grosse Mühe die Verallgemeinerung des Gaussischen Lemma, wie folgt.

Die Zahlen der Reihe (42) können in Classen getheilt werden, indem man in eine und dieselbe Classe alle diejenigen dieser Zahlen zusammenfasst, welche mit P denselben grössten gemeinsamen Theiler haben. Sei d irgend ein Theiler von P, so giebt es in der Reihe

$$1, 2, 3, \ldots P-1,$$

wie in No. 11 des 1. Abschnittes gezeigt worden, genau $\varphi\left(\frac{P}{d}\right)$ Zahlen h, welche mit P den grössten gemeinsamen Theiler d haben, sodass, wenn

$$P = P_1 d, \quad h = h_1 d$$

gesetzt wird, P_1 und h_1 relative Primzahlen sind; da zugleich mit h auch $P-h$ eine solche Zahl ist, finden sich in der Reihe

$$1, 2, 3, \ldots \frac{P-1}{2}$$

$\frac{1}{2}\varphi\left(\frac{P}{d}\right)$, kürzer $\frac{1}{2}\varphi(P_1)$ solcher Zahlen h. Ist aber h eine solche Zahl dieser Reihe, so ist's nach der Congruenz (46) auch h', sodass, wenn $h' = h_1' d$ gesetzt wird, h_1' auch relativ prim ist zu P_1 und die Congruenz (46) übergeht in die folgende:

(48) $$h_1 Q \equiv h_1' \cdot \operatorname{sgn.} R\left(\frac{h_1 Q}{P_1}\right) \pmod{P_1};$$

durchläuft h die ganze Classe der dem Theiler d entsprechenden Zahlen, so wird's h' auch thun, während h_1 und h_1' die Zahlen der Reihe

$$1, 2, 3, \ldots \frac{P_1-1}{2}$$

durchlaufen, welche relativ prim sind zu P_1. Das Produkt aller jener ist daher dem Produkte aller dieser gleich:

$$\prod h_1 = \prod h_1',$$

und gleichfalls relativ prim gegen P_1. Aus der vorstehenden Congruenz gewinnt man demnach dann die Folgerung:

(49) $$Q^{\frac{1}{2}\varphi(P_1)} \equiv \prod_{h_1} \operatorname{sgn.} R\left(\frac{h_1 Q}{P_1}\right) \pmod{P_1},$$

in welcher rechts die Multiplikation über die genannten Zahlen h_1 zu erstrecken ist.

Nach Nr. 21 vor. Abschn. ist aber

$$Q^{\frac{1}{2}\varphi(P_1)} \equiv 1 \pmod{P_1},$$

sobald P_1 aus mehr als einem Primfaktor zusammengesetzt ist. Dagegen ist nach dem Euler'schen Criterium

$$Q^{\frac{1}{2}\varphi(P_1)} \equiv \left(\frac{Q}{p}\right) \pmod{P_1},$$

wenn P_1 Potenz einer einzigen Primzahl, $P_1 = p^a$ ist; denn nach diesem Criterium ist zunächst

$$Q^{\frac{1}{2}(p-1)} \equiv \left(\frac{Q}{p}\right) \pmod{p},$$

d. h.

$$Q^{\frac{p-1}{2}} = \left(\frac{Q}{p}\right) + p \cdot z,$$

woraus mit Rücksicht darauf, dass $\left(\frac{Q}{p}\right) = \pm 1$ ist, durch Erhebung zur p^{ten} Potenz

$$Q^{p \cdot \frac{p-1}{2}} = \left(\frac{Q}{p}\right) + p^2 \cdot z',$$

darauf

$$Q^{p^2 \cdot \frac{p-1}{2}} = \left(\frac{Q}{p}\right) + p^3 \cdot z''$$

u. s. w., endlich

$$Q^{p^{a-1} \cdot \frac{p-1}{2}} = \left(\frac{Q}{p}\right) + p^a \cdot z^{(a-1)},$$

d. h.

$$Q^{\frac{1}{2}\varphi(P_1)} \equiv \left(\frac{Q}{p}\right) \pmod{P_1}$$

sich ergiebt.

Ersetzt man demnach diesen beiden Fällen entsprechend die linke Seite der Congruenz (49) durch die congruenten Zahlen 1 resp. $\left(\frac{Q}{p}\right)$ und bedenkt, dass dann links und rechts nur Einheiten stehen, so ergiebt sich die Gleichheit

$$\prod_{h_1} \text{sgn.} R\left(\frac{h_1 Q}{P_1}\right) = 1 \text{ resp.} = \left(\frac{Q}{p}\right),$$

in welcher das Produkt zur Linken auch durch das andere:

$$\prod_{h} \text{sgn.} R\left(\frac{h Q}{P}\right)$$

ersetzt werden kann, wenn man in diesem die Multiplikation nur auf alle Zahlen h der betrachteten Classe erstreckt.

Wird dagegen nun das über alle Zahlen h der Reihe $1, 2, 3, \ldots \frac{P-1}{2}$ erstreckte Produkt

$$\prod_{h} \text{sgn.} R\left(\frac{h Q}{P}\right)$$

in Betracht gezogen, so kann dasselbe augenscheinlich in Theilprodukte zerlegt werden, entsprechend den oben unterschiedenen Classen von Zahlen h. Dasjenige Theilprodukt, welches auf die dem Theiler d von P entsprechenden Zahlen h sich bezieht, haben wir soeben ermittelt. Um sie daraus alle zu erhalten, müssen wir d sämmtliche Theiler von P durchlaufen lassen, wobei jedoch dann auch $P_1 = \frac{P}{d}$ diese sämmtlichen Theiler durchläuft. Ist P, in Primfaktoren zerlegt,

$$P = p^\alpha \cdot p_1^{\alpha_1} \cdot p_2^{\alpha_2} \cdots,$$

so wird das Theilprodukt, dem vorigen zufolge, nur dann von 1 verschieden sein, wenn P_1 einen der Werthe hat:

$P_1 = p^a$ für $a = 1, 2, \ldots \alpha$
$P_1 = p_1^{a_1}$ für $a_1 = 1, 2, \ldots \alpha_1$
$P_1 = p_2^{a_2}$ für $a_2 = 1, 2, \ldots \alpha_2$

u. s. f., wo es dann resp. gleich

$$\left(\frac{Q}{p}\right), \quad \left(\frac{Q}{p_1}\right), \quad \left(\frac{Q}{p_2}\right), \quad \ldots$$

sein wird, und das Gesammtprodukt wird demnach endlich gegeben durch die Formel:

$$\prod_{h} \text{sgn.} R\left(\frac{h Q}{P}\right) = \left(\frac{Q}{p}\right)^\alpha \cdot \left(\frac{Q}{p_1}\right)^{\alpha_1} \cdot \left(\frac{Q}{p_2}\right)^{\alpha_2} \cdots,$$

d. h. nach der Definition des Jacobi'schen Symbols:

(50) $$\prod_h \operatorname{sgn.} R\left(\tfrac{hQ}{P}\right) = \left(\tfrac{Q}{P}\right).$$

Man findet demnach aus (47)

(51) $$\left(\tfrac{Q}{P}\right) = (-1)^\mu$$

und in dieser Formel haben wir das verallgemeinerte Gaussische Lemma: Ist μ die Anzahl derjenigen (mod. P) genommenen absolut kleinsten Reste der Produkte

$$1\cdot Q,\ 2\cdot Q,\ 3\cdot Q,\ \ldots\ \tfrac{P-1}{2}\cdot Q,$$

welche negativ sind, so ist $\left(\tfrac{Q}{P}\right) = \pm 1$, jenachdem μ gerade oder ungerade ist.

15. Auf Grund dieses verallgemeinerten Gaussischen Lemma oder der mit ihm gleichbedeutenden Formel (50) lässt sich das Reciprocitätsgesetz und zwar sogleich in seiner verallgemeinerten Gestalt auf folgendem, von E. Schering angegebenen Wege bestätigen.

Wird zur Abkürzung die ganze Zahl $G(x)$ mit g bezeichnet, so liegt, wie bemerkt, $x - g$ stets zwischen $\pm \tfrac{1}{2}$:

$$-\tfrac{1}{2} < x - g < +\tfrac{1}{2},$$

und daraus folgen die Ungleichheiten:

$$g < x + \tfrac{1}{2} < g + 1,$$

welche zeigen, dass

$$g = E\left(x + \tfrac{1}{2}\right)$$

ist. Der Ausdruck

$$x + \tfrac{1}{2} - k$$

erhält demnach, wenn x positiv ist und k die ganzen Zahlen

$$1,\ 2,\ 3,\ \ldots\ g$$

durchläuft, nur positive Werthe, wird aber negativ, sobald $k > g$*); dasselbe gilt vom Ausdrucke

$$x - k,$$

---

*) Ist $g = 0$ also $R(x) > 0$, so sind $x + \tfrac{1}{2} - k$ und $x - k$ negativ für jedes positive ganze k.

falls
$$x - y = R(x) > 0$$
ist; dagegen wird er bereits einmal früher negativ, für $k = y$, falls
$$R(x) < 0$$
ist. Die Anzahl der positiven Werthe des ersteren Ausdrucks für alle ganzen positiven Zahlen k — wir nennen dieselbe

$$Ap_k \cdot (x + \tfrac{1}{2} - k)$$

— ist demnach im ersteren Falle gleich, im letzteren um eine Einheit grösser, als die Anzahl der positiven Werthe des zweiten Ausdrucks:

$$Ap_k \cdot (x - k).$$

Hiernach kann gesetzt werden:

(52) $\quad$ sgn. $R(x) = (-1)^{Ap_k \cdot (x + \frac{1}{2} - k) - Ap_k \cdot (x - k)}$,

wobei es offenbar erlaubt ist, die Reihe der Zahlen k nur soweit heranzuziehen, dass sie mindestens die Zahl

$$y = E\left(x + \tfrac{1}{2}\right)$$

in sich enthält.

Wenden wir diese allgemeine Formel auf den Fall an, wo $x = \frac{hQ}{P}$, h aber eine Zahl der Reihe $1, 2, 3, \ldots \frac{P-1}{2}$ ist, so ist $x < \frac{Q}{2}$, $x + \frac{1}{2} < \frac{Q+1}{2}$, und demnach

$$E\left(x + \tfrac{1}{2}\right) \lessgtr \frac{Q-1}{2}.$$

Man findet daher

$$\text{sgn. } R\left(\tfrac{hQ}{P}\right) = (-1)^{Ap_k \cdot \left(\frac{hQ}{P} + \frac{1}{2} - k\right) - Ap_k \cdot \left(\frac{hQ}{P} - k\right)},$$

wenn k die Reihe $1, 2, 3, \ldots \frac{Q-1}{2}$ durchläuft, und folglich

$$\text{sgn.} \prod_h R\left(\tfrac{hQ}{P}\right) = (-1)^{Ap_{h,k} \cdot \left(\frac{hQ}{P} + \frac{1}{2} - k\right) - Ap_{h,k} \cdot \left(\frac{hQ}{P} - k\right)},$$

wenn man mit $\underset{h,k}{Ap}$ die Anzahl der positiven Werthe bezeichnet, welche der zu diesem Zeichen gesetzte Ausdruck annimmt, während

h die Werthe 1, 2, 3, ... $\dfrac{P-1}{2}$,

k die Werthe 1, 2, 3, ... $\dfrac{Q-1}{2}$

durchläuft. Die Anzahl der positiven Werthe eines Ausdrucks ist aber unabhängig davon, in welcher Reihenfolge die Systeme h, k herangezogen werden; man darf daher $\dfrac{Q+1}{2} - k$ für k schreiben, denn zugleich mit k durchläuft diese Differenz die Reihe 1, 2, 3, ... $\dfrac{Q-1}{2}$, nur umgekehrt; so darf man also statt des ersten jener Ausdrücke,

$$\dfrac{hQ}{P} + \dfrac{1}{2} - k,$$

auch den andern:

$$\dfrac{hQ}{P} + k - \dfrac{Q}{2}$$

einsetzen. Andererseits wechseln die Ausdrücke ihr Vorzeichen nicht, wenn man sie mit Q dividirt. Aus diesen Gründen und auf Grund der Formel (50) kann die obige Formel durch die andere ersetzt werden:

$$\left(\dfrac{Q}{P}\right) = (-1)^{\underset{h,k}{Ap} \cdot \left(\dfrac{h}{P} + \dfrac{k}{Q} - \dfrac{1}{2}\right) - \underset{h,k}{Ap} \cdot \left(\dfrac{h}{P} - \dfrac{k}{Q}\right)}.$$

Auf demselben Wege aber findet sich natürlich

$$\left(\dfrac{P}{Q}\right) = (-1)^{\underset{h,k}{Ap} \cdot \left(\dfrac{h}{P} + \dfrac{k}{Q} - \dfrac{1}{2}\right) - \underset{h,k}{Ap} \cdot \left(\dfrac{k}{Q} - \dfrac{h}{P}\right)},$$

und folglich

$$\left(\dfrac{P}{Q}\right) \cdot \left(\dfrac{Q}{P}\right) = (-1)^{\underset{h,k}{Ap} \cdot \left(\dfrac{h}{P} - \dfrac{k}{Q}\right) + \underset{h,k}{Ap} \cdot \left(\dfrac{k}{Q} - \dfrac{h}{P}\right)}.$$

Nun muss aber für jede der $\dfrac{P-1}{2} \cdot \dfrac{Q-1}{2}$ Combinationen der Zahlen h, k entweder der erste oder der zweite Ausdruck in dem Exponenten von -1 positiv sein, jede solche Combination giebt also entweder zur ersten oder zur zweiten

Anzahl eine Einheit, und der Exponent der rechten Seite ist demnach der Anzahl aller Combinationen, d. i. $\frac{P-1}{2} \cdot \frac{Q-1}{2}$ gleich, das allgemeine Reciprocitätsgesetz also bewiesen.

16. Durch eine andere geeignetere Einkleidung desselben Grundgedankens, aus welchem dieser Schering'sche Beweis geflossen ist, ist Kronecker zu einem besonders einfachen Beweise des Legendre'schen Reciprocitätsgesetzes geführt worden.*) Die Bemerkungen, welche wir über die Vorzeichen der Ausdrücke

$$x - k \quad \text{und} \quad x + \tfrac{1}{2} - k$$

gemacht haben, beweisen unmittelbar die Richtigkeit der allgemeinen Formel:

(53) $\quad \operatorname{sgn.} R(x) = \operatorname{sgn.} \prod_{k}(x-k) \cdot (x + \tfrac{1}{2} - k),$

wenn die Multiplikation über alle positiven ganzen Zahlen k bis mindestens $g = E\left(x + \tfrac{1}{2}\right)$ inclusive fortgesetzt wird; im besondern ergiebt sich demnach

$$\operatorname{sgn.} R\left(\tfrac{hQ}{P}\right) = \operatorname{sgn.} \prod_{k}\left(\tfrac{hQ}{P} - k\right) \cdot \left(\tfrac{hQ}{P} + \tfrac{1}{2} - k\right)$$

für $k = 1, 2, 3, \ldots \tfrac{Q-1}{2}$,

eine Formel, welche eine gleiche Umgestaltung zulässt, wie wir sie im vorigen am Exponenten von -1 vollzogen haben, und dann die Gestalt erhält:

(54) $\quad \operatorname{sgn.} R\left(\tfrac{hQ}{P}\right) = \operatorname{sgn.} \prod_{k}\left(\tfrac{h}{P} - \tfrac{k}{Q}\right) \cdot \left(\tfrac{h}{P} + \tfrac{k}{Q} - \tfrac{1}{2}\right).$

Vermittelst derselben geht unsere Grundformel (46) in nachfolgende über:

(55) $\quad hQ \equiv h' \cdot \operatorname{sgn.} \prod_{k}\left(\tfrac{h}{P} - \tfrac{k}{Q}\right)\left(\tfrac{h}{P} + \tfrac{k}{Q} - \tfrac{1}{2}\right) \pmod{P}.$

Durchläuft nun h seine Werthe $1, 2, 3, \ldots \tfrac{P-1}{2}$, womit auch h' dasselbe thut, so ergiebt sich durch Multiplikation:

---

*) Sitzungsber. vom 7. Febr. 1884, II.

$$Q^{\frac{P-1}{2}} \cdot \prod h \equiv \prod h' \cdot \operatorname{sgn}. \prod_{h,k}\left(\tfrac{h}{P} - \tfrac{k}{Q}\right)\left(\tfrac{h}{P} + \tfrac{k}{Q} - \tfrac{1}{2}\right)$$

(mod. P),

wo die Multiplikation zur Rechten auf alle Combinationen der angegebenen Werthe von h und k sich erstreckt.

Für den Fall zweier ungeraden Primzahlen

$$P = p, \quad Q = q$$

lässt diese Congruenz sich durch das gleiche Produkt

$$\prod h = \prod h',$$

weil es zu p relativ prim ist, dividiren. Andererseits ist nach dem Euler'schen Criterium, welches hier der einzige Hilfssatz ist, dessen man bedarf,

$$q^{\frac{p-1}{2}} \equiv \left(\tfrac{q}{p}\right) \,(\text{mod. } p),$$

und so entsteht hier aus der vorigen Congruenz die Gleichung:

(56) $\quad \left(\tfrac{q}{p}\right) = \operatorname{sgn}. \prod\limits_{h,k}\left(\tfrac{h}{p} - \tfrac{k}{q}\right)\cdot\left(\tfrac{h}{p} + \tfrac{k}{q} - \tfrac{1}{2}\right)$

für $\begin{cases} h = 1, 2, 3, \ldots \tfrac{p-1}{2} \\ k = 1, 2, 3, \ldots \tfrac{q-1}{2}, \end{cases}$

eine Gleichung, welche das Gaussische Lemma vertritt und als eine besonders geeignete Umformung desselben zu erachten ist; denn auf gleiche Weise findet man offenbar

$$\left(\tfrac{p}{q}\right) = \operatorname{sgn}. \prod_{h,k}\left(\tfrac{k}{q} - \tfrac{h}{p}\right)\cdot\left(\tfrac{h}{p} + \tfrac{k}{q} - \tfrac{1}{2}\right)$$

und die Vergleichung dieses Ausdrucks mit dem vorigen giebt unmittelbar:

$$\left(\tfrac{p}{q}\right)\cdot\left(\tfrac{q}{p}\right) = (-1)^{\frac{p-1}{2}\cdot\frac{q-1}{2}}$$

d. i. das Legendre'sche Reciprocitätsgesetz.

17. Es leuchtet ein, dass diese Betrachtung auf Grund des verallgemeinerten Gaussischen Lemma, d. h. wenn man sich der Formel (50) bedienen will, statt der Formel (56), d. i. einer neuen Bestimmungsweise des Legendre'schen Symbols, durch nachstehende Formel:

$$(57) \quad \left(\frac{Q}{P}\right) = \operatorname{sgn.} \prod_{h,k} \left(\frac{h}{P} - \frac{k}{Q}\right) \cdot \left(\frac{h}{P} + \frac{k}{Q} - \frac{1}{2}\right)$$

$$\text{für} \begin{cases} h = 1, 2, 3, \ldots \frac{P-1}{2} \\ k = 1, 2, 3, \ldots \frac{Q-1}{2} \end{cases}$$

sogleich die entsprechende Bestimmung des Jacobi'schen Symbols und damit das verallgemeinerte Reciprocitätsgesetz herbeiführen würde. Aber Kronecker hat gezeigt, dass diese Formel durch eine sehr viel einfachere ersetzt werden kann, nach welcher

$$(58) \quad \left(\frac{Q}{P}\right) = \operatorname{sgn.} \prod_{h,k} \left(\frac{k}{Q} - \frac{h}{P}\right)$$

ist. Die Zurückführung jener Gleichung auf diese Form kann unmittelbar geschehen*) durch folgende Erwägung.

In dem Produkte

$$\prod \left(\frac{h}{P} + \frac{k}{Q} - \frac{1}{2}\right)$$

sind von den Faktoren, welche einer bestimmten Zahl h entsprechen, alle diejenigen negativ, in denen k eine der Zahlen von 1 bis $E\left(\frac{Q}{2} - \frac{hQ}{P}\right)$ einschliesslich ist, die späteren werden positiv; jener Zahl h entsprechen also $E\left(\frac{Q}{2} - \frac{hQ}{P}\right)$ negative Faktoren, und demnach hat das Produkt genau soviel negative Faktoren, als die Summe

$$\sum_h E\left(\frac{Q}{2} - \frac{hQ}{P}\right)$$

für $h = 1, 2, 3, \ldots \frac{P-1}{2}$

beträgt; es ist daher

---

*) A. a. O. No. III.

$$\operatorname{sgn.}\prod_{h,k}\left(\frac{k}{Q}+\frac{h}{P}-\frac{1}{2}\right)=(-1)^{\sum_h E\left(\frac{Q}{2}-\frac{hQ}{P}\right)}.$$

Nun folgt aus der Gleichung

$$hQ = P \cdot G\left(\frac{hQ}{P}\right) + h' \cdot \operatorname{sgn.} R\left(\frac{hQ}{P}\right)$$

zuerst, dass

$$\frac{Q}{2} - \frac{hQ}{P} = \frac{Q-1}{2} - G\left(\frac{hQ}{P}\right) + \left(\frac{1}{2} \pm \frac{h'}{P}\right),$$

also

$$E\left(\frac{Q}{2} - \frac{hQ}{P}\right) = \frac{Q-1}{2} - G\left(\frac{hQ}{P}\right)$$

und

$$\sum_h E\left(\frac{Q}{2} - \frac{hQ}{P}\right) = \frac{P-1}{2} \cdot \frac{Q-1}{2} - \sum_h G\left(\frac{hQ}{P}\right)$$

ist; andererseits liefert sie, als Congruenz (mod. 2) aufgefasst,

$$G\left(\frac{hQ}{P}\right) \equiv h - h' \pmod{2},$$

also

$$\sum_h G\left(\frac{hQ}{P}\right) \equiv \sum h - \sum h' \equiv 0 \pmod{2},$$

woraus

$$\sum_h E\left(\frac{Q}{2} - \frac{hQ}{P}\right) \equiv \frac{P-1}{2} \cdot \frac{Q-1}{2} \pmod{2}$$

und demnach

$$\operatorname{sgn.}\prod_{h,k}\left(\frac{h}{P}+\frac{k}{Q}-\frac{1}{2}\right)=(-1)^{\frac{P-1}{2}\cdot\frac{Q-1}{2}}$$

hervorgeht. Diese Beziehung verwandelt aber in der That, wie gezeigt werden sollte, die Formel (57) in die einfachere Formel (58).

Die wahre Quelle dieser letztern jedoch hat Kronecker in einer andern Abhandlung[*]) angezeigt, und es ist ohne Zweifel sehr bemerkenswerth, dass sie gerade in denjenigen einfachen Sätzen zu erblicken ist, aus denen der dritte Gaussische Beweis sich entwickelt; zugleich erhält dieser

---

[*]) Sitzungsber. vom 12. Juni 1884.

Bewcis selbst mit solcher Herleitung einer Formel, welche das Reciprocitätsgesetz unmittelbar erkennen lässt, seine denkbar einfachste Gestalt.*)

I. Nach der Bedeutung des Zeichens $E(x)$ ist allgemein für jedes nicht ganzzahlige x

$$x = E(x) + \xi,$$

wo

$$0 < \xi < 1.$$

Daraus folgt, so oft Q eine ganze Zahl ist,

$$Q - x = Q - E(x) - 1 + \xi',$$

wo $\xi' = 1 - \xi$ ebenfalls positiv und kleiner als 1 ist, mit andern Worten:

$$E(Q - x) = Q - E(x) - 1$$

oder

(59) $$E(x) + E(Q - x) = Q - 1.$$

II. Ferner findet sich

$$2x = 2E(x) + 2\xi,$$

und demnach, wenn $\xi < \frac{1}{2}$, d. h. $R(x) > 0$ ist,

$$E(2x) = 2E(x) \text{ also gerade,}$$

wenn aber $\xi > \frac{1}{2}$, d. h. $R(x) < 0$ ist,

$$E(2x) = 2E(x) + 1 \text{ also ungerade.}$$

Aus diesen zwei, im Art. 4 der betreffenden Abhandlung (Op. II pag. 1) enthaltenen Gaussischen Grundgedanken folgt unmittelbar

$$\text{sgn. } R(x) = (-1)^{E(2x)}$$

oder auch, nach (59), so oft Q ungerade, also $Q - 1$ gerade ist,

$$\text{sgn. } R(x) = (-1)^{E(Q-2x)}.$$

Demnach kann man auch nach Belieben

---

*) Kronecker hat in einer Notiz in den Sitzungsber. der Berl. Ak. v. J. 1885 noch eine sehr einfache Darstellung dieses Gaussischen Beweises gegeben, die einen etwas andern Ausgangspunkt nimmt; der Kürze wegen muss hier darauf verwiesen werden.

oder
$$\text{sgn. } R\left(\frac{hQ}{P}\right) = (-1)^{E\left(\frac{2hQ}{P}\right)}$$

oder

$$\text{sgn. } R\left(\frac{hQ}{P}\right) = (-1)^{E\left(\frac{(P-2h)Q}{P}\right)}$$

setzen. Durchläuft nun h die Zahlenreihe 1, 2, 3, ... $\frac{P-1}{2}$, so ist zuerst $h < \frac{P}{4}$, also $2h$ eine gerade Zahl der genannten Zahlenreihe; in diesem Falle wählen wir die erste der vorigen Bestimmungen. Wird aber $h > \frac{P}{4}$, also $2h > \frac{P}{2}$, so ist $P - 2h$ eine ungerade Zahl jener Reihe, und dann wählen wir die zweite der vorigen Bestimmungen. Offenbar erfüllen aber jene geraden Zahlen $2h$ und diese ungeraden Zahlen $P-2h$ die gesammte Reihe 1, 2, 3, ... $\frac{P-1}{2}$, und wenn man demnach das Produkt

$$\prod_h R\left(\frac{hQ}{P}\right)$$

bildet und die Vorzeichen seiner successiven Faktoren nach der getroffenen Wahl zum Ausdrucke bringt, so findet sich einfach

$$\text{sgn.} \prod_h R\left(\frac{hQ}{P}\right) = (-1)^{\sum_h E\left(\frac{hQ}{P}\right)}.$$

Nun bemerke man nur noch, dass ersichtlich der Ausdruck

$$\frac{k}{Q} - \frac{h}{P}$$

für ein bestimmtes h solange negativ ist, als die ganze Zahl $k < \frac{hQ}{P}$, so findet man sofort

$$\text{sgn.} \prod_k \left(\frac{k}{Q} - \frac{h}{P}\right) = (-1)^{E\left(\frac{hQ}{P}\right)}$$

und folglich

$$\text{sgn.} \prod_{h,k} \left(\frac{k}{Q} - \frac{h}{P}\right) = (-1)^{\sum_h E\left(\frac{hQ}{P}\right)},$$

d. h.

(60) $$\operatorname{sgn.} \prod_h R\binom{hQ}{P} = \operatorname{sgn.} \prod_{h,k}\left(\frac{k}{Q} - \frac{h}{P}\right).$$

Soweit gilt alles, wie beschaffen die positiven ungeraden Zahlen P und Q auch sind, und daher würde das verallgemeinerte Gaussische Lemma oder die Formel (50) sogleich uns die Bestimmung des Jacobi'schen Symbols durch die Gleichung (58) ergeben. Zur Darstellung des dritten Gaussischen Beweises aber haben wir nun unter P, Q zwei Primzahlen p, q zu verstehen. In diesem Falle führt dann die Congruenz (46), wenn sie für alle Zahlen $h = 1, 2, 3, \ldots \frac{p-1}{2}$ gebildet wird, genau wie beim vorigen Kronecker'schen Beweise allein mit Hilfe des Euler'schen Criteriums zu der Folgerung:

$$\left(\frac{q}{p}\right) = \operatorname{sgn.} \prod_{h,k}\left(\frac{k}{q} - \frac{h}{p}\right)$$

für $\begin{cases} h = 1, 2, 3, \ldots \frac{p-1}{2} \\ k = 1, 2, 3, \ldots \frac{q-1}{2}, \end{cases}$

eine Formel, die an Stelle des Gaussischen Lemma steht und, mit der analogen:

$$\left(\frac{p}{q}\right) = \operatorname{sgn.} \prod_{h,k}\left(\frac{h}{p} - \frac{k}{q}\right)$$

verglichen, ohne weiteres das Legendre'sche Reciprocitätsgesetz ergiebt.

18. Alle diese Betrachtungen, welche darauf zielen, für das Symbol $\left(\frac{Q}{P}\right)$ oder das einfachere $\left(\frac{q}{p}\right)$ Ausdrücke herzuleiten, wie die im verallgemeinerten Gaussischen Lemma oder den ihm gleichbedeutenden Formeln (50), (57), (58) von uns gegebenen, geeignet, das Reciprocitätsgesetz erkennen zu lassen, sind nur als Abarten oder Umgestaltungen des dritten Gaussischen Beweises anzusehen. Kronecker hat ihnen nun aber auch eine solche Richtung zu geben verstanden[*]),

---

[*]) Mittheilung vom 22. Juni 1876 § 3, sowie diejenige vom 7. Febr. 1884 No. IV.

dass sich aus ihnen ein neuer Beweis des Reciprocitätsgesetzes entwickeln lässt, welcher besonders darin bemerkenswerth ist, dass er gewissermassen dem ersten Gaussischen Beweise an die Seite tritt. Wir können es uns nicht versagen, zum Schluss auch diesen Beweis hier noch mitzutheilen.

Seinen Ausgangspunkt bildet der Kronecker'sche Ausdruck

(61) $$(Q, P) = \operatorname{sgn.} \prod_{h,k} \left(\frac{k}{Q} - \frac{h}{P}\right)$$

für $h = 1, 2, 3, \ldots \frac{P-1}{2}$, $k = 1, 2, 3, \ldots \frac{Q-1}{2}$,

welchen wir zur Abkürzung durch das Symbol (Q, P) bezeichnet haben; und seine Methode besteht darin, aus diesem Ausdrucke selbst durch Entwicklung seiner Eigenschaften den Nachweis zu führen, dass er mit dem Jacobi'schen Symbole $\left(\frac{Q}{P}\right)$ identisch ist.

Unmittelbar erkennt man aus dem Ausdrucke die Reciprocitätsgleichung:

(62) $$(P, Q) \cdot (Q, P) = (-1)^{\frac{P-1}{2} \cdot \frac{Q-1}{2}},$$

nicht weniger einfach auch die Beziehung

(63) $$(Q, P) = (-1)^{\sum_h E\left(\frac{hQ}{P}\right)}.$$

Ist Q' eine zweite positive, ungerade und zu P relativ prime Zahl, so wird entsprechend

$$(Q', P) = (-1)^{\sum_h E\left(\frac{hQ'}{P}\right)}$$

sein. Wenn aber Q, Q' einander (mod. P) congruent sind:

$$Q \equiv Q' \pmod{P},$$

so sind sie's auch (mod. $2P$), und man findet sehr leicht

$$E\left(\frac{hQ'}{P}\right) \equiv E\left(\frac{hQ}{P}\right) \pmod{2},$$

also auch

$$\sum_h E\left(\frac{hQ'}{P}\right) \equiv \sum_h E\left(\frac{hQ}{P}\right),$$

woraus sogleich

(64) $$(Q, P) = (Q', P)$$
hervorgeht.

Ist dagegen
$$Q \equiv -Q' \pmod{P}$$
also auch $\pmod{2P}$, so findet sich ebenso leicht
$$E\left(\tfrac{hQ'}{P}\right) \equiv 1 + E\left(\tfrac{hQ}{P}\right) \pmod{2},$$
also
$$\sum_h E\left(\tfrac{hQ'}{P}\right) \equiv \tfrac{P-1}{2} + \sum_h E\left(\tfrac{hQ}{P}\right),$$
woraus sogleich die Beziehung

(65) $$(Q, P) = (Q', P) \cdot (-1)^{\tfrac{P-1}{2}}$$
hervorgeht.

Beachtet man ferner, dass aus der Congruenz (43), wenn r den kleinsten positiven Rest von $hQ \pmod{P}$ bedeutet, je nach dem Vorzeichen $r = h'$ oder $r = P - h'$ sich findet, während nach (59)
$$E\left(\tfrac{h'Q'}{P}\right) + E\left(\tfrac{(P-h')Q'}{P}\right) = Q' - 1$$
ist, so wird

entweder $\quad E\left(\tfrac{rQ'}{P}\right) = E\left(\tfrac{h'Q'}{P}\right)$

oder $\quad E\left(\tfrac{rQ'}{P}\right) \equiv E\left(\tfrac{h'Q'}{P}\right) \pmod{2}$

sein. Aus der leicht zu bestätigenden Gleichung
$$E\left(\tfrac{hQQ'}{P}\right) = Q' \cdot E\left(\tfrac{hQ}{P}\right) + E\left(\tfrac{rQ'}{P}\right)$$
folgt mit Rücksicht hierauf jedenfalls
$$E\left(\tfrac{hQQ'}{P}\right) \equiv E\left(\tfrac{hQ}{P}\right) + E\left(\tfrac{h'Q'}{P}\right) \pmod{2}.$$

Durchläuft aber h seine Werthe $1, 2, 3, \ldots \tfrac{P-1}{2}$, so thut's auch h', und folglich findet sich kraft dieser Congruenz und der Gleichung (63) ohne weiteres:

(66) $$(QQ', P) = (Q, P) \cdot (Q', P).$$

Nach der Reciprocitätsgleichung (62) folgen die Gleichungen:

$$(Q, P) \cdot (P, Q) = (-1)^{\frac{P-1}{2} \cdot \frac{Q-1}{2}}$$

$$(Q', P) \cdot (P, Q') = (-1)^{\frac{P-1}{2} \cdot \frac{Q'-1}{2}}$$

$$(QQ', P) \cdot (P, QQ') = (-1)^{\frac{P-1}{2} \cdot \frac{QQ'-1}{2}};$$

werden die beiden ersteren in einander multiplicirt und mit der letzteren verglichen, so lehrt die zuletzt gefundene Beziehung im Verein mit der Congruenz

$$\frac{QQ'-1}{2} \equiv \frac{Q-1}{2} + \frac{Q'-1}{2} \pmod{2}$$

die neue Beziehung:

(67) $\qquad (P, QQ') = (P, Q) \cdot (P, Q').$

19. Aus der Reihe der so gewonnenen Eigenschaften des Symbols (Q, P) können wir nunmehr seine Identität mit dem verallgemeinerten Legendre'schen Symbole $\left(\frac{Q}{P}\right)$ erweisen.

Die letzte Beziehung lehrt sogleich, dass diese Identität sicherlich stattfindet,

(68) $\qquad (Q, P) = \left(\frac{Q}{P}\right),$

sobald für jede ungerade Primzahl p das Symbol mit dem einfachen Legendre'schen identisch, also

(69) $\qquad (Q, p) = \left(\frac{Q}{p}\right)$

ist. Dies letztere suchen wir nachzuweisen.

Wir könnten es erreichen, indem wir die fundamentale Congruenz in der Form (55) und das Euler'sche Criterium zu Hilfe nähmen; jedoch würden wir mit dem letzteren schon das eigentliche Gebiet der quadratischen Reste verlassen; viel interessanter ist's, dass sich zeigen lässt, wie man, ganz wie der erste Gaussische Beweis, durch Betrachtungen zum Ziele gelangen kann, welche innerhalb dieses Gebietes sich bewegen. Wir brauchen uns zu diesem Vorhaben sehr beachtenswerther Weise nur, statt auf das Euler'sche Criterium, auf jenen andern Gaussischen Hilfssatz*) zu stützen, durch

---

*) Disquis. arithmet. art. 129.

welchen wesentlich auch der erste Gaussische Beweis ermöglicht wird, und welcher folgendermassen lautet:

Ist ϖ eine Primzahl von der Form $8h + 1$, so giebt es unterhalb ϖ eine ungerade Primzahl, von welcher ϖ quadratischer Nichtrest ist.

Zu seinem Beweise bemerken wir, dass für alle Primzahlen dieser Form, deren kleinste die Zahl 17 ist, $\sqrt{\varpi} > 4$, also gewiss $\varpi > 2\sqrt{\varpi} + 1$ ist. Wählt man demnach $l = E(\sqrt{\varpi})$, so ist $2l + 1$ eine ungerade Zahl kleiner als ϖ, und die Zahl

$$L = 1 \cdot 2 \cdot 3 \cdots (2l + 1)$$

besteht, ausser aus der Zwei, nur aus Primfaktoren, welche $< \varpi$. Wäre nun ϖ quadratischer Rest von allen Primzahlen, welche kleiner sind als ϖ, so würde, da $\varpi = 8h + 1$, also zugleich auch quadratischer Rest für jede Potenz von 2 ist, den Sätzen der No. 4 zufolge, die Congruenz

$$z^2 \equiv \varpi \pmod{L}$$

erfüllbar sein, und es gäbe daher eine positive, ersichtlich zu L relativ prime Zahl k, so beschaffen, dass

$$k^2 \equiv \varpi \pmod{L}$$

ist. Demnach würde auch

$$k(\varpi - 1^2)(\varpi - 2^2) \cdots (\varpi - l^2) \equiv k(k^2 - 1^2) \cdots (k^2 - l^2),$$

d. i.

$$\equiv (k + l)(k + l - 1) \cdots (k + 1) k (k - 1) \cdots (k - l) \pmod{L}$$

sein. Nach No. 8 des ersten Abschnitts ist aber die rechte Seite der Congruenz durch den Modulus L theilbar, denn der Quotient kann geschrieben werden wie folgt:

$$\frac{1 \cdot 2 \cdot 3 \cdot 4 \ldots (k + l - 1)(k + l)}{1 \cdot 2 \cdot 3 \ldots (k - l - 1) \cdot 1 \cdot 2 \cdot 3 \ldots (2l + 1)},$$

wo

$$k + l = (k - l - 1) + (2l + 1)$$

ist. Dasselbe gilt also auch von der linken Seite, und da k relativ prim ist gegen L, auch von dem Produkte

$$(\varpi - 1^2) \cdot (\varpi - 2^2) \cdots (\varpi - l^2).$$

Da nun der Modulus auch folgendermassen sich schreiben lässt:

$$(l+1) \cdot \big((l+1)^2 - 1^2\big) \cdot \big((l+1)^2 - 2^2\big) \cdots \big((l+1)^2 - l^2\big),$$

so würde demnach

$$\frac{1}{l+1} \cdot \frac{\omega - 1^2}{(l+1)^2 - 1^2} \cdot \frac{\omega - 2^2}{(l+1)^2 - 2^2} \cdots \frac{\omega - l^2}{(l+1)^2 - l^2}$$

eine ganze Zahl sein müssen, während doch, nach der Wahl von l, jeder der Quotienten, aus denen das Produkt besteht, ein echter Bruch ist. Dieser Widerspruch zeigt die Unmöglichkeit der Annahme und beweist damit den Satz.

20. Gehen wir nun zu unserm Nachweise über. Aus der Formel (66) ergiebt sich zunächst, wenn $P = p$ und $Q' = Q$ darin gesetzt wird, jederzeit

$$(Q^2, p) = 1,$$

insbesondere also auch

$$(1, p) = 1.$$

Ist demnach R quadratischer Rest (mod. p), der Art, dass eine Congruenz besteht

$$Q^2 \equiv R \;(\text{mod. } p),$$

so findet sich aus dem soeben Bewiesenen in Verbindung mit der Formel (64) sogleich auch

$$(R, p) = 1,$$

d. h.

$$(R, p) = \left(\frac{R}{p}\right).$$

Hiernach kann das Symbol (Q, p) nur dann gleich -1 sein, wenn Q ein quadratischer Nichtrest von p ist. Ist es aber für eine Zahl $Q = M$ gleich -1, so wird es dasselbe auch für jeden quadratischen Nichtrest $Q = N$ (mod. p) sein; denn, da MN alsdann ein quadratischer Rest ist, erhalten die Symbole (M, p) und (N, p) nach der Formel

$$(MN, p) = (M, p) \cdot (N, p)$$

gleiches Vorzeichen, man findet also

$$(N, p) = -1,$$

d. h.

$$(N, p) = \left(\frac{N}{p}\right).$$

Alles gipfelt demnach in dem Nachweise, dass eine Zahl M vorhanden ist, für welche
$$(M, p) = -1$$
ist.

1) Für Primzahlen von der Form $p = 4k + 3$ folgt dies ganz einfach aus der für $M \equiv -M' \pmod{p}$ geltenden Formel
$$(M, p) = (M', p) \cdot (-1)^{\frac{p-1}{2}}.$$
Man wähle $M' = 1$, $M = 2p - 1$, so wird sogleich
$$(M, p) = (1, p) \cdot (-1)^{\frac{p-1}{2}} = -1.$$

2) Ist p von der Form $8k + 5$, so hat $\frac{1}{2}(p+1)$ die Form $4k + 3$; setzt man also $M = \frac{1}{2}(p+1)$, so ist $p \equiv -1$ (mod. M) und nach derselben Hilfsformel also
$$(p, M) = (1, M) \cdot (-1)^{\frac{M-1}{2}} = -1$$
und wegen der Reciprocitätsgleichung auch
$$(M, p) = -1.$$

3) Bei der letzten nun noch möglichen Classe der Primzahlen von der Form $8k + 1$ wollen wir annehmen, für jede dieser Primzahlen, welche kleiner sind als eine Primzahl ϖ derselben Form, sei eine Zahl M von der angegebenen Art wirklich vorhanden. Dem schon bewiesenen Satze zufolge stimmt dann das Symbol (Q, p) für jede Primzahl kleiner als ϖ mit dem Symbole $\left(\frac{Q}{p}\right)$ überein. Der voraufgeschickte Hilfssatz gestattet uns aber, eine unterhalb ϖ liegende Primzahl p anzugeben, von welcher ϖ quadratischer Nichtrest ist. Nach der letzten Bemerkung ist also
$$(\varpi, p) = \left(\frac{\varpi}{p}\right) = -1,$$
und nunmehr folgt aus der Reciprocitätsgleichung (62) sogleich, dass
$$(M, \varpi) = -1$$

ist, wenn man $M = p$ wählt. Es giebt also auch noch für die Primzahl ϖ — und da dieser Induktionsschluss beliebig wiederholt werden kann, für jede Primzahl von der Form $8k + 1$ eine Zahl M von der angegebenen Art.

Nach alle diesem ist also die Identität des Symbols (Q, p) mit dem Legendre'schen, also auch die Identität des Symbols (Q, P) mit dem Jacobi'schen Symbole erwiesen, worauf dann die Reciprocitätsgleichung (62) zwischen (P, Q) und (Q, P) unmittelbar in die Formel des Reciprocitätsgesetzes übergeht.

Vierter Abschnitt.

Die quadratischen Formen.

1. Die zweite Hauptfrage in der Theorie der quadratischen Reste, von welchen Moduln eine gegebene Zahl quadratischer Rest resp. Nichtrest sei, haben wir im Vorigen durch Betrachtungen erledigt, welche jener Theorie selbst entnommen waren. Man kann dieselbe jedoch auch einer anderen Theorie von sehr beträchtlichem Umfange und dem bedeutendsten Interesse zurechnen, zu welcher wir nunmehr übergehen wollen.

Wir haben schon oft Zahlen von einer bestimmten Form hervorzuheben oder von anderen einer davon verschiedenen Form zu unterscheiden gehabt, z. B. die Zahlen von der Form $4h + 1$ von denjenigen der Form $4h + 3$ u. a. Darunter sind also Zahlen zu verstehen, welche aus einem gemeinsamen Ausdrucke entstehen, indem einer — oder mehreren — darin enthaltenen Unbestimmten (im angeführten Falle der Unbestimmten h) alle möglichen ganzzahligen Werthe beigelegt werden. Solche Formen sind nun in der höheren Arithmetik von dem äussersten Interesse. Z. B. kommt die Frage, ob eine Zahl n von einer Zahl m quadratischer Rest sei oder nicht, d. i. ob die Congruenz $x^2 \equiv n$ (mod. m) möglich sei oder nicht, offenbar auf die andere zurück, ob die Form $x^2 - n$ Zahlen enthalte, d. i. ob durch diese Form vermittelst geeigneter ganzzahliger Werthe der Unbestimmten x Zahlen darstellbar sind, welche durch m theilbar sind, oder ob nicht. Im erstern Falle wird m ein Theiler jener Form genannt, und folglich ist die zweite Hauptfrage in der Theorie der quadratischen Reste mit der andern gleichbedeutend: welches sind die Theiler der Form $x^2 - n$? Hier gilt nun zunächst die einfache Bemerkung, dass diese Theiler übereinstimmen mit den Theilern der homogenen Form $t^2 - nu^2$, wenn t, u zwei Unbestimmte bedeuten, denen nur relativ prime Werthsysteme beigelegt werden sollen. In der That enthält offenbar diese Form, da sie mit der ersteren identisch wird, wenn $t = x$, $u = 1$ gesetzt wird, alle Zahlen der ersteren, und hat daher auch ihre Theiler. Andererseits, wenn m ein Theiler der Form $t^2 - nu^2$ ist, muss u jedenfalls relativ prim zu m sein, weil jeder Primfaktor, der m und u gemeinsam wäre, nothwendig auch in t aufgehn müsste; hieraus folgt aber die Möglichkeit, eine ganze Zahl v so zu bestimmen, dass $uv \equiv 1$ (mod. m) wird, und wenn man dann jene Form mit der ersichtlich zu m relativ primen Zahl v^2 multiplicirt, so wird offenbar der Ausdruck

$$v^2(t^2 - nu^2) \equiv x^2 - n \ (\text{mod. } m)$$

sein, indem man unter x den Werth vt versteht; folglich ist m auch ein Theiler der Form $x^2 - n$. — Wir gelangen so zu der Frage: welches sind die Theiler der Form $t^2 - nu^2$? Und diese werden wir gelöst haben, sobald uns die andere Untersuchung gelingt, die sämmtlichen Zahlen anzugeben, welche durch jene Form darstellbar sind.

Das so uns entgegentretende Problem von der Darstellung einer Zahl durch eine homogene Form zweiten Grades veranlasst uns, die Theorie der sogenannten binären quadratischen Formen hier anzuschliessen, eine Theorie, welche nur eine erste Stufe ist zu einem unermesslich ausgedehnten Gebiete der Mathematik, der Lehre von den homogenen Formen überhaupt, welche uns aber selbst schon so reichen Stoff zur Untersuchung bieten wird, dass wir bei ihr allein hinfort stehen bleiben wollen.

Man nennt in der Zahlentheorie quadratische Form jede homogene ganze Funktion zweiter Dimension von zwei oder mehreren Unbestimmten, deren Coefficienten ganze Zahlen sind, und unterscheidet nach der Anzahl der Unbestimmten diese Formen in binäre, ternäre, quaternäre

quadratische Formen u. s. w. Da wir hier ausschliesslich auf binäre quadratische Formen uns beschränken müssen, werden wir immer kurz solche Formen blos quadratische nennen. Sie haben demnach zum allgemeinen Ausdrucke:
$$ax^2 + bxy + cy^2.$$
Jedoch werden wir den Coefficienten b stets als eine gerade Zahl voraussetzen, ein Fall, auf welchen der andere, wo b ungerade ist, und welcher grössere Umstände verursachen würde, sich leicht zurückführen lässt, und werden daher den mittleren Coefficienten lieber mit $2b$ bezeichnen. Unter einer quadratischen Form verstehen wir mithin im Folgenden jeden Ausdruck
$$ax^2 + 2bxy + cy^2,$$
in welchem a, b, c ganze Zahlen sind. Wenn es nur darauf ankommt, die Coefficienten einer solchen Form hervorzuheben, nicht aber darauf, welche Werthe man augenblicklich den Unbestimmten beilegen will, so bezeichnet man jene Form auch wohl durch das abkürzende Zeichen:
$$(a, b, c).$$

Zwei verschiedene Fälle können sich darbieten: entweder haben die drei Coefficienten a, b, c der Form einen gemeinsamen, von 1 verschiedenen Theiler d, oder nicht. In jenem Falle nennt man die Form eine abgeleitete (derivata), in diesem Falle eine primitive Form; denn eine Form der ersten Gattung wird offenbar, wenn d den grössten gemeinsamen Theiler von a, b, c bedeutet und dann $a = da'$, $b = db'$, $c = dc'$ gesetzt werden, aus der primitiven Form (a', b', c') entstehen oder abgeleitet werden, indem man diese mit d multiplicirt. Aber auch die primitiven Formen zerfallen noch wieder in zwei Arten, jenachdem nämlich die Zahlen a, $2b$, c den grössten gemeinsamen Theiler 2 haben, oder ohne gemeinsamen Theiler sind. Die letztere Art nennt man eigentlich primitiv oder Formen der ersten Art, jene uneigentlich primitiv oder von der zweiten Art. Der grösseren Einfachheit wegen werden wir im Folgenden vollständig auf die eigentlich primitiven Formen, an denen die Theorie ihren klarsten Ausdruck findet, uns beschränken.

2. Die Theorie der quadratischen Formen hat sich von der Aufgabe aus entwickelt, die auch wir hier als die Hauptfrage behandeln werden: Durch eine gegebene quadratische Form (a, b, c) eine gleichfalls gegebene ganze Zahl m — wenn möglich — darzustellen, d. h. die unbestimmte Gleichung

(1) $$ax^2 + 2bxy + cy^2 = m$$

in ganzen Zahlen x, y aufzulösen.

Schon Fermat verdanken wir einige ausgezeichnet schöne hierauf bezügliche Sätze, z. B. den Satz, dass jede Primzahl p von der Form $4h + 1$ als Summe zweier Quadratzahlen darstellbar, d. i. dass die Gleichung

$$x^2 + y^2 = p$$

auflösbar ist. Die Versuche, welche Euler unternahm, Fermat's Sätze zu beweisen*), haben dann auch diesen Forscher bereits zur Untersuchung quadratischer Formen geführt. Doch waren es eigentlich erst Lagrange und nach ihm Legendre, welche die Theorie dieser Formen begründet haben, und darauf hat Gauss in seinen Disquisitiones Arithmeticae eine bewundernswerth vollständige systematische Entwicklung ihrer Eigenschaften gegeben, welche bis in die tiefsten Gründe der überaus interessanten und bis dahin fast neuen Lehre gedrungen ist, sodass seitdem kaum noch ein neues Gebiet derselben entdeckt worden ist. Nur durch die Untersuchungen von Dirichlet, welcher zuerst durch Einführung analytischer Gesichtspunkte die Zahlentheorie mit der höheren Analysis auf das engste verbunden und so die sogenannte Classenanzahl der quadratischen Formen bestimmt und andere ähnliche, schon von Gauss gestellte Fragen zum Abschluss gebracht hat, haben die Gaussischen Arbeiten eine sehr wesentliche Ergänzung gefunden. Diese Untersuchungen liegen ausserhalb des Rahmens unseres, nur auf die elementareren Theile der Theorie beschränkten Werkes. Aber auch diese lassen

---

*) Vgl. zu dem angeführten Satze Euler's Abh. demonstratio theorematis Fermatiani, omnem numerum primum formae $4n + 1$ esse summam duorum quadratorum, in Nov. Commentar. Petrop. V p. 3, oder in Commentat. arithmet. collectae I p. 210.

sich auf Grund von Principien, welche von Dirichlet in der Lehre von den complexen Einheiten, oder von Kummer zur Definition der idealen Primfaktoren in Anwendung gebracht worden sind, sehr willkommener Weise vereinfachen, und, wie uns scheint, vervollkommnen; denn, indem man so die Transformation der quadratischen Formen gleicherweise wie die Kettenbrüche, auf welche beide die genannten früheren Forscher die Lehre von den quadratischen Formen gegründet haben, umgehen kann, vermeidet man, Betrachtungen zu Hilfe zu ziehen, welche ihrer Natur nach nicht eigentlich arithmetisch, sondern, wie die erstere, der Algebra, die letztern, aus unendlichen Ausdrücken bestehenden, der Analysis zugehörig sind. Wir werden im Folgenden die Theorie der quadratischen Formen durchaus von dem Gesichtspunkte aus betrachten, dass die Darstellbarkeit einer Zahl durch eine quadratische Form den eigentlichen Quell der Entwicklung ausmache. Statt die algebraische Transformation einer quadratischen Form zu Hilfe zu nehmen, wird sie im Gegentheil so sich uns als Corollar einfachster arithmetischer Sätze über quadratische Formen ergeben.

Wir vereinfachen nun zunächst das schwierige Problem von der Darstellung einer Zahl durch eine quadratische Form mittels folgender Bemerkung:

Wenn x, y eine ganzzahlige Lösung der unbestimmten Gleichung (1) darstellen, bei welcher x, y einen von 1 verschiedenen grössten gemeinsamen Theiler d haben, so muss offenbar d^2 in m aufgehen, und wenn dann $m = d^2 \cdot m'$, $x = dx'$, $y = dy'$ gesetzt werden, bilden x', y' eine Lösung der Gleichung

$$ax'^2 + 2bx'y' + cy'^2 = m'$$

in ganzen, relativ primen Zahlen x', y'; umgekehrt liefert jede Darstellung der Zahl m' durch die Form (a, b, c) mittels relativ primer Werthe x', y' auch eine Darstellung von m mittels solcher Werthe x, y, die den grössten gemeinsamen Theiler d haben, indem man $x = dx'$, $y = dy'$ setzt. Man nennt Darstellungen mittels relativ primer Werthe eigentliche, alle andern uneigentliche Darstellungen. Nach der voraufgehenden Bemerkung kommen die uneigentlichen

Darstellungen einer Zahl m durch die Form (a, b, c) auf die eigentlichen Darstellungen derjenigen Zahlen m' durch dieselbe Form zurück, welche aus m entstehen, wenn man durch die quadratischen Theiler von m dividirt. Hiernach dürfen wir uns bei der Behandlung unserer Aufgabe auf die Aufsuchung der eigentlichen Darstellungen beschränken, d. i. x, y als relative Primzahlen voraussetzen.

3. Dies vorausgeschickt, können wir die Gleichung (1), wenn nicht beide äussere Coefficienten a und c gleich Null sind — ein Fall, der sogleich für sich erledigt werden soll — indem wir sie mit einem dieser äusseren Coefficienten, der nicht Null ist, etwa mit a, multipliciren, durch folgende andere ersetzen:
$$a(ax^2 + 2bxy + cy^2) = am,$$
der auch diese Gestalt gegeben werden kann:

(2) $\qquad (ax + by)^2 - (b^2 - ac) \cdot y^2 = am.$

Die hier auftretende Verbindung der Coefficienten, $b^2 - ac$, ist eine für die ganze Theorie der Formen äusserst wichtige, geradezu bestimmende Grösse, und aus diesem Grunde ist sie von Gauss Determinante der Form (a, b, c) genannt worden; wir werden sie stets mit D bezeichnen, also setzen:

(3) $\qquad D = b^2 - ac.$

Je nach dem Werthe, welchen die Determinante hat, kann die Natur der quadratischen Form eine wesentlich verschiedene sein.

Ist nämlich erstens D gleich Null oder allgemeiner gleich einer positiven Quadratzahl, worin der Fall $D = 0$ einbegriffen werden kann, ist also
$$D = d^2,$$
so nimmt die Gleichung (2) die Gestalt an:
$$(ax + by + dy) \cdot (ax + by - dy) = am.$$
In diesem Falle sind die etwa vorhandenen Darstellungen von m durch (a, b, c), d. i. die etwa möglichen ganzzahligen Auflösungen der Gleichung leicht zu finden. Denn, ist $am = hk$ irgendeine Zerlegung von am in zwei Faktoren, so hat man

nur für eine jede solche die etwaigen ganzzahligen Lösungen der beiden linearen Gleichungen

$$ax + by + dy = h$$
$$ax + by - dy = k$$

aufzusuchen, um alle Darstellungen zu finden. In diesem Falle — welcher, als hiermit erledigt, von der ferneren Betrachtung ganz ausgeschlossen werden soll, da in ihm die quadratische Form keine wesentlich quadratische ist, sondern in das Produkt zweier rationalen Formen ersten Grades zerfällt — ist ersichtlich auch der vorher ausgeschlossene mit enthalten, wenn gleichzeitig $a = 0$ und $c = 0$ ist; denn dann ist $D = b^2$, und die quadratische Form ist $2bxy$; die zu lösende Gleichung nimmt daher die Gestalt an:

$$2bxy = m,$$

welche nach derselben Regel wie zuvor, wenn möglich, aufgelöst werden kann.

Hat man z. B. die Gleichung

$$3x^2 - 14xy + 16y^2 = 15,$$

so findet sich $D = 1$, und die Gleichung kann in die Form

$$(3x - 6y)(3x - 8y) = 45$$

übergeführt werden. Den Zerlegungen der Zahl 45 in zwei Faktoren:

$$45 = 1 \cdot 45 = 5 \cdot 9$$

entsprechen keine ganzzahligen Auflösungen; den Zerlegungen

$$45 = 3 \cdot 15 = 9 \cdot 5 = 15 \cdot 3 = 45 \cdot 1$$

entsprechen beziehungsweise die Auflösungen

$$x = -11, \quad y = -6$$
$$x = 7, \quad y = 2$$
$$x = 17, \quad y = 6$$
$$x = 59, \quad y = 22.$$

Nun wären noch die Zerlegungen von 45 in je zwei negative Faktoren zu betrachten; offenbar erhält man aber die zugehörigen Auflösungen, indem man die vorigen Systeme x, y mit entgegengesetzten Vorzeichen nimmt.

Ist zweitens die Determinante negativ,
$$D = -\varDelta,$$
wo nun $\varDelta$ eine positive ganze Zahl bedeutet, ein Fall, in welchem weder a noch c Null sein kann, so wird die Gleichung (2) folgende Form gewinnen:
$$(ax + by)^2 + \varDelta y^2 = am.$$
Folglich muss am positiv sein, sobald nicht beiden Unbestimmten x, y der Werth Null beigelegt wird, was stets ausgeschlossen werden darf, da wir uns auf relativ prime x, y beschränken wollen. Durch eine Form (a, b, c) von negativer Determinante können also nur solche Zahlen dargestellt werden, welche dasselbe Vorzeichen haben wie a; insbesondere muss daher auch der zweite äussere Coefficient c, welcher mittels der Werthe $x = 0$, $y = 1$ durch die Form dargestellt wird, dieses Vorzeichen haben; und in der That würde nach Gleichung (3) D positiv werden, sobald a und c entgegengesetzte Vorzeichen hätten. Dieses Umstandes wegen nennt man die Formen von negativer Determinante, welche nur Zahlen eines bestimmten Vorzeichens die Darstellung gestatten, bestimmte Formen und theilt sie in zwei Classen: die positiven und die negativen Formen, jenachdem die beiden äusseren Coefficienten positiv oder negativ sind, weil je nach diesen beiden Fällen nur positive oder nur negative Zahlen resp. einer Darstellung durch die Form geniessen. Z. B. würde die Form $(3, -6, 17)$ eine positive, die Form $(-3, 6, -17)$ eine negative Form sein, denn ihre Determinante ist dieselbe negative Zahl:
$$6^2 - 3 \cdot 17 = -15.$$
Ist endlich drittens die Determinante eine positive, jedoch von einem Quadrate verschiedene Zahl, was wieder bedingt, dass keine der Zahlen a, c Null sein kann, so lässt sich die Gleichung (2) folgendermassen schreiben:

(4) $\quad (ax + by + y\sqrt{D})(ax + by - y\sqrt{D}) = am,$

d. h. die quadratische Form ist in diesem Falle in zwei, zwar irrationelle, aber reelle Factoren ersten Grades zerlegbar. Durch solche Formen können nun

Zahlen eines beliebigen Vorzeichens dargestellt werden. Denn der Gleichung (2) gemäss wird am positiv oder negativ werden, jenachdem $ax + by$ numerisch grösser oder kleiner ist als $y\sqrt{D}$. Das erstere ist, wie auch y gewählt werde, offenbar dadurch zu erreichen, dass x hinreichend gross gewählt wird; um aber das zweite zu erreichen, wähle man y zunächst so gross, dass a numerisch kleiner ist als $y\sqrt{D}$; da man dann x so wählen kann, dass $ax + by$ numerisch kleiner oder doch wenigstens nicht grösser wird als a, wozu man offenbar für x nur eine der beiden ganzen Zahlen zu nehmen braucht, zwischen denen $\dfrac{-by}{a}$ liegt, so ist es dann um so mehr auch kleiner als $y\sqrt{D}$. — Eine Form mit positiver Determinante wird aus dieser Ursache, indem man aus dem oben angegebenen Grunde von denjenigen Formen, deren Determinante eine positive Quadratzahl ist, gänzlich absieht, im Gegensatz zu den bestimmten Formen eine **unbestimmte** genannt. Solche Form wäre z. B. die Form $(3, -7, 4)$, deren Determinante $7^2 - 3 \cdot 4 = 37$ positiv ist.

4. Wie beschaffen nun aber auch die Determinante einer quadratischen Form sei, ob positiv oder negativ, so können, wie wir hier von vornherein zeigen wollen, ehe wir näher auf das Problem der Darstellung selbst eingehen, **durch eine gegebene eigentlich primitive Form (a, b, c) stets Zahlen eigentlich dargestellt werden, welche dasselbe Vorzeichen haben wie a und zu einer gegebenen Zahl n relativ prim sind.**

Denn, ist p irgend ein ungerader Primfaktor von n, so sind entweder beide äussere Coefficienten a, c durch p theilbar, dann aber sicherlich der mittlere Coefficient b nicht; oder es ist einer der äusseren Coefficienten, etwa a, nicht theilbar durch p. Im ersteren Falle wird der Ausdruck

$$ax^2 + 2bxy + cy^2$$

offenbar nicht theilbar durch p, wenn man x, y selbst als nicht theilbar durch p voraussetzt; im zweiten Falle geschieht es, wenn y durch p theilbar, x dagegen als nicht theilbar durch p vorausgesetzt wird. Desgleichen wird der Ausdruck, in welchem nach der Voraussetzung wenigstens einer der äusseren Coefficienten ungerade ist, selbst ungerade, wenn diejenige der Unbestimmten x, y ungerade vorausgesetzt wird, welche jenem ungeraden Coefficienten zugehört, die andere gerade. Hiernach wird die Form (a, b, c) offenbar zu n relativ prim, wenn jede der beiden Zahlen x, y so gewählt wird, dass sie nach gewissen Primfaktoren von n den Rest 0, nach anderen dieser Primfaktoren einen von 0 verschiedenen Rest, z. B. den Rest 1 lassen, und solchen Congruenzbedingungen zu genügen, ist, wie in No. 9 des zweiten Abschnitts gezeigt worden ist, allezeit möglich.

Ist aber $x = \xi$, $y = \eta$ ein solches Werthsystem, so ist $x = \xi + zn$, $y = \eta$ gleichfalls eins, und man kann z so gross wählen, dass $ax + b\eta$ numerisch grösser als $\eta\sqrt{D}$, d. h. dass
$$a[a(\xi + zn)^2 + 2b(\xi + zn)\eta + c\eta^2]$$
positiv und folglich
$$a(\xi + zn)^2 + 2b(\xi + zn)\eta + c\eta^2$$
von gleichem Vorzeichen wird wie a. Sollten hierbei die Zahlen $x = \xi + zn$, $y = \eta$ einen grössten gemeinsamen Theiler d haben, so würden $\dfrac{\xi + zn}{d}$, $\dfrac{\eta}{d}$ zwei relative Primzahlen sein, welche, für x, y gesetzt, der Form (a, b, c) einen Werth geben, der allen gestellten Anforderungen genügt.

Im Folgenden darf deshalb, wenn es beliebt, vorausgesetzt werden, dass die durch eine eigentlich primitive Form darzustellende Zahl m relative Primzahl zu $2D$ ist, eine Voraussetzung, welche bisweilen zur wesentlichen Vereinfachung der Betrachtungen dienlich ist.

5. Wir untersuchen nun die Frage, wann eine gegebene Zahl m durch eine gegebene eigentlich primitive Form (a, b, c) eigentlich, d. i. mittels relativ primer Werthe x, y darstellbar ist, und versuchen alle diese Darstellungen zu ermitteln.

Sei also $x = \alpha$, $y = \gamma$ ein System relativ primer Zahlen, mittels deren m durch die Form (a, b, c) dargestellt wird, so dass also

(5) $$a\alpha^2 + 2b\alpha\gamma + c\gamma^2 = m$$

oder
(5) $$(a\alpha + b\gamma)\alpha + (b\alpha + c\gamma)\gamma = m$$
ist. Hieraus folgen zunächst die beiden Gleichungen:
$$(a\alpha + b\gamma)^2 - D\gamma^2 = am$$
$$(b\alpha + c\gamma)^2 - D\alpha^2 = cm.$$

Man kann ferner zwei ganze Zahlen β, δ auf unendlich viel Weisen (s. No. 8 zweiten Abschnitts) so bestimmen, dass die Gleichung
(6) $$\alpha\delta - \beta\gamma = 1$$
erfüllt wird; für ein solches System β, δ setzen wir den Ausdruck
(7) $$(a\alpha + b\gamma)\beta + (b\alpha + c\gamma)\delta = n.$$
Man überzeugt sich ohne Mühe, dass diese Zahl n eine Lösung der Congruenz
(8) $$x^2 \equiv D \pmod{m}$$
ist. Denn schreibt man die Differenz $n^2 - D$ in folgender Form:
$$[(a\alpha + b\gamma)\beta + (b\alpha + c\gamma)\delta]^2 - D \cdot (\alpha\delta - \beta\gamma)^2,$$
so lässt sie sich leicht umgestalten in die andere:
$$[(a\alpha + b\gamma - \gamma\sqrt{D})\beta + (b\alpha + c\gamma + \alpha\sqrt{D})\delta]$$
$$\cdot [(a\alpha + b\gamma + \gamma\sqrt{D})\beta + (b\alpha + c\gamma - \alpha\sqrt{D})\delta]$$
$$= m(a\beta^2 + 2b\beta\delta + c\delta^2)$$
und lehrt, dass in der That $n^2 \equiv D \pmod{m}$ ist.

Setzt man daher
(9) $$\frac{n^2 - D}{m} = m_1,$$
so kann man den obigen Gleichungen noch die folgende hinzufügen:
(10) $$m_1 = a\beta^2 + 2b\beta\delta + c\delta^2$$
oder
(10) $$(a\beta + b\delta)\beta + (b\beta + c\delta)\delta = m_1.$$

Man findet hieraus zunächst den fundamentalen Satz: Damit eine Zahl m durch die quadratische Form (a, b, c) von der Determinante D eigentlich darstellbar ist, muss D quadratischer Rest von m sein. Es ist indessen sogleich hier hervorzuheben, dass diese Bedingung für die Darstellbarkeit der Zahl m zwar nothwendig, keineswegs aber, wie später sich herausstellen wird, auch ausreichend ist.

Wenn jedoch m durch (a, b, c) mittels α, γ wirklich darstellbar ist, so bestehen nach dem obigen folgende Gleichungen:

(11) $\begin{cases} a\alpha^2 + 2b\alpha\gamma + c\gamma^2 = m \\ (a\alpha + b\gamma)\beta + (b\alpha + c\gamma)\delta = n \\ a\beta^2 + 2b\beta\delta + c\delta^2 = m_1 \\ \alpha\delta - \beta\gamma = 1, \end{cases}$

in denen n eine Wurzel der Congruenz (8) und m_1 durch die Formel (9) bestimmt ist. Statt β, δ kann nun auf unzählige Weisen ein anderes, der letzten Gleichung genügendes System, allgemein das System

$$\beta' = \beta + \alpha z, \quad \delta' = \delta + \gamma z,$$

worin z eine unbestimmte ganze Zahl ist, eingesetzt werden. Geschieht dies, so geht der Werth n über in den folgenden:

$$n' = (a\alpha + b\gamma)\beta' + (b\alpha + c\gamma)\delta'$$
$$= (a\alpha + b\gamma)\beta + (b\alpha + c\gamma)\delta + z[(a\alpha + b\gamma)\alpha + (b\alpha + c\gamma)\gamma]$$
$$= n + z \cdot m;$$

der neue Werth, der aus gleichen Erwägungen auch eine Lösung der Congruenz (8) sein muss, ist folglich (mod. m) congruent mit n, d. i. er repräsentirt dieselbe Wurzel jener Congruenz, wie n, und durch passende Wahl der unbestimmten ganzen Zahl z kann man offenbar es bewirken, dass n' **irgendwelche** der zu n congruenten Lösungen der Congruenz (8) wird. Wählt man also nach einander alle Systeme β, δ, welche die letzte der Gleichungen (11) erfüllen, so durchläuft n alle Lösungen von (8), welche die eine bestimmte Wurzel dieser Congruenz ausmachen. Demnach ist die Darstellung α, γ — unabhängig von der willkürlichen Auswahl der Zahlen β, δ — durch diese Congruenzwurzel wesentlich charakterisirt, und diese Thatsache wollen wir dadurch ausdrücken, dass wir sagen:

Jede eigentliche Darstellung von m durch die Form (a, b, c) *gehört* zu einer bestimmten Wurzel der Congruenz (8), oder sie ist durch die Gleichungen (11) *charakterisirt*, in denen unter n eine bestimmte Wurzel jener Congruenz zu verstehen ist.

Aus den Gleichungen (5), (6), (7) finden sich noch leicht die folgenden:

(12) $\quad a\alpha + b\gamma = m\delta - n\gamma, \quad b\alpha + c\gamma = -m\beta + n\alpha,$

welche als Congruenzen (mod. m) auch so geschrieben werden können:

(13) $\quad \begin{cases} a\alpha + b\gamma + n\gamma \equiv 0 \\ b\alpha + c\gamma - n\alpha \equiv 0 \end{cases}$ (mod. m)

und die Wurzel n leicht finden lassen. — Wenn übrigens γ und m einen grössten gemeinsamen Theiler d haben, so muss dieser auch in a aufgehn; alsdann bestimmt die erste dieser Congruenzen den Rest der Wurzel n zwar unzweideutig in Bezug auf den Modulus $\frac{m}{d}$, denn sie ist mit der folgenden gleichbedeutend:

$$\frac{a\alpha + b\gamma}{d} \equiv -n \cdot \frac{\gamma}{d} \left(\text{mod. } \frac{m}{d}\right);$$

sie ist jedoch nicht geeignet, den Rest jener Wurzel auch bezüglich der in d aufgehenden Faktoren zu bestimmen, hierzu dient dann vielmehr die zweite jener Congruenzen, nach welcher sich findet:

$$n \equiv b \;(\text{mod. } d).$$

Z. B. ist offenbar die Zahl a selbst durch die Form (a, b, c) darstellbar, indem man $\alpha = 1$, $\gamma = 0$ setzt. Da hier γ durch a theilbar ist, muss die Wurzel, zu welcher diese Darstellung gehört, nach dem eben Bemerkten bestimmt werden, und sie ergiebt sich durch die Beziehung

$$n \equiv b \;(\text{mod. } a).$$

6. **Dem Vorigen zufolge kann man alle möglichen eigentlichen Darstellungen einer Zahl m durch die nämliche Form je nach den Congruenzwurzeln, zu denen sie gehören, in Gruppen theilen**, indem man zwei Darstellungen, wenn es deren giebt, in dieselbe

Gruppe nimmt oder nicht, jenachdem sie zu derselben Wurzel gehören oder nicht.

Betrachten wir dann zwei verschiedene derselben Darstellungsgruppe angehörige Darstellungen α, γ und α', γ' der Zahl m durch die Form (a, b, c) dergestalt, dass dieselben den Congruenzen

1. $a\alpha + b\gamma \equiv -n\gamma$,   2. $a\alpha' + b\gamma' \equiv -n\gamma'$
3. $b\alpha + c\gamma \equiv n\alpha$,   4. $b\alpha' + c\gamma' \equiv n\alpha'$

(mod. m)

Genüge leisten, so ergiebt sich aus den beiden ersten die erste, aus den beiden letzten die zweite der folgenden Congruenzen:

$$a(\alpha\gamma' - \alpha'\gamma) \equiv 0, \quad c(\alpha\gamma' - \alpha'\gamma) \equiv 0 \text{ (mod. } m\text{)}.$$

Wenn man aber die erste jener vier Congruenzen mit der letzten multiplicirt und davon das Produkt der beiden mittleren subtrahirt, erhält man nach einigen leichten Reduktionen die folgende:

$$2(b^2 - ac) \cdot (\alpha\gamma' - \alpha'\gamma) \equiv 0 \text{ (mod. } m\text{)},$$

welche, mit den beiden vorigen zusammen, erfordert, dass $\alpha\gamma' - \alpha'\gamma$ durch m theilbar ist; denn durch jede einzelne der in m enthaltenen Primzahlen darf wenigstens einer der drei Coefficienten a, $2b$, c, welche ohne gemeinsamen Theiler vorausgesetzt sind, und folglich wenigstens einer der drei Multiplikatoren a, c, $2(b^2 - ac)$ nicht theilbar sein.

Wir heben an dieser Stelle die wichtige Eigenschaft der Form $x^2 - Dy^2$ hervor, welche durch nachstehende identische Gleichung ausgedrückt wird:

(F) $(x^2 - Dy^2) \cdot (x'^2 - Dy'^2) = (xx' - Dyy')^2 - D \cdot (xy' - x'y)^2.$

Mehrfach werden wir von ihr Gebrauch zu machen haben; hier benutzen wir sie, um folgende Gleichung zu schreiben:

$$[(a\alpha + b\gamma)^2 - Dy^2] \cdot [(a\alpha' + b\gamma')^2 - Dy'^2]$$
$$= [(a\alpha + b\gamma)(a\alpha' + b\gamma') - D\gamma\gamma']^2 - D \cdot [a(\alpha\gamma' - \alpha'\gamma)]^2.$$

Da nun nach der Annahme die linke Seite dieser Gleichung gleich $(am)^2$, das subtractive Glied auf der rechten aber, dem zuvor Bewiesenen zufolge, durch $(am)^2$ theilbar ist,

Die quadratischen Formen. 179

so muss dies auch das erste Quadrat zur Rechten sein. Demnach sind die beiden Werthe

(14) $\quad t = \dfrac{(a\alpha + b\gamma)(a\alpha' + b\gamma') - D\gamma\gamma'}{am}, \quad u = \dfrac{\alpha\gamma' - \alpha'\gamma}{m}$

zwei ganze Zahlen, und zwar zwei solche, welche der Gleichung

(15) $\quad\quad\quad\quad t^2 - Du^2 = 1$

Genüge leisten. Und wenn die zweite mit $\sqrt{D}$ multiplicirt und zur ersten addirt wird, ergiebt sich mit Rücksicht auf die Gleichung

$$am = (a\alpha + b\gamma)^2 - D\gamma^2$$
$$= (a\alpha + b\gamma + \gamma\sqrt{D}) \cdot (a\alpha + b\gamma - \gamma\sqrt{D})$$

ohne Mühe die Beziehung:

(16) $\quad a\alpha' + b\gamma' + \gamma'\sqrt{D} = (a\alpha + b\gamma + \gamma\sqrt{D}) \cdot (t + u\sqrt{D})$,

aus welcher aber auch rückwärts die Werthe für t, u wiedergefunden werden können, wenn man die rationalen Theile und die Coefficienten von $\sqrt{D}$, wie es geschehen muss, einzeln auf beiden Seiten einander gleichsetzt.

Hieraus schliesst man, dass je zwei verschiedene Darstellungen derselben Zahl m durch die gegebene Form, welche zu derselben Darstellungsgruppe gehören, durch die Gleichung (16) mit einander verbunden sind.

Man schliesst aber auch leicht umgekehrt, dass, wenn t, u zwei ganze Zahlen sind, welche der Gleichung (15) genügen, die Werthe α', γ', welche sich aus (16) ergeben, eine Darstellung der Zahl m durch die Form (a, b, c) liefern, welche zu derselben Congruenzwurzel gehört, wie die Darstellung α, γ. Da nämlich die Gleichung (16) bestehen bleibt, wenn man $\sqrt{D}$ in $-\sqrt{D}$ verwandelt, so ergiebt sich aus der Multiplikation der so entstehenden Gleichung mit der genannten einerseits:

$a\alpha'^2 + 2b\alpha'\gamma' + c\gamma'^2 = (a\alpha^2 + 2b\alpha\gamma + c\gamma^2) \cdot (t^2 - Du^2) = m$,

d. h. m wird durch (a, b, c) mittels der Werthe $x = \alpha'$, $y = \gamma'$ dargestellt. Andererseits leitet man aus den, durch Trennung des Rationalen vom Irrationalen in der Gleichung (16) entstehenden Gleichungen

$$\text{(17)} \quad \begin{cases} a\alpha' + b\gamma' = (a\alpha + b\gamma)t + D\gamma u \\ \gamma' = (a\alpha + b\gamma)u + \gamma t \end{cases}$$

sofort folgende Beziehungen ab:

1. $\quad \alpha' = \alpha t - (b\alpha + c\gamma)u$
2. $\quad b\alpha' + c\gamma' = (b\alpha + c\gamma)t - D\alpha u$
3. $\quad a\alpha' + b\gamma' + n\gamma' = (a\alpha + b\gamma)t + D\gamma u$
   $\qquad\qquad\qquad\qquad + (a\alpha + b\gamma)un + \gamma t n$
4. $\quad b\alpha' + c\gamma' - n\alpha' = (b\alpha + c\gamma)t - D\alpha u$
   $\qquad\qquad\qquad\qquad - n\alpha t + (b\alpha + c\gamma)un,$

von denen die dritte und vierte, als Congruenzen (mod. m) aufgefasst, folgendermassen sich schreiben lassen:

$$\begin{aligned} a\alpha' + b\gamma' + n\gamma' &\equiv (a\alpha + b\gamma + n\gamma)\cdot(t+nu) \\ b\alpha' + c\gamma' - n\alpha' &\equiv (b\alpha + c\gamma - n\alpha)\cdot(t+nu) \end{aligned} \quad \text{(mod. } m)$$

und zeigen, dass die Ausdrücke

$$a\alpha' + b\gamma' + n\gamma', \quad b\alpha' + c\gamma' - n\alpha'$$

für dieselbe Wurzel n der Congruenz (8) der Null congruent werden, wie die beiden Ausdrücke

$$a\alpha + b\gamma + n\gamma, \quad b\alpha + c\gamma - n\alpha.$$

Hieraus erhält man folgenden sehr eleganten Satz:

Alle Darstellungen der Zahl m durch die Form (a, b, c), welche derselben Darstellungsgruppe angehören, erhält man aus irgend einer von ihnen vermittelst der Gleichung (16), in welcher t, u alle ganzzahligen Lösungen der unbestimmten Gleichung (15) vorstellen. Diese Gleichung ist unter dem Namen der Pell'schen Gleichung bekannt.

7. Die sämmtlichen ganzzahligen Auflösungen dieser Gleichung zu finden ist daher von der grössten Wichtigkeit. Sehr einfach ist die Lösung dieser Aufgabe in dem Falle, wo $D = -\varDelta$ eine negative Zahl ist; denn die Gleichung

$$t^2 + \varDelta u^2 = 1,$$

d. i. die Zerlegung von 1 in zwei nicht negative Summanden, ist nur so möglich, dass der eine Summand gleich 1, der andere Null ist; und $\varDelta u^2$ kann offenbar nur in dem einzigen

Falle der Einheit gleich werden, wenn $\varDelta$ selbt gleich 1 ist. Daher hat die Pell'sche Gleichung für eine negative Determinante im allgemeinen nur zwei Auflösungen, nämlich $t = \pm 1$, $u = 0$; für die negative Determinante $D = -1$ jedoch vier, nämlich $t = \pm 1$, $u = 0$ und $t = 0$, $u = \pm 1$.

Bevor wir zu der ungleich schwierigeren Frage für eine positive Determinante übergehen, schliessen wir hieran noch die Lösung der Aufgabe, alle möglichen eigentlichen Darstellungen einer gegebenen Zahl m durch eine gegebene Form (a, b, c) von negativer Determinante zu finden. Es handelt sich also um die Auflösung der Gleichung
$$(ax + by)^2 + \varDelta y^2 = am.$$
Man setze nun für y der Reihe nach die ganzen Zahlen 0, 1, 2, 3, ... und bilde die Differenz
$$am - \varDelta y^2$$
solange, als dieselbe nicht negativ wird; wird dieselbe für keinen jener Werthe einer Quadratzahl gleich, so ist m nicht darstellbar durch die Form (a, b, c). Wird aber z. B. für $y = \gamma$ die Differenz gleich einer Quadratzahl z^2:
$$am - \varDelta \gamma^2 = z^2,$$
so versuche man eine ganze Zahl x zu finden, welche einer der beiden Gleichungen
$$ax + b\gamma = +z$$
$$ax + b\gamma = -z$$
Genüge leistet; jede Lösung $x = \alpha$ einer dieser Gleichungen giebt zusammen mit $y = \gamma$ eine Darstellung α, γ der Zahl m durch die Form (a, b, c) und man stellt sogleich fest, ob es eine eigentliche Darstellung ist oder nicht, indem man den grössten gemeinsamen Theiler von α, γ bestimmt. Hat man diese Operation für jede Zahl γ, welche $am - \varDelta \gamma^2$ zu einer Quadratzahl macht, durchgeführt, so kennt man alle eigentlichen Darstellungen mit positivem γ, und findet hieraus ersichtlich die übrigen, indem man beide Zahlen α, γ mit entgegengesetzten Vorzeichen nimmt. Von den so erhaltenen

Darstellungen gehören immer vier, resp. zwei derselben Darstellungsgruppe an und man findet die zugehörigen Congruenzwurzeln leicht mit Hilfe der Congruenzen (13).

Um z. B. die möglichen Darstellungen der Zahl 23 durch die Form $(2, -3, 7)$ mit der negativen Determinante -5 zu finden, schreibe man die Gleichung
$$(2x - 3y)^2 = 46 - 5y^2;$$
für $y = 0, 1, 2, 3$ findet sich
$$46 - 5y^2 \text{ gleich } 46, 41, 26, 1 \text{ resp.},$$
dann wird die Differenz negativ; also ist $\gamma = 3$ der einzige Werth, welcher sie zu einer Quadratzahl macht:
$$46 - 5\gamma^2 = 1.$$
Nun setze man zuerst
$$2x - 3\gamma = +1;$$
dies giebt eine ganzzahlige Auflösung $x = 5$; desgleichen findet sich $x = 4$, wenn
$$2x - 3\gamma = -1$$
gesetzt wird. Man erhält also im ganzen vier offenbar eigentliche Darstellungen:

$$\alpha = 4, \quad \gamma = 3; \quad \alpha = 5, \quad \gamma = 3$$
$$\alpha = -4, \quad \gamma = -3; \quad \alpha = -5, \quad \gamma = -3.$$

Nun hat die Congruenz
$$z^2 \equiv -5 \pmod{23}$$
die zwei Wurzeln $z \equiv +8$, $z \equiv -8$, die Congruenz
$$2\alpha - 3\gamma + 8\gamma \equiv 0 \pmod{23}$$
aber wird von den beiden links stehenden Darstellungen, die Congruenz
$$2\alpha - 3\gamma - 8\gamma \equiv 0 \pmod{23}$$
von den beiden rechts stehenden Darstellungen erfüllt. Jene also bilden die zur Congruenzwurzel 8 gehörige, diese die zur Congruenzwurzel -8 gehörige Darstellungsgruppe.

8. Wir wenden uns nun zur vollständigen Auflösung der Pell'schen Gleichung für eine positive Determinante, d. i. zur Gleichung

Die quadratischen Formen. 183

$$t^2 - Du^2 = 1.$$

Auch diese wird durch die Zahlen $t = \pm 1$, $u = 0$ befriedigt werden; doch wollen wir von diesen evidenten beiden Lösungen zunächst gänzlich absehen, vielmehr den Nachweis liefern, dass wenigstens noch eine andere Auflösung ausser ihr vorhanden ist. Hierzu zeigen wir zuerst, dass es stets ein System ganzer Zahlen x, y giebt, für welche der numerische Werth des Ausdruckes

(18) $\qquad x - y\sqrt{D}$

kleiner ist als der von $\frac{1}{y}$ und zugleich kleiner als eine beliebig gegebene Grenze A. Sei nämlich die ganze Zahl m so gross, dass $\frac{1}{m} < A$ ist; giebt man dann dem y alle ganzzahligen Werthe von 0 bis m und bestimmt jedesmal x als die unmittelbar über $y\sqrt{D}$ liegende ganze Zahl, so wird offenbar der Ausdruck (18) einen Werth erhalten, der zwischen 0 und 1 liegt, und solcher Werthe werden, den $m + 1$ Werthen des y entsprechend, gleichfalls $m + 1$ verschiedene gefunden werden. Da man aber das Intervall von 0 bis 1 nur in m Theilintervalle von der Grösse $\frac{1}{m}$ zerlegen kann, müssen wenigstens zwei jener Werthe, etwa

$$x' - y'\sqrt{D} \quad \text{und} \quad x'' - y''\sqrt{D}$$

in dasselbe Theilintervall fallen, ihr Unterschied

$$(x' - x'') - (y' - y'')\sqrt{D},$$

welcher ein von Null verschiedener Ausdruck wieder von der Form (18) ist, also allen Anforderungen genügen, nämlich: einen numerischen Werth haben, der kleiner als $\frac{1}{m}$ also nicht allein kleiner als A, sondern auch kleiner als der Werth $\frac{1}{y} = \frac{1}{y' - y''}$ ist, da $y' - y'' < m$ ist.

Hieraus folgt zweitens leicht, dass es unendlich viel Systeme ganzer Zahlen x, y giebt, für welche der numerische Werth des Ausdruckes (18) kleiner als der von $\frac{1}{y}$ ist. Denn, wieviel solcher Systeme man auch bereits gefunden haben mag, man wird dem vorigen zufolge offenbar noch ein neues dazu finden können, indem man für A jedesmal den kleinsten der Werthe nimmt, welche der Ausdruck $x - y\sqrt{D}$ für die bereits gefundenen Systeme x, y erhält.

Nun ist
$$x + y\sqrt{D} = (x - y\sqrt{D}) + 2y\sqrt{D}$$
und der numerische Werth einer Summe höchstens gleich der Summe der numerischen Werthe der Summanden. Für alle jene unendlich vielen Systeme x, y ergiebt sich daher der numerische Werth von
$$x + y\sqrt{D}$$
kleiner als die Summe aus dem numerischen Werthe von $\frac{1}{y}$ und dem von $2y\sqrt{D}$, d. i., weil diese Zahlen gleiches Vorzeichen haben, kleiner als der numerische Werth von
$$\frac{1}{y} + 2y\sqrt{D}$$
folglich wird für alle jene x, y der Ausdruck
$$x^2 - Dy^2 = (x + y\sqrt{D}) \cdot (x - y\sqrt{D})$$
numerisch kleiner als $\frac{1}{y^2} + 2\sqrt{D}$, umsomehr also auch kleiner als $1 + 2\sqrt{D}$. Da aber $x^2 - Dy^2$ eine ganze Zahl vorstellt und es unter einer endlichen Grenze nur eine endliche Anzahl ganzer Zahlen giebt, so **muss für unendlich viele jener Systeme x, y der Ausdruck $x^2 - Dy^2$ ein und denselben ganzzahligen Werth l annehmen**. Nun gestatten aber die Reste, welche die Zahlen x, y (mod. l) lassen können, auch wieder nur eine endliche Anzahl von Combinationen. Unter den letztbezeichneten **unendlich vielen Systemen x, y muss es darum wieder unendlich viel solche geben, denen dieselbe Restcombination (mod. l) entspricht**, sodass, wenn x', y' eins von ihnen ist, unendlich viel andere x, y vorhanden sind, welche die Congruenzen erfüllen:

(19) $\qquad x \equiv x', \quad y \equiv y' \pmod{l}$.

Möglicherweise findet sich unter ihnen auch das System $x = -x'$, $y = -y'$; doch wird man stets ein anderes

$x = x''$, $y = y''$ auswählen können, sodass x'', y'' von den beiden Systemen x', y' und $-x'$, $-y'$ verschieden ist.

Nachdem dies feststeht, erhält man jetzt für die beiden Systeme x', y' und x'', y'' folgende Gleichungen:
$$x'^2 - Dy'^2 = l, \quad x''^2 - Dy''^2 = l$$
und daher mittels der Formel (F) auch diese:
$$(x'x'' - Dy'y'')^2 - D \cdot (x'y'' - x''y')^2 = l^2.$$
Hierin ist $\dfrac{x'y'' - x''y'}{l}$ wegen der Congruenzen
$$x'' \equiv x', \quad y'' \equiv y' \pmod{l}$$
eine ganze Zahl; die vorstehende Gleichung erheischt demnach, dass auch $\dfrac{x'x'' - Dy'y''}{l}$ eine solche ist; werden diese aber mit u, t resp. bezeichnet, also
$$\frac{x'x'' - Dy'y''}{l} = t, \quad \frac{x'y'' - x''y'}{l} = u$$
gesetzt, so ergiebt sich eine ganzzahlige Auflösung der Pell-schen Gleichung, da
$$t^2 - Du^2 = 1.$$
Und zwar kann diese Lösung nicht jene als evident bezeichnete Lösung $t = \pm 1$, $u = 0$ sein, denn aus dieser Annahme ergäbe sich
$$x'x'' - Dy'y'' = \pm l, \quad x'y'' - x''y' = 0$$
und nun ohne Mühe $x'' = \pm x'$ und zugleich $y'' = \pm y'$ resp., gegen die Voraussetzung.

Hiermit ist der Nachweis geführt, dass ausser der evidenten wenigstens noch *eine* ganzzahlige Auflösung der Pell'schen Gleichung vorhanden ist.

9. Auf diesem Nachweis des wichtigsten Punktes in der Theorie der Pell'schen Gleichung beruht alles Folgende. Hat man nämlich eine solche Auflösung t, u, deren u also von Null verschieden ist, so giebt es, da t niemals Null sein kann, daneben noch drei andere:
$$t, -u; \quad -t, u; \quad -t, -u.$$
Von solchen vier zusammengehörigen Auflösungen besteht nun offenbar nur eine einzige aus zwei positiven Zahlen,

und diese soll hinfort als positive Auflösung bezeichnet werden. Man überzeugt sich leicht, dass dieselbe dadurch charakterisirt ist, dass für sie der Ausdruck

$$t + u\sqrt{D}$$

positiv und grösser als 1 ist. Denn dieser Ausdruck ist numerisch offenbar grösser als die zwei andern:

$$t - u\sqrt{D}, \quad -t + u\sqrt{D},$$

welche unter sich numerisch gleich sind, und da

$$(t + u\sqrt{D}) \cdot (t - u\sqrt{D}) = 1$$

ist, muss

$$t + u\sqrt{D} > 1, \quad t - u\sqrt{D} < 1$$

sein; andererseits ist der, der vierten der zusammengehörigen Auflösungen entsprechende Ausdruck

$$-t - u\sqrt{D}$$

wesentlich negativ, und demnach $t + u\sqrt{D}$ der einzige, der gleichzeitig positiv und grösser als 1 ist.

Unsere Aufgabe, die *sämmtlichen* Auflösungen der Pell'schen Gleichung zu finden, wird gelöst sein, sobald wir alle *positiven* Auflösungen, aus denen die andern sofort sich ergeben, gefunden haben werden. In dieser Hinsicht ist nun zu bemerken, dass aus zwei positiven Auflösungen stets eine dritte gefunden werden kann; denn, sind t', u'; t'', u'' zwei positive Auflösungen und setzt man

$$(t' + u'\sqrt{D}) \cdot (t'' + u''\sqrt{D}) = t + u\sqrt{D},$$

indem man das Rationale und das Irrationale links und rechts mit einander vergleicht, so werden

$$t = t't'' + D u'u'', \quad u = t'u'' + t''u'$$

zwei positive ganze Zahlen sein, welche, da in jener Gleichung $\sqrt{D}$ in $-\sqrt{D}$ verwandelt werden, also auch

$$(t' - u'\sqrt{D}) \cdot (t'' - u''\sqrt{D}) = t - u\sqrt{D}$$

gesetzt werden kann, der Pell'schen Gleichung genügen, wie sogleich erhellt, wenn die beiden vorigen Gleichheiten in einander multiplicirt werden.

Diese Betrachtung bleibt offenbar giltig, auch wenn t'', u'' mit t', u' identisch ist.

Hieraus folgt dann weiter, dass, wenn für irgend einen positiven ganzzahligen Exponenten n
(20) $$(T + U\sqrt{D})^n = t_n + u_n \cdot \sqrt{D}$$
gesetzt, nämlich mit t_n der rationale Theil, mit u_n der Coefficient von $\sqrt{D}$ in der Entwicklung des Binoms bezeichnet wird, t_n, u_n eine positive Auflösung der Pell'schen Gleichung repräsentiren, sobald T, U selbst eine solche ist. Demnach giebt es unendlich viel positive Auflösungen; denn, wenn der positive Ausdruck $T + U\sqrt{D}$, der jedenfalls grösser als Eins ist, zu immer höheren Potenzen erhoben wird, wird er stets neue, wachsende Werthe erzeugen und so zu immer neuen positiven Auflösungen t_n, u_n hinführen. Wir wollen nun unter T, U diejenige positive Auflösung verstehen, bei welcher U den allerkleinsten Werth hat; eine solche giebt es offenbar, und auch nur eine, weil neben einer positiven Auflösung t, u nicht noch eine zweite t', u möglich ist, deren zweites Element denselben, deren erstes aber einen vom vorigen verschiedenen Werth hätte. Für jene Auflösung T, U hat dann auch T den allerkleinsten Werth, weil nach der Beziehung $t^2 = 1 + Du^2$ mit u auch t wachsen muss; also bezeichnet zugleich T, U diejenige positive Auflösung, für welche der Ausdruck $t + u\sqrt{D}$ am kleinsten ist, so, dass für jede andere positive Auflösung t, u die Ungleichheit besteht:
$$t + u\sqrt{D} > T + U\sqrt{D}.$$

Man nennt T, U auch die Fundamentalauflösung der Pell'schen Gleichung, weil es, wie wir jetzt zeigen können, möglich ist, vermittelst ihrer alle übrigen Auflösungen der Gleichung auszudrücken. In der That, wenn zunächst noch t, u eine positive Auflösung bezeichnet, so muss für einen passenden positiven ganzzahligen Exponenten n
$$t + u\sqrt{D} = (T + U\sqrt{D})^n$$
sein. Denn andernfalls müsste $t + u\sqrt{D}$ zwischen zwei aufeinanderfolgende Potenzen von $T + U\sqrt{D}$ fallen, weil die

Reihe der Potenzen dieser Grösse, wie bemerkt, über jede Grenze hinaus wächst. Man erhielte also dann Ungleichheiten von der Form:

$$(T + U\sqrt{D})^n < t + u\sqrt{D} < (T + U\sqrt{D})^{n+1}$$

oder:

$$t_n + u_n\sqrt{D} < t + u\sqrt{D} < (t_n + u_n\sqrt{D})(T + U\sqrt{D})$$

oder auch, wenn man mit $t_n - u_n\sqrt{D}$ multiplicirt und dabei beachtet, dass nach der Gleichung

$$(t_n + u_n\sqrt{D}) \cdot (t_n - u_n\sqrt{D}) = 1$$

dieser Multiplikator positiv ist, die folgenden:

$$1 < (t + u\sqrt{D})(t_n - u_n\sqrt{D}) < T + U\sqrt{D}.$$

Hierin ist aber, wenn man

$$(t + u\sqrt{D})(t_n - u_n\sqrt{D}) = \tau + v\sqrt{D}$$

setzt, τ, v jedenfalls eine positive Auflösung der Pell'schen Gleichung, denn der Ausdruck $\tau + v\sqrt{D}$ ist wegen der ersten Ungleichheit positiv und grösser als 1. Dann bedingt aber die zweite Ungleichheit einen Widerspruch, denn für eine positive Auflösung τ, v kann nicht

$$\tau + v\sqrt{D} < T + U\sqrt{D}$$

sein. Man schliesst demnach, dass wirklich alle positiven Auflösungen t, u durch die Formel gegeben werden:

$$t + u\sqrt{D} = (T + U\sqrt{D})^n,$$

wenn dem Exponenten n alle positiven ganzzahligen Werthe beigelegt werden.

Diese Formel liefert aber weiter die folgende:

$$t - u\sqrt{D} = (T - U\sqrt{D})^n,$$

der man indessen auch die Form geben kann:

$$t - u\sqrt{D} = (T + U\sqrt{D})^{-n},$$

da

$$(T + U\sqrt{D}) \cdot (T - U\sqrt{D}) = 1$$

ist. Und da man aus t, u und t, $-u$ die beiden übrigen der vier zusammengehörigen Auflösungen erhält, indem man jene mit negativem Vorzeichen nimmt, so gewinnt man schliesslich folgendes sehr bemerkenswerthe Ergebniss:

Alle ganzzahligen Lösungen t, u der Pell'schen Gleichung werden, wenn die Determinante D positiv ist, aus der Fundamentalauflösung T, U derselben gefunden, dadurch, dass in der Formel

(21) $$t + u\sqrt{D} = \pm (T + U\sqrt{D})^n$$

einmal das obere, ein zweites Mal das untere Vorzeichen gewählt, dem Exponenten n aber der Reihe nach *alle* ganzzahligen Werthe beigelegt werden. Denn auch $n = 0$ darf gewählt werden, wodurch gerade diejenigen zwei Lösungen mit in die Formel einbegriffen werden, welche zuvor ausgeschlossen wurden, nämlich die evidenten Lösungen $t = \pm 1$, $u = 0$.

10. Bei der Wichtigkeit der Pell'schen Gleichung werden einige geschichtliche Anmerkungen über dieselbe nicht unerwünscht sein.*) Eigentlich sollte sie die Fermat'sche Gleichung heissen, denn Fermat, dem wir so manchen ausgezeichneten Satz der Zahlentheorie zu verdanken haben, war auch der Erste, der auf jene Gleichung geführt worden ist. Nach der Sitte seiner Zeit stellte er ihre Lösung den mathematischen Rivalen jenseits des Canals als Aufgabe; ob er selbst, wie freilich anzunehmen ist, ihre Lösung gekannt hat, steht dahin. Nach Wallis (s. seine Algebra Cap. 98) entsprach Lord Brounker der Herausforderung und gab die Auflösung, welche Wallis a. a. O. mittheilt, während Ozanam in seiner Algebra Fermat selbst als ihren Autor bezeichnet. Euler dagegen nennt den Engländer Pell als denjenigen, welcher zuerst die Fermat'sche Gleichung gelöst habe, und darnach hat sie den Namen Pell'sche Gleichung erhalten. Wie dem auch sei, jedenfalls kommt Euler, der zu wiederholten Malen dieser Gleichung seine Kraft gewidmet hat**),

---

*) Vgl. hierzu Lagrange im § 8 der Additions zu Euler, élémens d'Algèbre (der französischen Ausgabe seiner Algebra) p. 628, sowie Gauss Disqu. Arithm. art. 202.

**) Euler, élémens d'Algèbre II, Cap. 6: des cas en nombres entiers où la formule $ax^2 + b$ devient un quarré; Cap. 7: d'une méthode

das wesentliche Verdienst zu, die eigenthümliche Bedeutung, welche die Gleichung für die Theorie der quadratischen Formen hat, zuerst erkannt, nämlich bemerkt zu haben, dass man der Lösungen dieser Gleichung durchaus bedarf, um alle Darstellungen einer Zahl durch eine quadratische Form von positiver Determinante D, oder, was darauf hinauskommt, alle ganzzahligen Lösungen einer Gleichung von der Form

$$x^2 - Dy^2 = M$$

angeben zu können. Indessen liessen alle diese Vorarbeiten in zwei Punkten zu wünschen: erstens, und dies ist der Hauptpunkt, gaben sie nicht mit Strenge den Nachweis, dass die Pell'sche Gleichung wirklich stets eine von der evidenten verschiedene Auflösung besitzt, und zweitens waren die Methoden nicht geeignet, dieselbe mit Nothwendigkeit, ihre Existenz angenommen, finden zu lassen. Diese wesentliche Lücke in der Theorie der Gleichung wurde durch Lagrange ausgefüllt, zuerst in einer Arbeit in den Miscellanea Taurinensia t. IV: solution d'un problème d'Arithmétique; doch genügte Lagrange selbst diese Arbeit nicht wegen ihrer Umständlichkeit, und er gab dann im § II der Additions zu Euler's élémens d'Algèbre eine andere Methode, von der er meint, dass sie aus den wahren Gründen der Sache selbst geschöpft sei. In der That hängt die Auflösung der Pell'schen Gleichung auf das innigste zusammen mit der periodischen Kettenbruchentwicklung für $\sqrt{D}$ oder allgemeiner für die Wurzeln der quadratischen Gleichung

$$az^2 + 2bz + c = 0,$$

und auf sie gründet sich Lagrange's Arbeit. Eine andere Methode zur Auflösung hat darauf Gauss in den Artikeln 183—201 der Disqu. Arithm. gegeben, indem er die Trans-

---

particulière par laquelle la formule $an^2 + 1$ devient un quarré en nombres entiers; Comment. Petrop. VI p. 175 oder Comment. arithm. collectae I p. 4: de solutione problematum Diophanteorum per numeros integros; Nov. Comment. Petrop. IX p. 28 oder Comment. arithm. coll. I p. 316: de usu novi algorithmi in problemate Pelliano solvendo; Opusc. anal. I p. 310 oder Comment. arithm. coll. II p. 35: nova subsidia pro resolutione formulae $ax^2 + 1 = y^2$.

formation der quadratischen Formen zum Ausgangspunkte nimmt und die Perioden betrachtet, welche sich für die sogenannten reducirten Formen bilden lassen. Dirichlet hat diese Gaussische Behandlung der Aufgabe in einer sehr schönen, von Dedekind in der Darstellung seiner Vorlesungen auch verwendeten Arbeit*) wieder wesentlich gekürzt und vereinfacht. Im Grunde der Sache laufen beide Methoden einander parallel und unterscheiden sich hauptsächlich darin, dass Lagrange den Zusammenhang der Frage mit der Transformation der quadratischen Formen, Gauss den mit der Kettenbruchentwicklung gewissermassen bei Seite gestellt hat; die gleiche Richtung der Methoden zeigt sich sofort, wenn man, wie Verfasser dieses Werkes es in der 4ten seiner Vorlesungen über die Natur der Irrationalzahlen, Leipzig 1892, gethan hat, bei Darstellung der Lagrange'schen Betrachtungen die elementarsten Sätze über Transformation quadratischer Formen vorausgesetzt. Die sehr einfache Theorie der Pell'schen Gleichung aber, welche wir hier im vorigen auseinandergesetzt haben, verdankt man Dirichlet, welcher in genialster Weise ihre so elementaren Grundgedanken benutzt hat, um das viel schwierigere analoge Problem, welches die Theorie gewisser Formen höherer Grade oder die allgemeine Lehre von den complexen ganzen Zahlen in der Frage nach den sämmtlichen complexen Einheiten darbietet, auf gleiche Weise vollständig zu lösen.**)

Um die Fundamentalauflösung der Pell'schen Gleichung zu finden, genügt es theoretisch, folgenden, praktisch freilich nicht immer empfehlenswerthen Weg einzuschlagen: Man setze in
$$1 + Dy^2$$
für y nach einander die ganzen Zahlen $1, 2, 3, 4, \ldots$ ein so lange, bis man zuerst auf eine Zahl $y = U$ kommt, für

---

*) Dirichlet, Vereinfachung der Theorie der binären quadratischen Formen von positiver Determinante, Abh. der Berl. Akad. 1854.
**) S. Monatsber. der Berliner Akademie 1841, 1842 und 1846, sowie auch Comptes Rendus der Pariser Akademie 1840. Eine ausführliche Entwicklung dieser Notizen gab der Verf. in einer Abhandlung: de unitatum complexarum theoria, Berolini 1864.

welche $1 + DU^2$ einer Quadratzahl gleich wird, was nach dem oben Bewiesenen jedenfalls einmal eintreten muss; nennt man die positive Basis dieser Quadratzahl T, so ist T, U die Fundamentalauflösung der Pell'schen Gleichung.

Dies z. B. angewendet auf die Fälle, in welchen
$$D = 3, 5, 7, 11, 12$$
ist, liefert folgende Fundamentalauflösungen der Pell'schen Gleichungen:

$$t^2 - 3u^2 = 1, \quad T = 2, \quad U = 1$$
$$t^2 - 5u^2 = 1, \quad T = 9, \quad U = 4$$
$$t^2 - 7u^2 = 1, \quad T = 8, \quad U = 3$$
$$t^2 - 11u^2 = 1, \quad T = 10, \quad U = 3$$
$$t^2 - 12u^2 = 1, \quad T = 7, \quad U = 2.$$

11. Um sogleich eine Anwendung der erlangten Resultate zu geben, betrachten wir die sogenannten pythagoräischen Zahlen, d. h. diejenigen ganzen Zahlen x, y, z, welche der Gleichung genügen:

(22) $$x^2 + y^2 = z^2.$$

Doch können wir uns von vornherein auf solche Zahlen beschränken, welche zu je zweien relativ prim sind; denn hätten z. B. x, z einen von 1 verschiedenen grössten gemeinsamen Theiler d, sodass $x = x'd$, $z = z'd$, x', z' aber relative Primzahlen wären, so müsste offenbar y^2 durch d^2 also auch y durch d theilbar, $y = y'd$ sein, und man erhielte sofort, indem man die Gleichung mit d^2 dividirt, die Gleichung

$$x'^2 + y'^2 = z'^2$$

derselben Form wie (22), in welcher aber x', z' relativ prim sind, was nun zugleich auch mit sich führt, dass weder x', y' noch auch z', y' einen von 1 verschiedenen Theiler mehr haben.

Dies vorausgeschickt, wird nun zuerst behauptet, dass von den Zahlen x, y eine gerade, die andere ungerade sein muss; denn, da der Fall, wo beide gerade wären, durch die vorausgeschickte Bemerkung ausgeschlossen ist, bleibt sonst nur übrig, dass beide ungerade und demnach z gerade wäre; dies

ist aber unvereinbar mit dem Bestehen der Gleichung (22), weil jedes ungerade Quadrat, durch 4 getheilt, den Rest 1 lässt, die linke Seite also den Rest 2 lassen würde, während das gerade Quadrat rechts durch 4 theilbar wäre. — Nun kommen x, y symmetrisch in der Gleichung (22) vor; wir können also nach Willkür diese oder jene von ihnen, z. B. y als gerade, also dann x als ungerade voraussetzen. Wird dann die Gleichung (22) folgendermassen geschrieben:
$$y^2 = (z+x)\cdot(z-x),$$
so muss jede der Primzahlpotenzen, aus denen y^2 besteht, und deren Exponenten nothwendig gerade sind, auf die Faktoren rechts sich vertheilen; da jedoch $z+x$ und $z-x$ keinen andern gemeinsamen Theiler haben können, als welcher auch in ihrer Summe und in ihrer Differenz, d. i. in $2z$ und $2x$, aufgeht, und diese der Annahme nach nur den Theiler 2 gemeinsam haben, so muss jede Potenz einer ungeraden Primzahl, welche in y^2 enthalten ist, nothwendigerweise ganz in einem der beiden Faktoren aufgehn, und man findet demnach leicht, wenn m, n zwei ganze relativ prime und ungleichartige Zahlen bedeuten:
$$z+x = \pm 2m^2, \quad z-x = \pm 2n^2,$$
wobei die Vorzeichen correspondiren; folglich werden alle pythagoräischen Zahlen der betrachteten Art durch die Formeln gegeben:

(23) $\quad x = \pm(m^2 - n^2), \quad y = 2mn, \quad z = \pm(m^2 + n^2),$

wo wieder die Vorzeichen correspondiren, bei y aber ein doppeltes Vorzeichen unnöthig zu setzen ist, da m, n Unbestimmte der angegebenen Art sind. Beschränken wir uns auf positive Werthe von z, so gelten die Formeln:

(24) $\quad x = m^2 - n^2, \quad y = 2mn, \quad z = m^2 + n^2.$

Man findet z. B., wenn $m = 2$, $n = 1$ gewählt wird,
$$x = 3, \quad y = 4, \quad z = 5$$
also drei aufeinanderfolgende ganze Zahlen.

Es ist leicht einzusehen, dass ausser dem Systeme -1, 0, $+1$ das eben genannte das einzige System von drei aufeinanderfolgenden pythagoräischen Zahlen ist; denn, heisst u

die mittlere von drei solchen, so wären sie $u-1$, u, $u+1$, und man müsste haben:
$$(u-1)^2 + u^2 = (u+1)^2,$$
d. h.
$$u^2 = 4u$$
also entweder $u=0$ oder $u=4$. Fragen wir aber einmal nach denjenigen Systemen, bei denen wenigstens die beiden Zahlen x, y aufeinanderfolgende Zahlen, also $x-y$ entweder $+1$ oder -1 ist.

Für solche muss
$$m^2 - n^2 - 2mn = \pm 1$$
sein. Betrachten wir erstens den Fall
$$m^2 - n^2 - 2mn = + 1.$$
Diese Gleichung kann geschrieben werden:
$$(m-n)^2 - 2n^2 = 1.$$
Sind nun t, u alle ganze Zahlen, welche der Gleichung
(25) $$t^2 - 2u^2 = 1$$
genügen, so hat man nur zu setzen:
$$m - n = t, \quad n = u$$
also $m = t + u$, $n = u$, und demnach
(26) $\quad x = t^2 + 2tu, \quad y = 2tu + 2u^2, \quad z = t^2 + 2tu + 2u^2.$

Ist dagegen zu erfüllen
$$m^2 - n^2 - 2mn = -1,$$
so schreibe man die Gleichung so:
$$(m+n)^2 - 2m^2 = 1.$$
Dann braucht man nur zu setzen:
$$m + n = t, \quad m = u$$
also $m = u$, $n = t - u$ und
(27) $\quad x = -t^2 + 2tu, \quad y = 2tu - 2u^2, \quad z = t^2 - 2tu + 2u^2.$

Die kleinsten positiven Zahlen, welche der Gleichung (25) genügen, sind $t=3$, $u=2$; aus dieser fundamentalen Lösung findet man nach No. 9 alle andern, wenn man in der Formel
(28) $$t + u\sqrt{2} = \pm(3 + 2\sqrt{2})^k$$

Die quadratischen Formen.

k jedem positiven oder negativen ganzzahligen Werthe, und dann die rationalen und die irrationalen Theile rechts und links einander gleich setzt. Wir wollen versuchen, in die Formeln (26) und (27) die Fundamentalauflösung einzuführen.

Setzt man
$$t' + u'\sqrt{2} = (t + u\sqrt{2})^2$$
d. i.
$$t' = t^2 + 2u^2, \quad u' = 2tu,$$
so findet sich aus (26)
$$x + y = t' + 2u', \quad z = t' + u'$$
und daraus
$$x + y + z\sqrt{2} = (\sqrt{2} + 1) \cdot (t + u\sqrt{2})^2,$$
folglich nach (28)

(29) $\quad x + y + z\sqrt{2} = (\sqrt{2} + 1) \cdot (3 + 2\sqrt{2})^{2k},$

während $x - y = 1$ ist.

Desgleichen erhält man aus (27)
$$x + y = -t' + 2u', \quad z = t' - u'$$
und folglich
$$x + y + z\sqrt{2} = (\sqrt{2} - 1) \cdot (t + u\sqrt{2})^2$$
d. i.
$$x + y + z\sqrt{2} = (\sqrt{2} - 1) \cdot (3 + 2\sqrt{2})^{2k},$$
während $y - x = 1$ ist. Da man ferner findet:
$$\sqrt{2} - 1 = \frac{\sqrt{2} + 1}{3 + 2\sqrt{2}},$$
so kann die letzte Formel auch so geschrieben werden:

(30) $\quad x + y + z\sqrt{2} = (\sqrt{2} + 1) \cdot (3 + 2\sqrt{2})^{2k-1}.$

Bis hierher haben wir stets y als gerade, x als ungerade betrachtet; wenn das umgekehrte der Fall wäre, so würde offenbar die Formel (29) gelten, während $y - x = 1$, die Formel (30), während $x - y = 1$ ist. Lassen wir es daher jetzt dahingestellt, welche der Zahlen x, y gerade, welche von ihnen ungerade ist, beschränken uns dagegen auf diejenigen Systeme, bei denen $x - y = 1$ ist, so lässt sich das Gefundene in folgendem bemerkenswerthen Satze aussprechen:

13*

Man findet alle pythagoräischen Zahlen x, y, z, bei welchen z positiv und $x - y = 1$ ist, indem man in der Gleichheit

(31) $$x + y + z\sqrt{2} = (\sqrt{2} + 1) \cdot (3 + 2\sqrt{2})^k$$

für jeden ganzzahligen Werth des k das Rationale vom Irrationalen trennt und die so entstehenden Gleichungen mit der Relation $x - y = 1$ verbindet.

Z. B. findet sich

für $k = 1$: $x = 4$, $y = 3$, $z = 5$

„ $k = 2$: $x = 21$, $y = 20$, $z = 29$

„ $k = 3$: $x = 120$, $y = 119$, $z = 169$.

12. Nachdem in No. 9 die vollständige Auflösung der Pell'schen Gleichung im Falle einer positiven Determinante geleistet ist, wenden wir uns nunmehr zur Aufsuchung aller Darstellungen einer Zahl m durch eine Form (a, b, c) von positiver Determinante D. Es sollen mit andern Worten alle relativ primen Zahlen x, y gefunden werden, welche die Gleichung erfüllen:

(32) $$ax^2 + 2bxy + cy^2 = m,$$

in welcher $D = b^2 - ac$ positiv ist. Diese Aufgabe lösen wir für den Augenblick jedoch nur unter der Voraussetzung, dass m gleiches Vorzeichen habe wie a; der andere Fall wird in Kurzem hierauf zurückgeführt werden.

Es ist aber zuerst einleuchtend, dass, wenn x, y eine Lösung der Gleichung (32) bezeichnen, auch $-x, -y$ eine solche sein müssen. Von diesen zwei zusammengehörigen Systemen von Werthen wird indessen nur das eine die Eigenschaft haben, dass es den Ausdruck

$$ax + by + y\sqrt{D}$$

positiv macht. Jede Auflösung dieser Art wollen wir — eines kurzen Ausdrucks wegen — eine positive Auflösung nennen, was also durchaus nicht besagt, dass x und y selbst positiv sein sollen. Offenbar genügt es, von allen möglichen Auflösungen der Gleichung (32) die positiven zu ermitteln, da aus ihnen die übrigen gefunden werden, indem man jene

Die quadratischen Formen. 197

negativ nimmt. Es sei also $x = \alpha$, $y = \gamma$ eine bestimmte positive Auflösung, wenn es überhaupt Auflösungen giebt. Nach den Ergebnissen der Nummern 6 und 9 würden alle Darstellungen der Zahl m, welche zu derselben Gruppe gehören, durch die Formel

$$\pm (a\alpha + b\gamma + \gamma\sqrt{D}) \cdot (T + U\sqrt{D})^n$$

geliefert werden. Da aber der zweite Faktor zugleich mit $T + U\sqrt{D}$ positiv ist, so findet man hieraus einen ganzen Complex von unendlich vielen, unter einander verschiedenen positiven Auflösungen x, y, indem man setzt:

(33) $ax + by + y\sqrt{D} = (a\alpha + b\gamma + \gamma\sqrt{D}) \cdot (T + U\sqrt{D})^n$

und für n nach einander alle ganzzahligen Werthe wählt.

Ein solcher Complex ist durch irgend eine in ihm enthaltene Darstellung vollständig bestimmt; mit andern Worten: wenn wir statt α, γ irgend eine andere in ihm enthaltene Darstellung α', γ' setzen, so liefert der aus dieser entstehende Complex genau dieselben positiven Darstellungen. In der That, sei

$$a\alpha' + b\gamma' + \gamma'\sqrt{D} = (a\alpha + b\gamma + \gamma\sqrt{D}) \cdot (T + U\sqrt{D})^k;$$

dann lässt sich die Formel (33) auch folgendermassen schreiben:

$$ax + by + y\sqrt{D} = (a\alpha' + b\gamma' + \gamma'\sqrt{D}) \cdot (T + U\sqrt{D})^{n'},$$

wobei $n' = n - k$ eine ganze Zahl bedeutet, und lehrt also, dass x, y in der That auch zum Complexe der Darstellung α', γ' gehört.

Andererseits überzeugt man sich ebenso leicht, dass, wenn α', γ' eine positive Auflösung der Gleichung (32) ist, welche nicht zum Complexe (33) gehört, aus ihr ein zweiter Complex entsteht, welcher durchweg vom ersten verschieden ist. Denn eine Gleichung von der Form

$$(a\alpha' + b\gamma' + \gamma'\sqrt{D}) \cdot (T + U\sqrt{D})^{n'}$$
$$= (a\alpha + b\gamma + \gamma\sqrt{D}) \cdot (T + U\sqrt{D})^n$$

würde sofort durch Division mit $(T + U\sqrt{D})^{n'}$ erweisen, dass α', γ' eine Darstellung des zu α, γ gehörigen Complexes sein müsste.

Man ersieht hieraus, dass sämmtliche etwa vorhandene positive Auflösungen der Gleichung (32) sich in Complexe vertheilen lassen von der Art des Complexes (33) und daher als gefunden angesehen werden können, sobald aus jedem einzelnen dieser Complexe eine einzige Auflösung bekannt geworden ist. Alles kommt also darauf an, aus jedem Complexe ein Glied zu isoliren. Dies geschieht leicht folgendermassen. Verstehen wir unter dem Zeichen σ irgend einen positiven Werth, so giebt es im Complexe (33) ein einziges Glied, das den Bedingungen genügt:

(34) $\quad \sigma < ax + by + y\sqrt{D} < \sigma \cdot (T + U\sqrt{D});$

denn die Glieder des Complexes, welche den aufeinanderfolgenden Werthen des Exponenten n entsprechen, sind die Glieder einer geometrischen Progression, welche von 0 bis ∞ wachsen; endlich müssen sie also die Zahl σ entweder erreichen oder überspringen, in welch letzterem Falle dann das nächstliegende Glied der Progression zwischen σ und $\sigma(T + U\sqrt{D})$ enthalten sein muss. Hieraus folgt offenbar, dass man aus jedem etwa vorhandenen Complexe positiver Auflösungen eine einzige finden wird, wenn man diejenigen ganzen Zahlen x, y aufsucht, welche gleichzeitig der Gleichung (32) und den Ungleichheiten (34) Genüge thun. Giebt es solche Zahlen überhaupt nicht, so giebt es auch keine Darstellungen der Zahl m durch die Form (a, b, c); sind im Gegentheil

(35) $\quad x = \alpha, y = \gamma; \quad x = \alpha', y = \gamma'; \quad x = \alpha'', y = \gamma''; \ldots$

alle solche Systeme, so liefert ein jedes von ihnen einen Complex von positiven Auflösungen entsprechend der Formel (33), und auf solche Weise diese positiven Auflösungen sämmtlich jede einmal; werden diese endlich mit entgegengesetzten Vorzeichen genommen, so erhält man auch die übrigen Auflösungen der Gleichung (32).

Dass die Anzahl der ermittelbaren Systeme (35) nur eine endliche ist, ergiebt sich sofort aus der Ueberlegung, dass die Anzahl der Complexe gleich der der verschiedenen Darstellungsgruppen der Zahl m durch die Form (a, b, c) also endlich, nämlich, da jede Darstellungsgruppe zu einer bestimmten Wurzel der Congruenz $x^2 \equiv D$ (mod. m) gehört, nicht grösser als die Anzahl dieser Wurzeln ist. Nach der angegebenen Methode werden aber diese Systeme (35) dadurch ermittelt, dass von allen Systemen x, y, welche den Ungleichheiten (34) genügen, diejenigen ausgewählt werden, welche auch die Gleichung (32) erfüllen. Soll diese Methode nun brauchbar sein, nämlich gestatten, wirklich alle Darstellungen der Zahl m zu finden, so ist offenbar die Bemerkung wesentlich, dass man nur mit einer endlichen Anzahl von Systemen x, y die letztgenannte Probe zu versuchen hat. Dies erreichen wir aber, indem wir durch eine geeignete Wahl der positiven Zahl σ, deren besonderer Werth für unsere Betrachtung nicht in Frage kam, die Ungleichheiten (34) so umgestalten, dass sie diesen wichtigen Umstand sogleich erkennen lassen.

Wir setzen $\sigma = +\sqrt{am}$. Da es sich darum handelt, welche ganze Zahlen x, y gleichzeitig die Bedingungen (32) und (34) zusammen erfüllen, dürfen wir dann in (34)

$$am = (ax + by)^2 - Dy^2$$
$$= (ax + by + y\sqrt{D}) \cdot (ax + by - y\sqrt{D})$$

statt σ^2 schreiben, und erhalten, wenn jene Ungleichheiten quadrirt und darauf mit dem positiven Ausdrucke

$$ax + by + y\sqrt{D}$$

dividirt werden, die nachstehenden:

(36) $$ax + by - y\sqrt{D}$$
$$< ax + by + y\sqrt{D} < (ax + by - y\sqrt{D}) \cdot (T + U\sqrt{D})^2.$$

Aus ihnen folgen durch eine einfache Diskussion die beiden anderen:

$$y > 0, \quad ax + by > \frac{T}{U} \cdot y.$$

Diese letztern aber, verbunden mit der Gleichung

$$(ax + by)^2 - Dy^2 = am,$$

gestatten den ganzen Zahlen x, y nur einen beschränkten Raum; es muss nämlich y zwischen 0 und $U \cdot \sqrt{am}$, und für jeden solchen Werth von y dann ferner $ax + by$ zwischen

$\frac{T}{U}y$ und $T \cdot \sqrt{am}$ enthalten sein. Hiermit ist aber bewiesen, dass die Anzahl der zu prüfenden Systeme x, y nur eine endliche sein kann.

Suchen wir, dieser Theorie gemäss, die sämmtlichen Darstellungen der Zahl 11 durch die quadratische Form
$$2x^2 - 10xy + 11y^2$$
von der positiven Determinante $D = 3$. Diese Darstellungen können, da 11 keinen quadratischen Theiler hat, nur eigentliche Darstellungen sein. Sucht man zunächst aus jedem Complexe eine Auflösung der Gleichung

(37) $\qquad 2x^2 - 10xy + 11y^2 = 11,$

so muss, da $T = 2$, $U = 1$ ist, man zunächst alle ganzzahligen x, y aufstellen, für welche y zwischen 0 und $\sqrt{22}$, d. i. zwischen 0 und 4, und dann jedesmal $2x - 5y$ zwischen $2y$ und $2 \cdot \sqrt{22}$, d. i. zwischen $2y$ und 9 liegt. Dies giebt folgende Systeme:

Für $y = 0$: $\quad x = 0, 1, 2, 3, 4$
„ $y = 1$: $\quad x = 4, 5, 6, 7$
„ $y = 2$: $\quad x = 7, 8, 9$
„ $y = 3$: $\quad x = 11, 12$
„ $y = 4$: $\quad x = 14$;

von ihnen können nur die nachstehenden eigentliche Darstellungen liefern:

$y = 0$: $\quad x = 1$
$y = 1$: $\quad x = 4, 5, 6, 7$
$y = 2$: $\quad x = 7, 9$
$y = 3$: $\quad x = 11.$

Versucht man nun, welche von diesen Systemen die Gleichung (37) befriedigen, so findet man nur die beiden Systeme
$$x = 5, \ y = 1; \quad x = 11, \ y = 3,$$
in der That positive Darstellungen, denn für sie wird der Ausdruck

$$2x - 5y + y\sqrt{3}$$

von positivem Werthe. Hiernach kann man alle Complexe positiver Darstellungen und damit auch alle Darstellungsgruppen aufstellen, nämlich diese zwei:

$$2x - 5y + y\sqrt{3} = \pm(5 + \sqrt{3}) \cdot (2 + \sqrt{3})^k$$
$$2x - 5y + y\sqrt{3} = \pm(7 + 3\sqrt{3}) \cdot (2 + \sqrt{3})^k,$$

wenn k alle ganzzahligen Werthe erhält. Auch lassen sich die Congruenzwurzeln, denen diese Gruppen zugehören, sogleich angeben. Denn die Congruenz

$$x^2 \equiv 3 \pmod{11}$$

hat die beiden Wurzeln $+6$ und -6; man findet aber, dass die Congruenz

$$2x - 5y + ny \equiv 0 \pmod{11}$$

für die erste Gruppe, nämlich für $x = 5$, $y = 1$, erfüllt wird, wenn $n = 6$, für die zweite Gruppe, nämlich für $x = 11$, $y = 3$ dagegen, wenn $n = -6$ gesetzt wird. Jene Gruppe gehört also zur Congruenzwurzel $n \equiv 6$, diese zur Congruenzwurzel $n \equiv -6 \pmod{11}$.

Offenbar ist $x = 0$, $y = 1$ eine Darstellung der Zahl 11, welche zur Congruenzwurzel -6 gehört; man muss sie also aus der zweiten Gruppe finden, wenn man k passend wählt; und in der That ergiebt sie sich für $k = -1$, wenn das untere Vorzeichen gewählt wird.

13. Nachdem wir so, von einer Lücke abgesehen, welche bald ausgefüllt werden soll, die Untersuchung betreffend die Darstellung einer Zahl durch eine quadratische Form vollständig durchgeführt haben, wenden wir uns nun zu einem andern Probleme, welches sich daran anschliesst, zur Frage nach der sogenannten Aequivalenz quadratischer Formen.

In No. 5 ist gezeigt, dass jede eigentliche Darstellung α, γ einer Zahl m durch eine Form (a, b, c) von der Determinante D zu einer bestimmten Wurzel n der Congruenz $x^2 \equiv D \pmod{m}$ gehört, was seinen Ausdruck fand in den Formeln (11), denen wir die Gestalt geben können:

(38)
$$\begin{cases} (a\alpha + b\gamma)\alpha + (b\alpha + c\gamma)\gamma = m \\ (a\alpha + b\gamma)\beta + (b\alpha + c\gamma)\delta = n \\ (a\beta + b\delta)\beta + (b\beta + c\delta)\delta = m_1 \\ \alpha\delta - \beta\gamma = 1, \end{cases}$$

wobei $m_1 = \dfrac{n^2 - D}{m}$ gesetzt ist.

Schreibt man nun in diesen Gleichungen für α, β, γ, δ resp. $-\gamma'$, $-\delta'$, α', β', setzt also

(39) $\quad \alpha' = \gamma, \quad \beta' = \delta, \quad \gamma' = -\alpha, \quad \delta' = -\beta,$

sodass die Gleichung stattfindet:

(40) $\quad\quad\quad \alpha'\delta' - \beta'\gamma' = 1,$

so nehmen die beiden ersten jener Gleichungen die Gestalt an:

(40)
$$\begin{cases} (c\alpha' - b\gamma')\alpha' + (-b\alpha' + a\gamma')\gamma' = m \\ (c\alpha' - b\gamma')\beta' + (-b\alpha' + a\gamma')\delta' = n \end{cases}$$

und lehren offenbar, dass α', γ' eine Darstellung der Zahl m durch die Form $(c, -b, a)$ ist, welche zur Congruenzwurzel n gehört.

Wir werden nun zwei quadratische Formen derselben Determinante einander äquivalent nennen, wenn jede Zahl, welche durch die eine von ihnen dargestellt werden kann, auch durch die andere einer Darstellung fähig ist, welche zu derselben Congruenzwurzel gehört, wie die erstere. Aus dieser Definition folgt sogleich der Umstand, dass, wenn von zwei äquivalenten Formen (a, b, c) und (a', b', c') die erste eigentlich primitiv ist, es die zweite auch ist; denn hätten im Gegentheil a', $2b'$, c' einen gemeinsamen Theiler δ, so ginge dieser auch in $2D = 2b'^2 - 2a'c'$ auf und ebenso in jeder durch (a', b', c') darstellbaren Zahl, während doch nach No. 4 durch (a, b, c) Zahlen darstellbar sind, welche mit $2D$ keinen gemeinsamen Theiler besitzen.

Nach dieser Definition können wir ferner das vorhergehende Ergebniss kurz in dem Satze ausdrücken: **Die beiden Formen (a, b, c) und $(c, -b, a)$ sind einander äquivalent.**

Wenn eine Zahl m durch (a, b, c) mittels α, γ zur Wurzel n gehörig dargestellt wurde, so war

$$\left.\begin{array}{c} a\alpha + b\gamma + n\gamma \equiv 0 \\ b\alpha + c\gamma - n\alpha \equiv 0 \end{array}\right\} \text{(mod. } m\text{)}$$

oder bestimmter

$$a\alpha + b\gamma + n\gamma = m\delta$$
$$b\alpha + c\gamma - n\alpha = -m\beta.$$

Daraus folgt:

(41) $$\left\{\begin{array}{c} m\delta - n\gamma - b\gamma = a\alpha \\ -m\beta + n\alpha - b\alpha = c\gamma. \end{array}\right.$$

Erhebt man die erste dieser Gleichungen ins Quadrat, so erhält man

$$(m\delta - n\gamma)^2 - 2m\delta \cdot b\gamma + 2nb \cdot \gamma^2 + b^2\gamma^2 = a^2\alpha^2,$$

und, wenn man in dem Gliede $-2m\delta \cdot b\gamma$ für $m\delta$ seinen obigen Werth einsetzt, ergiebt sich nach einigen leichten Vereinfachungen

$$(m\delta - n\gamma)^2 - D\gamma^2 = a(a\alpha^2 + 2b\alpha\gamma + c\gamma^2) = am,$$

also

(42) $$m\delta^2 - 2n\delta\gamma + m_1\gamma^2 = a.$$

Mit Rücksicht auf diese Gleichung sowie auf die Beziehung $\alpha\delta - \beta\gamma = 1$ lässt sich die erste der Gleichungen (41) schreiben wie folgt:

$$b\gamma = (m\delta - n\gamma)(\alpha\delta - \beta\gamma) - a(m\delta^2 - 2n\delta\gamma + m_1\gamma^2)$$

und giebt, zusammengezogen, sogleich die nachstehende:

(42) $$-(m\delta - n\gamma)\beta + (n\delta - m_1\gamma)\alpha = b.$$

Vergleicht man nun die beiden Gleichungen (42) mit den Gleichungen (38), so findet sich der Satz: **Wenn eine Zahl m durch die Form (a, b, c) mittels der Werthe α, γ zur Wurzel n gehörig eigentlich dargestellt werden kann, so wird umgekehrt a durch die Form (m, n, m_1) mittels der Werthe $\delta, -\gamma$ eigentlich dargestellt und diese Darstellung gehört zur Wurzel b der Congruenz $x^2 \equiv D$ (mod. a).**

Dieselbe Zahl m war dann aber auch darstellbar durch die Form $(c, -b, a)$ zur selben Congruenzwurzel n gehörig mittels der Werthe $\alpha' = \gamma$, $\gamma' = -\alpha$. Der eben bewiesene Satz ergiebt daher den weiteren Umstand, dass auch die Zahl c durch die Form (m, n, m_1) dargestellt werden kann mittels der Werthe $\delta' = -\beta$, $-\gamma' = \alpha$, und dass diese Darstellung zur Wurzel $-b$ der Congruenz $x^2 \equiv D$ (mod. c) gehört. Hieraus entsteht zunächst die Gleichung

(42) $\qquad c = m\beta^2 - 2n\beta\alpha + m_1\alpha^2$

und nun aus der zweiten der Gleichungen (41) die folgende:

$$-b\alpha = (m\beta^2 - 2n\beta\alpha + m_1\alpha^2)\gamma + (m\beta - n\alpha)(\alpha\delta - \beta\gamma),$$

der man leicht die Gestalt giebt:

(42) $\qquad -b = (m\beta - n\alpha)\delta - (n\beta - m_1\alpha)\gamma,$

welche auch unmittelbar aus der zuvor für b aufgestellten Formel (42) hervorgeht.

Wir fassen diese Betrachtungen zusammen, indem wir sagen: **Sobald eine Zahl m durch die Form (a, b, c) zur Wurzel n gehörig dargestellt werden kann mittels der Werthe α, γ, finden umgekehrt folgende Gleichungen statt:**

(43) $\qquad \begin{cases} a = m\delta^2 - 2n\delta\gamma + m_1\gamma^2 \\ b = -(m\delta - n\gamma)\beta + (n\delta - m_1\gamma)\alpha \\ c = m\beta^2 - 2n\beta\alpha + m_1\alpha^2. \end{cases}$

Hieraus kann man nun ohne Schwierigkeit die Aequivalenz der beiden Formen

$$(a, b, c) \quad \text{und} \quad (m, n, m_1)$$

derselben Determinante D folgern, sobald m durch (a, b, c) zur Wurzel n gehörig dargestellt werden kann. Dazu ist nur zu zeigen, dass, wenn eine Zahl M durch eine von ihnen zur Wurzel N der Congruenz $x^2 \equiv D$ (mod. M) gehörig darstellbar ist, sie einer gleichen Darstellung auch durch die andere Form fähig ist. Das vorige Resultat erlaubt hierbei offenbar, nach Belieben von der Form (a, b, c) oder von der Form (m, n, m_1) auszugehen. Wir nehmen also an, M sei eine Zahl, welche durch (a, b, c) zur Congruenzwurzel N gehörig darstellbar ist, oder setzen voraus, es sei

$$M = (aA + b\Gamma)A + (bA + c\Gamma)\Gamma$$
$$N = (aA + b\Gamma)B + (bA + c\Gamma)\varDelta$$
$$A\varDelta \quad B\Gamma = 1;$$

man hat dann nur nöthig, die soeben gegebenen Werthe von a, b, c in die Ausdrücke für M, N einzusetzen, um ohne Schwierigkeit die folgenden Gleichungen zu erhalten:

(44) $\begin{cases} M = m'(\delta A - \beta\Gamma)^2 + 2n(\delta A - \beta\Gamma)\cdot(\alpha\Gamma - \gamma A) \\ \quad + m_1(\alpha\Gamma - \gamma A)^2 \\ N = [m(\delta A - \beta\Gamma) + n(\alpha\Gamma - \gamma A)]\cdot(\delta B - \beta\varDelta) \\ \quad + [n(\delta A - \beta\Gamma) + m_1(\alpha\Gamma - \gamma A)]\cdot(\alpha\varDelta - \gamma B), \end{cases}$

während

(44) $(\delta A - \beta\Gamma)\cdot(\alpha\varDelta - \gamma B) - (\delta B - \beta\varDelta)\cdot(\alpha\Gamma - \gamma A)$
$= (\alpha\delta - \beta\gamma)\cdot(A\varDelta - B\Gamma) = 1$

ist, drei Gleichungen, deren Vergleichung mit den Formeln (38) eben beweist, dass M durch die Form (m, n, m_1) zur Wurzel N gehörig eigentlich dargestellt werden kann.

14. Der so bewiesene Satz setzt uns nun in den Stand, die Lücke zu ergänzen, welche unsere Darstellungstheorie noch liess, nämlich die Darstellungen einer Zahl M durch die Form (a, b, c) von positiver Determinante zu finden, wenn M entgegengesetztes Vorzeichen hat wie a.

Man suche zunächst in einem solchen Falle eine Zahl m von entgegengesetztem Vorzeichen wie a, welche durch (a, b, c) eigentlich dargestellt werden kann, was ohne besondere Mühe erreicht werden kann (s. Ende von No. 3); und wenn diese Darstellung zur Wurzel n der Congruenz $x^2 \equiv D \pmod{m}$ gehört und man setzt $\dfrac{n^2 - D}{m} = m_1$, so ist dem vorigen Satze gemäss die Form (a, b, c) der Form (m, n, m_1) äquivalent; wenn folglich M durch eine dieser Formen darstellbar ist, so ist sie es auch durch die andere jedesmal so, dass diese Darstellungen zu derselben Wurzel N der Congruenz $x^2 \equiv D$ $\pmod{M}$ gehören. Bestimmen wir daher ihre Darstellungen durch die letztere Form, so können daraus ihre Darstellungen durch die Form (a, b, c) leicht gefunden werden. Jenes aber kann, da M und m gleiches Vorzeichen haben, nach der in No. 12 angegebenen Methode ausgeführt werden.

Zur näheren Erläuterung suchen wir alle möglichen Darstellungen der Zahl -22 durch die Form
$$2x^2 - 10xy + 11y^2$$
von der Determinante $D = 3$ zu bestimmen. Man findet, dass diese Form für $x = 7$, $y = 3$ den Werth
$$2 \cdot 49 - 10 \cdot 21 + 11 \cdot 9 = -13$$
annimmt; die Wurzeln der Congruenz
$$x^2 \equiv 3 \pmod{13}$$
sind aber $x \equiv 9$ und $x \equiv -9$, und die Darstellung der Zahl -13 gehört zur Wurzel 9, da die Congruenz
$$2 \cdot 7 - 5 \cdot 3 + 3n \equiv 0 \pmod{13}$$
für $n = 9$ erfüllt wird. Da endlich
$$\frac{9^2 - 3}{-13} = -6$$
gefunden wird, so ist die gegebene Form $(2, -5, 11)$ der folgenden:
$$(-13, 9, -6)$$
äquivalent, und es handelt sich daher um die Auflösung der Gleichung
(45) $$-13x^2 + 18xy - 6y^2 = -22.$$
Wir haben zunächst diejenigen Auflösungen zu ermitteln, bei welchen

y zwischen 0 und $\sqrt{22 \cdot 13} = \sqrt{286}$ d. i. zwischen 0 und 16

und dann für jede dieser ganzen Zahlen y jedesmal der Ausdruck $-13x + 9y$

zwischen $2y$ und $2 \cdot \sqrt{286}$ d. i. zwischen $2y$ und 33

enthalten ist. Solcher Systeme giebt es aber nur folgende:

für $y = 0$ . . . $x = 0, -1, -2$

1 . . . 0, -1

2 . . . 1, 0, -1

3 . . . 1, 0

4 . . . 2, 1

5 . . . 2, 1

Die quadratischen Formen.

für $y = 6$ $\quad x = 3, 2$
$\phantom{\text{für } y=}7 \quad\quad\quad 3$
$\phantom{\text{für } y=}8 \ldots \quad \underline{4}, 3$
$\phantom{\text{für } y=}9 \ldots \quad 4$
$\phantom{\text{für } y=}10 \ldots \quad \underline{5}$
$\phantom{\text{für } y=}11 \quad\quad\quad \text{keins}$
$\phantom{\text{für } y=}12 \quad\quad\quad 6$
$\phantom{\text{für } y=}13 \quad\quad\quad 7$
$\phantom{\text{für } y=}14 \quad\quad\quad \text{keins}$
$\phantom{\text{für } y=}15 \quad\quad\quad 8$
$\phantom{\text{für } y=}16 \quad\quad\quad \text{keins}.$

Von ihnen müssen zuerst diejenigen ausgeschieden werden, bei denen x, y einen von 1 verschiedenen grössten gemeinsamen Theiler haben — die bezüglichen x sind unterstrichen —, aber auch diejenigen Systeme, bei welchen x ungerade ist, denn das Bestehen der Gleichung (45) setzt offenbar x als gerade voraus; die ungeraden x sind doppelt unterstrichen worden. Von den dann noch übrig bleibenden Systemen findet man nur, dass die beiden

$$x = 2, \quad y = 5$$
$$x = 8, \quad y = 15$$

die Gleichung (45) erfüllen. Die Congruenz

$$x^2 \equiv 3 \pmod{22}$$

hat aber die beiden Wurzeln $x \equiv +5$ und $x \equiv -5$. Da für die erstere Darstellung die Congruenz

$$-13x + 9y + ny \equiv 0 \pmod{22}$$

die Gestalt

$$19 + 5n \equiv 0 \pmod{22}$$

annimmt, also für $n = 5$, für die zweite Darstellung dagegen die folgende Gestalt

$$31 + 15n \equiv 0 \pmod{22},$$

also für $n = -5$ erfüllt wird, so gehört jene Darstellung der Zahl -22 durch die Form $(-13, 9, -6)$ zur Wurzel 5, diese zur Wurzel -5.

Von hier geht man nun leicht zu den Darstellungen der Zahl -22 durch die Form $(2, -5, 11)$ über. Denn -13 wurde durch diese Form mittels der Werthe $\alpha = 7$, $\gamma = 3$ zur Wurzel 9 gehörig dargestellt, sodass die entsprechenden Zahlen β, δ durch die Gleichungen
$$7\delta - 3\beta = 1$$
und
$$(2\alpha - 5\gamma)\beta + (-5\alpha + 11\gamma)\delta = 9$$
d. i.
$$\beta + 2\delta = -9$$
bestimmt sind; und hieraus fliessen $\beta = -5$, $\delta = -2$. Nach der ersten der Formeln (44) hat man also für die Darstellung $x = 2$, $y = 5$ der Zahl -22 durch die Form $(-13, 9, -6)$ folgende Bestimmungen:
$$-2A + 5\Gamma = 2, \quad 7\Gamma - 3A = 5,$$
für die andere Darstellung $x = 8$, $y = 15$ diese:
$$-2A + 5\Gamma = 8, \quad 7\Gamma - 3A = 15;$$
also findet man, jenen Darstellungen entsprechend, die Darstellungen
$$A = -11, \quad \Gamma = -4$$
$$A = -19, \quad \Gamma = -6$$
der Zahl -22 durch die Form $(2, -5, 11)$, von denen die erste die Congruenz
$$2x - 5y + 5y \equiv 0 \pmod{22},$$
die andere die Congruenz
$$2x - 5y - 5y \equiv 0 \pmod{22}$$
befriedigt, sodass jene zur Congruenzwurzel $+5$, diese zur Wurzel -5 gehört. Nachdem man so aus jeder der vorhandenen Darstellungsgruppen je eine Darstellung ermittelt hat, findet man nach No. 6 und 9 sämmtliche Darstellungen der Zahl -22 durch die Form $(2, -5, 11)$ mittels nachstehender zwei Formeln:
$$2x - 5y + y\sqrt{3} = \pm (2 + 4\sqrt{3}) \cdot (2 + \sqrt{3})^k$$
$$2x - 5y + y\sqrt{3} = \pm (8 + 6\sqrt{3}) \cdot (2 + \sqrt{3})^k,$$
wenn k alle ganzzahligen Werthe durchläuft.

Die quadratischen Formen.

15. Aus dem letzten Aequivalenzsatze folgt sogleich der neue: **Zwei Formen derselben Determinante sind äquivalent, sobald durch jede von ihnen ein und dieselbe Zahl** m **zur selben Congruenzwurzel** n **gehörig dargestellt werden kann.** Denn in diesem Falle sind beide Formen der dritten Form $\left(m,\ n,\ \dfrac{n^2 - D}{m}\right)$ äquivalent, woraus nothwendig auch ihre gegenseitige Aequivalenz hervorgeht.

Derselbe Satz gestattet auch zu entscheiden, ob zwei gegebene Formen $(a,\ b,\ c)$, $(a',\ b',\ c')$ derselben Determinante äquivalent sind oder nicht. Denn nach ihm kommt diese Frage offenbar auf die andere zurück, ob a' durch $(a,\ b,\ c)$ zur Wurzel b' der Congruenz $x^2 \equiv D$ (mod. a') gehörig dargestellt werden kann oder nicht; und die Frage nach der Darstellbarkeit einer Zahl durch eine quadratische Form ist im vorigen vollständig gelöst worden.

Wir beschliessen nun die Betrachtungen über die Aequivalenz der Formen mit dem Nachweise, dass die rein arithmetische Definition der Aequivalenz, die wir gegeben haben, auch durch eine algebraische ersetzt werden kann. Damit nämlich die beiden Formen $(a,\ b,\ c)$ und $(m,\ n,\ m_1)$ äquivalent sind, ist die nothwendige und hinreichende Bedingung, dass die Zahl m durch $(a,\ b,\ c)$ zur Wurzel n gehörig darstellbar ist, und diese Bedingung findet ihren Ausdruck in den Gleichungen (38):

$$m = a\alpha^2 + 2b\alpha\gamma + c\gamma^2$$
$$n = (a\alpha + b\gamma)\beta + (b\alpha + c\gamma)\delta$$
$$m_1 = a\beta^2 + 2b\beta\delta + c\delta^2$$
$$\alpha\delta - \beta\gamma = 1.$$

Multiplicirt man nun die drei ersten Gleichungen mit x^2, $2xy$, y^2 resp. und addirt, so kommt

$$mx^2 + 2nxy + m_1 y^2$$
$$= a(\alpha x + \beta y)^2 + 2b(\alpha x + \beta y)(\gamma x + \delta y) + c(\gamma x + \delta y)^2,$$

d. h., wenn die Form $(a,\ b,\ c)$ der Form $(m,\ n,\ m_1)$ äquivalent ist, so geht sie in dieselbe über, wenn man die Unbestimmten x, y durch

$$\alpha x + \beta y, \quad \gamma x + \delta y$$

ersetzt, wir wollen kurz sagen: durch die Substitution

$$\begin{pmatrix} \alpha, & \beta \\ \gamma, & \delta \end{pmatrix}.$$

Umgekehrt, wenn durch eine Substitution dieser Art, deren Elemente durch die Gleichung

$$\alpha\delta - \beta\gamma = 1$$

mit einander verbunden sind, (a, b, c) in (m, n, m_1) transformirt werden kann, so sind beide Formen einander äquivalent; denn aus der obigen Gleichung, wenn sie stattfindet, schliesst man durch Vergleichung der Coefficienten von x^2, $2xy$, y^2 auf ihren beiden Seiten sofort wieder die Gleichungen (38).

Hiernach kann als die nothwendige und hinreichende *algebraische* Bedingung für die Aequivalenz zweier Formen die Bedingung ausgesprochen werden, dass eine in die andere durch eine Substitution $\begin{pmatrix} \alpha, & \beta \\ \gamma, & \delta \end{pmatrix}$ transformirt werden kann, deren Coefficienten der Gleichung

$$\alpha\delta - \beta\gamma = 1$$

Genüge leisten.

Nach den Gleichungen (38) liefert jede zu n gehörige Darstellung α, γ der Zahl m durch die Form (a, b, c) eine Transformation $\begin{pmatrix} \alpha, & \beta \\ \gamma, & \delta \end{pmatrix}$ der letztern in die Form (m, n, m_1). Aber auch umgekehrt erhält man aus jeder solchen Transformation eine Darstellung von m durch (a, b, c), welche zur Wurzel n gehört, wenn man als darstellende Werthe den ersten und dritten der Substitutionscoefficienten nimmt; und daher liefern nothwendig alle jene Darstellungen auch sämmtliche solche Transformationen. Da man nun im vorhergehenden alle Darstellungen einer Zahl durch eine gegebene Form, welche derselben Darstellungsgruppe angehören, aus einer einzigen von ihnen zu finden gelernt hat, so wird man unter der Voraussetzung, dass man *eine* solche kennt, oder, was dasselbe ist, dass man *eine* Transformation von (a, b, c) in (m, n, m_1) gefunden hat, daraus alle übrigen Transformationen ableiten können. Sind nämlich $\alpha, \gamma; \alpha', \gamma'$ zwei zu derselben Wurzel gehörige Darstellungen, so sind diese durch die Gleichung

$$a\alpha' + b\gamma' + \gamma'\sqrt{D} = (a\alpha + b\gamma + \gamma\sqrt{D}) \cdot (t + u\sqrt{D}),$$

in welcher t, u eine Lösung der Pell'schen Gleichung bezeichnen, mit einander verbunden. Daraus folgen jedoch diese anderen:

$$a\alpha' + b\gamma' = (a\alpha + b\gamma)t + D\gamma u$$
$$\gamma' = \gamma t + (a\alpha + b\gamma)u$$

und also

$$\alpha' = \alpha t - (b\alpha + c\gamma)u.$$

Sind dann $\beta, \delta; \beta', \delta'$ die zugehörigen Lösungen der beiden Gleichungen

$$\alpha\delta - \beta\gamma = 1, \quad \alpha'\delta' - \beta'\gamma' = 1,$$

so werden die Werthe β', δ' erhalten durch Auflösung der beiden folgenden Gleichungen:

(46) $\quad \begin{cases} (a\alpha' + b\gamma')\beta' + (b\alpha' + c\gamma')\delta' = n \\ \quad\quad\quad -\gamma'\beta' + \alpha'\delta' = 1, \end{cases}$

während

(47) $\quad (a\alpha + b\gamma)\beta + (b\alpha + c\gamma)\delta = n$

ist. Durch Elimination von δ' aus (46) findet man

$$m\beta' = n\alpha' - (b\alpha' + c\gamma')$$
$$= (n\alpha - b\alpha - c\gamma)t - [n(b\alpha + c\gamma) - D\alpha]u.$$

Schreibt man den Coefficienten von t in der Form:

$$n\alpha - (b\alpha + c\gamma)(\alpha\delta - \beta\gamma)$$

und setzt für n seinen obigen Werth (47), so findet man für den eben geschriebenen Ausdruck ohne Mühe den Werth $m\beta$. Dem Coefficienten von u dagegen kann man die Gestalt geben:

$$b(n\alpha - b\alpha - c\gamma) + c(n\gamma + a\alpha + b\gamma),$$

in welcher der Faktor von b bereits gleich $m\beta$ gefunden worden ist, der Faktor von c aber sich auf analoge Weise gleich $m\delta$ ergiebt. Also ist der Coefficient von u gleich

14*

$$m\beta b + m\delta c,$$

woraus man endlich findet

$$\beta' = \beta t - (b\beta + c\delta)u.$$

Von neuem ausgehend von den Gleichungen (46), um aus ihnen jetzt β' zu eliminiren und dann ganz analog zu verfahren, wie soeben geschah, erhält man

$$\delta' = \delta t + (a\beta + b\delta)u.$$

Demnach gewinnt man aus einer Transformation $\begin{pmatrix}\alpha, & \beta \\ \gamma, & \delta\end{pmatrix}$ mit der Bedingung $\alpha\delta - \beta\gamma = 1$ der Form (a, b, c) in eine andere Form alle übrigen ähnlichen Transformationen in dieselbe Form mittels der Formeln:

(48) $\begin{pmatrix}\alpha t - (b\alpha + c\gamma)u, & \beta t - (b\beta + c\delta)u \\ \gamma t + (a\alpha + b\gamma)u, & \delta t + (a\beta + b\delta)u\end{pmatrix}$,

indem man für t, u alle ganzzahligen Lösungen der Pell'schen Gleichung darin einsetzt.

Da jede Form sich selbst äquivalent ist, kann man auch nach den sämmtlichen Transformationen einer Form in sich selbst fragen. Diese lassen sich in der That sofort aus den eben angegebenen allgemeinen Formeln erhalten, wenn man darin eine solche Transformation $\begin{pmatrix}\alpha, & \beta \\ \gamma, & \delta\end{pmatrix}$ einführt. Nun ist aber $\alpha = 1$, $\gamma = 0$ eine Darstellung der Zahl a durch (a, b, c), welche nach der Schlussbemerkung von No. 5 zur Wurzel b gehört. Setzt man daher diese Werthe in die Gleichung

$$b = (a\alpha + b\gamma)\beta + (b\alpha + c\gamma)\delta$$

ein, so findet man

$$b(1 - \delta) = a\beta;$$

andererseits giebt die Gleichung

$$\alpha\delta - \beta\gamma = 1$$

für $\alpha = 1$, $\gamma = 0$ den Werth $\delta = 1$, wonach endlich aus der vorigen Beziehung $\beta = 0$ hervorgeht. Die Substitution $\begin{pmatrix}1, & 0 \\ 0, & 1\end{pmatrix}$

führt also — wie auch sogleich klar ist — die quadratische Form (a, b, c) in sich selbst über, und die allgemeine Formel (48) liefert nun vermittelst dieser besonderen Transformation die sämmtlichen Transformationen der Form (a, b, c) in sich selbst durch nachstehendes Schema:

$$(49) \qquad \begin{pmatrix} t - bu, & -cu \\ au, & t + bu \end{pmatrix}.$$

16. Der Begriff der Aequivalenz gestattet, alle eigentlich primitiven Formen (a, b, c) derselben Determinante

$$D = b^2 - ac,$$

deren Anzahl offenbar unendlich gross ist, in Classen zu theilen, indem man zwei Formen in dieselbe Classe nimmt oder nicht, jenachdem sie einander äquivalent sind oder nicht, der Art, dass eine bestimmte Form niemals in zwei verschiedenen Classen zugleich befindlich sein kann. Hier ist es nun von wesentlichem Interesse, zu untersuchen, ob die **Anzahl dieser Classen äquivalenter Formen derselben Determinante endlich ist oder nicht**. Der Nachweis, dass sie endlich ist, kann folgendermassen erbracht werden.

Handelt es sich zunächst um Formen von negativer Determinante $D = -\varDelta$, so kann man sich auf die positiven Formen derselben beschränken, da jeder positiven Form (a, b, c) die negative Form $(-a, -b, -c)$ und umgekehrt, und demnach auch offenbar jeder Classe positiver Formen eine solche von negativen Formen und umgekehrt entspricht. Ist nun

$$f = (a, b, c)$$

eine positive Form der Determinante $D = -\varDelta$, so kann man setzen:

$$af = (ax + by)^2 + \varDelta y^2.$$

Da dieser Ausdruck für ganzzahlige x, y, wenn sie nicht beide Null sind, wesentlich positiv und ganzzahlig ist, wird er nothwendig für gewisse Werthe α, γ von x, y einen allerkleinsten Werth annehmen, welcher $a \cdot M$ heisse, sodass M mittels der Werthe $x = \alpha$, $y = \gamma$, welche jedenfalls relativ prim sein werden, durch die Form (a, b, c) eigentlich dargestellt wird. Die Wurzeln der Congruenz

$$x^2 \equiv D \pmod{M}$$

können sämmtlich numerisch kleiner (genauer: nicht grösser) als $\frac{M}{2}$ vorausgesetzt werden. Nennt man daher N die Wurzel, zu welcher die Darstellung von M durch (a, b, c) gehört, so kann N numerisch $\leq \frac{M}{2}$ angenommen, und nach No. 5 können die Zahlen β, δ so gewählt werden, dass

$$(a\alpha + b\gamma)\beta + (b\alpha + c\gamma)\delta = N$$
$$\alpha\delta - \beta\gamma = 1$$

wird. Setzt man dann $N^2 - D = M \cdot M_1$, so ist die Form (a, b, c) der andern Form

$$F = (M, N, M_1)$$

äquivalent, und folglich ist M auch die kleinste durch die letztere darstellbare Zahl. Nun ist

$$M \cdot F = (Mx + Ny)^2 + \varDelta y^2;$$

wählt man hierin $y = 1$, so kann, sobald N von Null verschieden ist, x so gewählt werden, dass $Mx + N$ numerisch kleiner wird als $\frac{M}{2}$; dann wird der entsprechende Werth der Form F, er heisse M', der Bedingung genügen:

$$M \cdot M' < \frac{M^2}{4} + \varDelta.$$

Ist $N = 0$, so erreicht man dasselbe, indem $x = 0$, $y = 1$ gesetzt wird. Da aber $M \leq M'$ sein muss, findet sich umsomehr

$$M \cdot M < \frac{M^2}{4} + \varDelta,$$

woraus

$$M < \sqrt{\tfrac{4\varDelta}{3}}$$

hervorgeht, während daher für den numerischen Werth von N die Ungleichheit statthat:

$$[N] < \sqrt{\tfrac{\varDelta}{3}}.$$

Wir sprechen dies Ergebniss folgendermassen aus: Jede (positive) Form der Determinante $-\Delta$ ist einer andern Form dieser Determinante äquivalent, in welcher der erste Coefficient kleiner als $\sqrt{\frac{4\Delta}{3}}$, der numerische Werth des zweiten kleiner als $\sqrt{\frac{\Delta}{3}}$ ist. Eine solche Form soll kurz eine reducirte Form heissen.

Zweitens betrachten wir jetzt eine Form
$$f = (a, b, c)$$
von positiver Determinante D. In diesem Falle gehen wir von folgender, gleichfalls quadratischen Form aus:
$$\varphi = (ax + by)^2 + Dy^2,$$
deren Determinante gleich $-a^2 D$, also negativ gefunden wird. Wenn daher die relativ primen Werthe $x = \alpha$, $y = \gamma$ den kleinsten Werth hervorbringen, welcher durch diese Form darstellbar ist, so genügt derselbe, dem vorigen gemäss, der Ungleichheit
$$(a\alpha + b\gamma)^2 + D\gamma^2 < \sqrt{\frac{4 \cdot a^2 D}{3}},$$
welcher man leicht folgende Form geben kann:
$$(50) \quad \frac{1}{2}(a\alpha + b\gamma + \gamma\sqrt{D})^2 + \frac{1}{2}(a\alpha + b\gamma - \gamma\sqrt{D})^2 < \sqrt{\frac{4 \cdot a^2 D}{3}}.$$

Nun giebt diejenige Zerlegung einer Zahl n in zwei positive Summanden p, q:
$$p + q = n,$$
bei welcher $p = q = \frac{n}{2}$ ist, dem Produkte der Summanden den grössten Werth, es ist mit andern Worten stets $pq < \frac{n^2}{4}$; denn, sind p, q nicht einander also mit $\frac{n}{2}$ gleich, so kann man $p = \frac{n}{2} + r$, $q = \frac{n}{2} - r$ setzen und erhält dann
$$pq = \frac{n^2}{4} - r^2 < \frac{n^2}{4}.$$

Hiernach schliessen wir aus der Ungleichheit (50), dass umsomehr

oder
$$\tfrac{1}{4}[(a\alpha+b\gamma)^2-D\gamma^2]^2<\tfrac{1}{4}\cdot\tfrac{4\cdot a^2 D}{3}$$

$$[(a\alpha+b\gamma)^2-D\gamma^2]^2<a^2\cdot\tfrac{4D}{3}$$

ist. Setzt man folglich
$$a\alpha^2+2b\alpha\gamma+c\gamma^2=M,$$
so findet sich für den numerischen Werth von M die Ungleichheit
$$[M]<\sqrt{\tfrac{4D}{3}},$$
und man schliesst nun ähnlich wie zuvor, dass, wenn N die Wurzel bedeutet, zu welcher die eigentliche Darstellung der Zahl M durch die Form (a, b, c) gehört, und welche numerisch stets kleiner als $\tfrac{M}{2}$ gewählt werden kann, die Form (a, b, c) einer Form (M, N, M_1) von denselben Eigenschaften wie zuvor, d. i. einer reducirten Form äquivalent sein wird.

Wir dürfen nicht unterlassen, hier hervorzuheben, dass die Definition reducirter Formen, welche wir hier gewählt haben, mit derjenigen, welche von Gauss, Dirichlet u. A. gegeben wird, und die in den Fällen einer positiven und einer negativen Determinante völlig verschieden ist, sich nicht deckt; aber unsere Definition, die sich vielmehr Hermite'schen Gesichtspunkten anschliesst (vgl. seine zahlentheoretischen Briefe in Crelle's Journal Bd. 40), genügt für den einzigen Gebrauch, den wir von den reducirten Formen zu machen haben, und empfiehlt sich insoweit durch ihre Gleichmässigkeit und grössere Einfachheit.

Aus dem zuvor Bewiesenen ergiebt sich für Formen, sei es einer positiven, sei es einer negativen Determinante, der übereinstimmende Satz: In jeder Classe äquivalenter Formen giebt es wenigstens eine reducirte Form. Auch ist selbstverständlich, dass ein und dieselbe reducirte Form nicht gleichzeitig zu verschiedenen Classen gehören kann. Die sämmtlichen reducirten Formen vertheilen sich demnach in die verschiedenen Classen von Formen in solcher Weise, dass die Anzahl der letzteren nicht grösser sein kann, als die der reducirten Formen, und folglich endlich sein muss, wenn die Anzahl reducirter Formen nur eine endliche ist.

Alles kommt also darauf an zu zeigen, dass es nur eine endliche Menge reducirter Formen giebt. Dies ist aber sehr einfach. Denn, da N nur eine endliche Anzahl verschiedener Werthe erhalten kann, weil es numerisch kleiner als $\sqrt{\pm\frac{D}{3}}$ ist, gilt das gleiche von $N^2 - D$; für jeden dieser in endlicher Anzahl entstehenden Werthe $N^2 - D$ giebt es aber auch nur eine endliche Anzahl von Zerlegungen

$$N^2 - D = M \cdot M_1$$

in zwei Factoren M, M_1, und daher ist die Anzahl der Formen

$$(M, N, M_1),$$

welche den Bedingungen reducirter Formen entsprechen, erst recht eine endliche, weil ja für solche noch erfordert wird, dass der Factor M jener Zerlegung numerisch nicht grösser als $\sqrt{\pm\frac{4D}{3}}$ ist.

Auf diesem Wege sind wir also in der That zum Beweise des Satzes gelangt: Die Anzahl der Classen äquivalenter Formen einer gegebenen Determinante ist endlich.

17. Es ist nun unzweifelhaft eine nicht nur sehr nahe liegende, sondern auch interessante Frage, wie gross für eine gegebene Determinante D die Anzahl der Classen äquivalenter Formen sei. Die Beantwortung dieser Frage, d. i. die Ermittelung des tief verborgenen Gesetzes, nach welchem die Classenanzahl abhängig ist von der Determinante, ist jedoch mit erheblichen Schwierigkeiten verknüpft. Dem Genie Dirichlet's ist es zuerst gelungen, durch Einführung seiner analytischen Methoden in die Zahlentheorie diese Schwierigkeiten zu überwinden und den Ausdruck der Classenanzahl als Funktion der Determinante D aufzufinden. Darauf hier einzugehen verbietet uns der Rahmen dieses, nur den Elementen der Theorie gewidmeten Werkes, wir müssen den Leser also in dieser Hinsicht auf Dirichlet's bezügliche Ab-

handlungen*) oder auf seine Vorlesungen über Zahlentheorie, 3. Auflage, von pag. 212 an, verweisen.

Der Satz von der Endlichkeit der Classenanzahl gestattet uns jedoch, die unendlich vielen (eigentlich primitiven) Formen derselben Determinante durch eine endliche Anzahl von ihnen gewissermassen zu repräsentiren, ähnlich wie früher die unendlich vielen ganzen Zahlen, in Bezug auf einen gegebenen Modulus betrachtet, durch die Glieder eines vollständigen Restsystems repräsentirt worden sind. **Wir können nämlich aus jeder Classe äquivalenter Formen ganz nach Belieben irgend eine Form auswählen als Repräsentanten der ganzen Classe.** Die Gesammtheit dieser Repräsentanten dient alsdann, um die sämmtlichen Formen derselben Determinante gewissermassen vor Augen zu stellen; denn sie hat die charakteristische Eigenschaft, dass jede (eigentlich primitive) Form der genannten Determinante einem und nur einem jener Repräsentanten äquivalent ist. Man nennt ein solches System von repräsentirenden Formen ein *Formensystem* der gegebenen Determinante. Am einfachsten wird es sein, um ein Formensystem zu erhalten, zuerst alle reducirten Formen der gegebenen Determinante aufzustellen, darauf zu untersuchen — was nach der im Anfang von No. 15 angezeigten Methode geschehen kann —, welche von den reducirten Formen einander äquivalent sind, und endlich von allen einander äquivalent befundenen immer nur eine einzige Form beizubehalten. Die so übrig bleibenden Formen (soweit sie eigentlich primitiv sind) bilden dann nothwendigerweise ein Formensystem.

Verfahren wir auf solche Weise z. B. im Falle, wo $D = +5$ ist. Hier erhält man für die reducirten Formen die beiden Bedingungen:

$$[M] < \sqrt{\tfrac{4 \cdot 5}{3}} \text{ d. i. } \leq 2, \quad [N] < \sqrt{\tfrac{5}{3}} \text{ d. i. } < 1.$$

N gestattet also nur die Werthe $N = 0$ oder $N = \pm 1$; dem ersteren entsprechend wird

---

*) Recherches sur diverses applications de l'analyse infinitésimale à la théorie des nombres, in Crelle's J. f. d. r. u. a. Math., Bd. 19 u. 21.

Die quadratischen Formen.

$$N^2 - D = 5$$

und hieraus entspringen die reducirten Formen:
(51) $\qquad (1, 0, -5), \quad (-1, 0, 5);$
den Werthen $N = \pm 1$ entspricht

$$N^2 - D = -4$$

und hieraus entspringen die reducirten Formen:
$$(1, \pm 1, -4), \quad (-1, \pm 1, 4)$$
$$(2, \pm 1, -2), \quad (-2, \pm 1, 2),$$

von welchen die in zweiter Reihe stehenden, als uneigentlich primitiv, bei unserer Betrachtung, die sich auf eigentlich primitive Formen beschränkte, weggelassen werden müssen. Da man ferner setzen kann:

$$x^2 \pm 2xy - 4y^2 = (x \pm y)^2 - 5y^2$$
$$-x^2 \pm 2xy + 4y^2 = -(x \mp y)^2 + 5y^2,$$

so geht offenbar die Form $(1, 0, -5)$ durch die Substitution $\begin{pmatrix} 1, & \pm 1 \\ 0, & 1 \end{pmatrix}$ in die Form $(1, \pm 1, -4)$, und die Form $(-1, 0, 5)$ durch die Substitution $\begin{pmatrix} 1, & \mp 1 \\ 0, & 1 \end{pmatrix}$ in die andere Form $(-1, \pm 1, 4)$ über, und folglich sind jene zwei unter sich und diese zwei unter einander äquivalent. Man hat demnach nur noch die zwei Formen (51) beizubehalten, überzeugt sich aber folgendermassen, dass auch sie einander äquivalent sind. Offenbar wird die Zahl 5 durch die Form $(1, 0, -5)$ mittels der Werthe $\alpha = 5$, $\gamma = 2$ dargestellt; wählt man sodann $\beta = 2$, $\delta = 1$, so ist $\alpha\delta - \beta\gamma = 1$, und jene Form geht durch die Substitution $\begin{pmatrix} 5, & 2 \\ 2, & 1 \end{pmatrix}$, wie leicht zu bestätigen, über in die Form $(5, 0, -1)$ und ist daher dieser Form äquivalent, welche aber ihrerseits nach dem ersten Satze in No. 13 der Form $(-1, 0, 5)$ äquivalent ist. So findet sich schliesslich das Endergebniss: alle eigentlich primitiven Formen der Determinante 5 sind der Form $(1, 0, -5)$ äquivalent, und demnach besteht das Formensystem der Determinante 5 aus der einzigen Form

$$(1, 0, -5).$$

18. Wir haben bis hierher immer nur von den Darstellungen einer Zahl m durch eine bestimmte Form der Determinante D gehandelt. Fragen wir nun nach allen ihren Darstellungen durch die eigentlich primitiven Formen von der Determinante D überhaupt. Offenbar würde es unmöglich sein, eine erschöpfende Antwort auf diese Frage zu geben, wenn sie in dem Sinne gefasst würde, dass man die Darstellungen von m durch alle jene unendlich vielen Formen angeben solle, da deren Menge, wenn überhaupt Darstellungen vorhanden sind, ebenfalls unendlich gross und in keine allgemeine Formel zusammenfassbar wäre. Da jedoch aus den Darstellungen einer Zahl durch eine bestimmte Form stets ohne Schwierigkeit nach den oben angegebenen Methoden ihre Darstellungen durch jede andere äquivalente Form gefunden werden können, so genügt es offenbar und hat nur ein Interesse, diejenigen Darstellungen zu finden, deren die Zahl m durch die Formen eines Formensystems der Determinante D fähig ist. Diese also wollen wir versuchen zu bestimmen, beschränken uns aber dabei der Einfachheit wegen auf den Fall, wo m relative Primzahl gegen $2D$ ist.

Wir hatten nun in No. 5 eine Bedingung aufgestellt, welche nothwendig erfüllt sein muss, wenn m durch eine Form von der Determinante D darstellbar sein soll, von der aber schon damals ausdrücklich gesagt worden ist, dass sie nicht hinreiche, um die Darstellbarkeit von m durch eine gegebene Form jener Determinante zu sichern. Dies war die Bedingung, dass D quadratischer Rest von m sein müsse. Handelt es sich dagegen um die möglichen Darstellungen von m durch das Formensystem, so wird sogleich erhellen, dass, wenn jene nothwendige Bedingung erfüllt ist, unbedingt auch Darstellungen der Zahl m durch irgendwelche Formen des Systems vorhanden sind, dass also in diesem Sinne genommen jene Bedingung auch ausreicht.

Seien nämlich

(52) $\quad (a, b, c), \ (a', b', c'), \ (a'', b'', c''), \ \ldots$

die sämmtlichen eigentlich primitiven Formen eines Formensystems der Determinante D, und D quadratischer Rest (mod. m); dann hat die Congruenz

(53) $$x^2 \equiv D \pmod{m}$$

eine gewisse Anzahl von Wurzeln, welche in dem hier vorausgesetzten Falle, wo m zu $2D$ prim ist, nach den Sätzen in No. 4 des dritten Abschnitts bestimmt werden kann, nämlich gleich 2^k ist, wenn m aus k verschiedenen Primfaktoren zusammengesetzt ist; wir nennen ihre verschiedenen Wurzeln

$$n, n', n'', \ldots$$

Setzen wir, ihnen resp. entsprechend,

$$n^2 - D = m m_1, \quad n'^2 - D = m m_1', \quad n''^2 - D = m m_1'', \ldots,$$

so sind die Formen

(54) $\quad (m, n, m_1), \quad (m, n', m_1'), \quad (m, n'', m_1''), \ldots$

Formen der Determinante D, welche, wie leicht zu übersehen ist, eigentlich primitiv sind; und demnach giebt es in der That eigentlich primitive Formen dieser Determinante, durch welche die Zahl m eigentlich darstellbar ist, denn offenbar ist m durch die erste jener Formen zur Wurzel n, durch die zweite zur Wurzel n' gehörig u. s. w. darstellbar mittels der Werthe 1, 0 der Unbestimmten.

Hiernach giebt es also auch im Formensystem (52) eine oder mehrere Formen, durch welche m darstellbar ist, und es giebt in ihm z. B. eine ganz bestimmte Form, durch welche m zur Wurzel n gehörig dargestellt werden kann, weil die Form (m, n, m_1) nothwendig mit einer bestimmten Form des Formensystems (52) äquivalent sein muss. Die Entscheidung, welche dieser Formen das sei, und die sämmtlichen zur Wurzel n gehörigen Darstellungen der Zahl m durch diese letztere lassen sich nach unserer oben entwickelten Darstellungstheorie gewinnen. Die gleiche Untersuchung kann nun bezüglich jeder der Formen (54) durchgeführt werden, wobei es sich ereignen kann, dass mehrere dieser Formen ein und derselben der Formen (52) äquivalent befunden werden, sodass dann m mehrere zu verschiedenen Congruenzwurzeln gehörige Gruppen von Darstellungen durch diese letztere gestattet. Auf solche Weise findet man aber mit Nothwendigkeit alle Darstellungen, deren die Zahl m durch die Formen (52) fähig ist, d. i. die sämmtlichen Darstellungen der Zahl m durch das Formensystem. Denn jede solche Darstellung gehört nothwendig zu einer der Wurzeln der Congruenz (53); gehört sie z. B. zur Wurzel n, so würde diejenige der Formen (52), durch welche m zu n gehörig darstellbar ist, die mit der Form (m, n, m_1) äquivalente sein, und daher jene Darstellung in einer der durch das vorige ermittelten Darstellungsgruppen bereits, wie behauptet, sich vorfinden.

19. Zur Erläuterung des Gesagten suchen wir alle eigentlichen Darstellungen der Zahl $m = 5525$ durch die (positiven) Formen der Determinante $D = -1$. Welches ist in diesem Falle das Formensystem? Die reducirten Formen liefern die Bedingungen

$$M < \sqrt{\tfrac{4}{3}} \quad \text{d. i.} \quad M < 1$$

und

$$[N] < \sqrt{\tfrac{1}{3}} \quad \text{d. h.} \quad N = 0;$$

folglich $N^2 - D = 1$ und $M = 1$, $M_1 = 1$; die einzige reducirte Form ist demnach in diesem Falle die Form

(55) $\qquad (1, 0, 1) = x^2 + y^2$

und sie repräsentirt das ganze Formensystem. Die Auflösung der Congruenz

(56) $\qquad x^2 \equiv -1 \pmod{5525}$

aber kommt, da $5525 = 25 \cdot 13 \cdot 17$ ist, auf die drei einfacheren Congruenzen

$x^2 \equiv -1 \pmod{25}, \quad x^2 \equiv -1 \pmod{13}, \quad x^2 \equiv -1 \pmod{17}$

zurück, als deren Wurzeln man leicht findet:

$x \equiv \pm 7 \pmod{25}, \quad x \equiv \pm 5 \pmod{13}, \quad x \equiv \pm 4 \pmod{17}$.

Bestimmt man nun drei Hilfszahlen r, s, t durch die Bedingungen

$r \equiv 1 \pmod{25}, \quad r \equiv 0 \pmod{13}, \quad r \equiv 0 \pmod{17}$
$s \equiv 0 \qquad\qquad s \equiv 1 \qquad\qquad s \equiv 0$
$t \equiv 0 \qquad\qquad t \equiv 0 \qquad\qquad t \equiv 1$,

so findet man z. B.

$r = 1326, \quad s = 1275, \quad t = 2925,$

und folglich giebt uns die Formel
$$x \equiv 1326\alpha + 1275\beta + 2925\gamma \pmod{5525}$$
die sämmtlichen Wurzeln der Congruenz (56), wenn statt α, β, γ nach einander $\pm 7, \pm 5, \pm 4$ gesetzt werden. Man findet

für $\alpha = 7, \quad \beta = 5, \quad \gamma = 4 \quad x \equiv -268$
$\alpha = 7, \quad \beta = 5, \quad \gamma = -4 \quad x \equiv -1568$
$\alpha = 7, \quad \beta = -5, \quad \gamma = 4 \quad x \equiv -1968$
$\alpha = 7, \quad \beta = -5, \quad \gamma = -4 \quad x \equiv 2257,$

während die Combinationen mit entgegengesetzten Vorzeichen die vier Wurzeln
$$x \equiv 268, \quad x \equiv 1568, \quad x \equiv 1968, \quad x \equiv -2257$$
ergeben. Diesen acht Congruenzwurzeln würden nun ebensoviel Formen (54), nämlich die folgenden:

$$(5525, \pm 268, 13)$$
$$(5525, \pm 1568, 445)$$
$$(5525, \pm 1968, 701)$$
$$(5525, \pm 2257, 922)$$

entsprechen. Da hier das Formensystem nur aus einer einzigen Form besteht, so ist die Frage nach der Aequivalenz überflüssig: alle diese acht Formen sind der Form $x^2 + y^2$ äquivalent, und es handelt sich hier lediglich darum, je eine Darstellung der Zahl 5525 durch die Form $x^2 + y^2$ zu finden, welche zu jeder einzelnen der acht Wurzeln gehört. Eine solche könnte nach Ende von No. 7 gefunden und die zugehörige Darstellungsgruppe, welche vier Glieder umfasst, daraus sofort abgeleitet werden; im Ganzen fänden sich daher $8 \cdot 4 = 32$ Darstellungen. Doch wollen wir hier, um diese zu finden, einen andern Weg einschlagen, der durch die besondere Natur der Form $x^2 + y^2$ angezeigt wird. In Anwendung der Gleichung (F) in No. 6 auf unsere Form ergiebt sich folgende Gleichheit:
$$(57) \quad (x^2 + y^2) \cdot (x'^2 + y'^2) = (xx' + yy')^2 + (xy' - x'y)^2,$$
aus welcher wir schliessen, dass, wenn wir die Gleichungen
$$(58) \qquad x^2 + y^2 = A, \quad x'^2 + y'^2 = B$$

einzeln gelöst haben, wir daraus auch eine Lösung der Gleichung
$$x''^2 + y''^2 = A \cdot B$$
ableiten können. Und zwar werden x'', y'' ohne gemeinsamen Theiler sein, sobald A, B es sind und die Darstellungen (58) dieser Zahlen in der Form (1, 0, 1) eigentliche Darstellungen sind; weil, wenn x'', y'' irgend einen gemeinsamen Primtheiler p hätten, aus den Congruenzen
$$xx' + yy' \equiv 0, \quad xy' - x'y \equiv 0 \pmod{p}$$
sich leicht sowohl diese:
$$x(x'^2 + y'^2) \equiv 0, \quad y(x'^2 + y'^2) \equiv 0,$$
welche lehren, dass p ein Primtheiler von B, als auch die folgenden sich ergäben:
$$x'(x^2 + y^2) \equiv 0, \quad y'(x^2 + y^2) \equiv 0,$$
welche lehren, dass p auch ein Theiler von A sein müsste.

Suchen wir hiernach zuerst die eigentlichen Darstellungen von 25 durch die Form $x^2 + y^2$; man findet deren acht, da die Congruenz
$$x^2 \equiv -1 \pmod{25}$$
zwei Wurzeln hat, zu jeder Wurzel oder Darstellungsgruppe aber vier Darstellungen gehören; sie sind die folgenden:
$$x = \pm 3, \quad y = \pm 4$$
$$x = \pm 4, \quad y = \pm 3.$$
Desgleichen sind die (eigentlichen) Darstellungen der Zahl 13 durch die Form $x'^2 + y'^2$ die folgenden:
$$x' = \pm 2, \quad y' = \pm 3$$
$$x' = \pm 3, \quad y' = \pm 2.$$
Hieraus schliesst man nach der Formel (57) die folgenden 16 verschiedenen eigentlichen Darstellungen der Zahl $25 \cdot 13$ durch die Form $x^2 + y^2$:
$$x = \pm 1, \quad y = \pm 18$$
$$x = \pm 18, \quad y = \pm 1$$
$$x = \pm 6, \quad y = \pm 17$$
$$x = \pm 17, \quad y = \pm 6.$$

Da weiter vier (eigentliche) Darstellungen der Zahl 17 durch die Form $x'^2 + y'^2$ gefunden werden, nämlich

$$x' = \pm 1, \quad y' = \pm 4$$
$$x' = \pm 4, \quad y' = \pm 1,$$

so liefert uns nun die Formel (57) die sämmtlichen 32 eigentlichen Darstellungen der Zahl 5525 durch die Form $(1, 0, 1)$, nämlich:

$$x = \pm 22, \quad y = \pm 71; \quad x = \pm 71, \quad y = \pm 22$$
$$x = \pm 14, \quad y = \pm 73; \quad x = \pm 73, \quad y = \pm 14$$
$$x = \pm 7, \quad y = \pm 74; \quad x = \pm 74, \quad y = \pm 7$$
$$x = \pm 41, \quad y = \pm 62; \quad x = \pm 62, \quad y = \pm 41.$$

Der Vollständigkeit wegen haben wir noch anzugeben, zu welcher der acht Wurzeln der Congruenz (56) jede dieser 32 Darstellungen gehört. Um diese zu bestimmen, bedienen wir uns der allgemeinen Formel (13):

$$a\alpha + b\gamma + n\gamma \equiv 0 \pmod{m},$$

welche hier die einfachere Gestalt annimmt:

$$n\gamma \equiv -\alpha \pmod{m}.$$

Bemerken wir zunächst, dass sie ungeändert bleibt, wenn α, γ beide negativ genommen werden, so folgt daraus, dass α, γ und $-\alpha$, $-\gamma$ zu derselben Wurzel gehören. Multiplicirt man aber die Congruenz mit n und beachtet, dass $n^2 \equiv -1$ (mod. m) ist, so nimmt sie die Gestalt

$$n\alpha \equiv \gamma \pmod{m}$$

an und lehrt, einerseits, dass jene Congruenz für dasselbe n giltig bleibt, wenn α, γ in $-\gamma$, α verwandelt werden, d. h. dass $-\gamma$, α und auch γ, $-\alpha$ zur Wurzel n gehören; andererseits, dass

$$-n \cdot \alpha \equiv -\gamma \pmod{m}$$

ist, und dass folglich γ, α; $-\gamma$, $-\alpha$ und auch $-\alpha$, γ; α, $-\gamma$ zur Wurzel $-n$ gehören. Diese Resultate stimmen völlig überein mit den Folgerungen aus den Lösungen der Pell'schen Gleichung. Hiernach lässt sich folgende Tabelle aufstellen:

Es gehören   zur Wurzel

$x=$ 22,	$y=$ 71;	$x=-71,$	$y=$ 22	-2257
$x=-22,$	$y=-71;$	$x=$ 71,	$y=-22$	
$x=$ 71,	$y=$ 22;	$x=-22,$	$y=$ 71	$+2257$
$x=-71,$	$y=-22;$	$x=$ 22,	$y=-71$	
$x=$ 14,	$y=$ 73;	$x=-73,$	$y=$ 14	$-1968\,?$
$x=-14,$	$y=-73;$	$x=$ 73,	$y=-14$	
$x=$ 73,	$y=$ 14;	$x=-14,$	$y=$ 73	$+1968$
$x=-73,$	$y=-14;$	$x=$ 14,	$y=-73$	
$x=$ 7,	$y=$ 74;	$x=-74,$	$y=$ 7	-1568
$x=-7,$	$y=-74;$	$x=$ 74,	$y=-7$	
$x=$ 74,	$y=$ 7;	$x=-7,$	$y=$ 74	$+1568$
$x=-74,$	$y=-7;$	$x=$ 7,	$y=-74$	
$x=$ 41,	$y=$ 62;	$x=-62,$	$y=$ 41	-268
$x=-41,$	$y=-62;$	$x=$ 62,	$y=-41$	
$x=$ 62,	$y=$ 41;	$x=-41,$	$y=$ 62	$+268.$
$x=-62,$	$y=-41;$	$x=$ 41,	$y=-62$	

Hiermit aber ist unsere Aufgabe vollständig gelöst.

20. Wir wollen jedoch an der besonders einfachen quadratischen Form $x^2 + y^2$ auch einmal auf die Betrachtung der uneigentlichen Darstellungen eingehen, fragen also unter der Voraussetzung, dass -1 quadratischer Rest ist von m, nach denjenigen Lösungen der Gleichung

(59) $$x^2 + y^2 = m,$$

bei welchen x, y einen gemeinsamen Theiler haben. Ist dieser d, so muss m durch d^2 theilbar sein, also $m = m' \cdot d^2$; und umgekehrt, wenn

(60) $$x'^2 + y'^2 = m'$$

ist, so ist für $x = dx'$, $y = dy'$ die Gleichung (59) erfüllt. Jeder Darstellung der Zahl m mittels solcher Werthe x, y, welche d zum grössten gemeinsamen Theiler haben, entspricht daher eine eigentliche Darstellung von m', und umgekehrt.

Die quadratischen Formen.

Daher wird man alle Lösungen der Gleichung (59), auch diejenigen in relativ primen Werthen x, y, erhalten, wenn man für alle quadratischen Theiler d^2, inclusive der Einheit, die Gleichung (60) bildet und in relativ primen Werthen auflöst.

Setzt man nun, indem wir wieder m als ungerade voraussetzen, in Primfaktoren zerlegt

$$m = p_1^{\alpha_1} \cdot p_2^{\alpha_2} \cdots p_\varkappa^{\alpha_\varkappa},$$

so hat jeder quadratische Theiler von m die Form:

$$d^2 = p_1^{2\beta_1} \cdot p_2^{2\beta_2} \cdots p_\varkappa^{2\beta_\varkappa},$$

und folglich ist allgemein

$$m' = p_1^{\alpha_1 - 2\beta_1} \cdot p_2^{\alpha_2 - 2\beta_2} \cdots p_\varkappa^{\alpha_\varkappa - 2\beta_\varkappa},$$

worin β_i durch die Bedingungen $0 < 2\beta_i < \alpha_i$ beschränkt ist. Nennt man $2\gamma_i$ die grösste gerade Zahl, welche α_i nicht übersteigt, so erhält man alle diese Zahlen offenbar durch Entwicklung des Produkts:

$$m \left(1 + \frac{1}{p_1^2} + \cdots + \frac{1}{p_1^{2\gamma_1}}\right) \cdots \left(1 + \frac{1}{p_\varkappa^2} + \cdots + \frac{1}{p_\varkappa^{2\gamma_\varkappa}}\right).$$

Nun hat die Congruenz

$$x^2 \equiv -1 \pmod{m'},$$

welche nach der über m gemachten Annahme auflösbar ist, bekanntlich 2^λ Wurzeln, wenn λ die Anzahl der verschiedenen Primfaktoren ist, aus denen sich m' zusammensetzt; und da jeder Wurzel vier eigentliche Darstellungen entsprechen, so ist die Anzahl der eigentlichen Darstellungen von m' durch die Gleichung (60) gleich $4 \cdot 2^\lambda$. Hierbei ist aber offenbar $\lambda = \varkappa$, sobald keine der Zahlen $2\beta_i$ ihren grössten Werth $2\gamma_i$ erreicht hat; wenn dies letztere aber für einen oder mehrere jener Exponenten der Fall ist, so wird $\lambda = \varkappa - \mu$ sein, wenn es μ mal geschieht, dass das entsprechende α_i gerade ist; denn, wenn $2\beta_i$ in einem solchen Falle sein Maximum $2\gamma_i = \alpha_i$ erreicht, so kommt der Primfaktor p_i in m' nicht mehr vor. Betrachten wir hiernach folgendes Produkt:

$$4m \cdot \left(2 + \frac{2}{p_1^2} + \cdots + \frac{r_1}{p_1^{2\gamma_1}}\right) \cdots \left(2 + \frac{2}{p_\varkappa^2} + \cdots + \frac{r_\varkappa}{p_\varkappa^{2\gamma_\varkappa}}\right),$$

in welchem allgemein

$$\tau_i = 2, \text{ wenn } \alpha_i \text{ ungerade},$$
$$\tau_i = 1, \text{ wenn } \alpha_i \text{ gerade}$$

ist, gesetzt werden soll, so erkennt man leicht, dass das allgemeine Glied in der Entwicklung des Produktes gleich

$$4 \cdot 2^\lambda \cdot m'$$

sein, also jede der Zahlen m' multiplicirt in die Anzahl ihrer eigentlichen *Darstellungen* durch die Form $x'^2 + y'^2$ erhalten werden wird.

Von der Anzahl der Darstellungen kann man die der Zerlegungen der Zahl m' in eine Summe zweier relativ primer Quadratzahlen unterscheiden, indem es bei den letzteren offenbar gleichgiltig ist, ob das eine der beiden Quadrate an erster oder an zweiter Stelle steht und umgekehrt das andere, auch ob die Zahlen x', y' positiv oder negativ sind; es entspricht daher je acht Darstellungen von m' durch die Gleichung (60) immer nur eine solche Zerlegung. Ausgenommen wäre allein die Zahl $m' = 1$, für welche man nur vier Darstellungen hat: $x' = \pm 1$, $y' = 0$ und $x' = 0$, $y' = \pm 1$, welche eine Zerlegung repräsentiren. Entwickelt man demnach das Produkt:

$$(61) \quad \frac{m}{2} \cdot \left(2 + \frac{2}{p_1^2} + \cdots + \frac{\tau_1}{p_1^{2\gamma_1}}\right) \cdots \left(2 + \frac{2}{p_\varkappa^2} + \cdots + \frac{\tau_\varkappa}{p_\varkappa^{2\gamma_\varkappa}}\right),$$

so wird jedes Glied der Entwicklung eine der Zahlen m', multiplicirt in die Anzahl ihrer *Zerlegungen* in die Summe zweier relativ primen Quadratzahlen; nur in dem Falle, wo m selbst eine Quadratzahl, also alle α_i gerade sind, sich unter den Zahlen m' demnach auch als letzte Zahl die Einheit findet, würde das letzte Glied der Entwicklung

$$\frac{m}{2} \cdot \frac{\tau_1 \cdot \tau_2 \cdots \tau_\varkappa}{p_1^{\alpha_1} \cdot p_2^{\alpha_2} \cdots p_\varkappa^{\alpha_\varkappa}} = \frac{1}{2} \cdot 1$$

d. i. gleich der Zahl $m' = 1$ nur mit der halben Anzahl ihrer Zerlegungen multiplicirt ergeben.

Wenn demnach jetzt im Produkte (61) die Primzahlen sämmtlich durch 1 ersetzt werden, so giebt seine Entwicklung

nur die Summe der Coefficienten, d. i. die Anzahl der Zerlegungen sämmtlicher Zahlen m' oder auch die Anzahl N aller Zerlegungen der Zahl m in die Summe zweier Quadratzahlen, seien letztere relativ prim oder nicht; wobei indessen, der zuletzt gemachten Bemerkung wegen, noch $\frac{1}{2}$ zu addiren ist in dem Falle, wo m selbst eine Quadratzahl bedeutet. Man findet auf solche Weise, wenn $\varepsilon = \frac{1}{2}$ oder $\varepsilon = 0$ gesetzt wird, jenachdem m eine Quadratzahl ist oder nicht,
$$N = \frac{1}{2}[(2\gamma_1 + \tau_1)(2\gamma_2 + \tau_2) \cdots (2\gamma_\varkappa + \tau_\varkappa)] + \varepsilon.$$
Da aber sowohl, wenn α_i ungerade, also $2\gamma_i = \alpha_i - 1$ und $\tau_i = 2$ ist, als auch, wenn α_i gerade, also $2\gamma_i = \alpha_i$ und $\tau_i = 1$ ist, $2\gamma_i + \tau_i = \alpha_i + 1$ gefunden wird, kann man noch einfacher schreiben:

(62) $\qquad N = \frac{1}{2}(\alpha_1 + 1)(\alpha_2 + 1) \cdots (\alpha_\varkappa + 1) + \varepsilon.$

Man kann diese Formel folgendermassen aussprechen: **Die Anzahl der Zerlegungen von m in die Summe zweier Quadratzahlen ist halb so gross, als die Anzahl ihrer Theiler resp. als die um 1 vermehrte Anzahl ihrer Theiler, jenachdem m keine Quadratzahl oder eine Quadratzahl ist.**

Nach dieser Formel gestattet z. B. die Zahl
$$5525 = 5^2 \cdot 13^1 \cdot 17^1$$
sechs Zerlegungen in die Summe zweier Quadratzahlen, von denen uns diejenigen in zwei relativ prime Quadratzahlen bereits bekannt sind, nämlich:
$$22^2 + 71^2, \quad 14^2 + 73^2, \quad 7^2 + 74^2, \quad 41^2 + 62^2;$$
um auch die andern zu finden, bedarf es nur der Aufsuchung einer eigentlichen Darstellung der Zahl $13 \cdot 17$ durch die Form $(1, 0, 1)$, was nach (57) sofort gelingt, wenn man bemerkt, dass $x = 2$, $y = 3$ eine eigentliche Auflösung der Gleichung
$$x^2 + y^2 = 13,$$
$x' = 1$, $y' = 4$ eine solche der Gleichung

$$x'^2 + y'^2 = 17$$
ist; hieraus findet sich dann $x'' = 14$, $y'' = 5$, also
$$(14 \cdot 5)^2 + (5 \cdot 5)^2 = 13 \cdot 17 \cdot 5^2$$
oder die uneigentliche Zerlegung
$$70^2 + 25^2 = 5525;$$
vertauscht man 2, 3, setzt also $x = 3$, $y = 2$, so findet sich ebenso $x'' = 11$, $y'' = 10$ und daraus die zweite uneigentliche Zerlegung
$$55^2 + 50^2 = 5525.$$

21. Wenn $m = p$ eine Primzahl von der Form $4n + 1$ ist, so gestattet eine solche, da -1 quadratischer Rest von p ist, Darstellungen durch die Form $(1, 0, 1)$, und sie gestattet nach der allgemeinen Formel (62) nur eine einzige Zerlegung in die Summe zweier Quadratzahlen. Zum Schlusse dieser speciellen Betrachtungen über die ausgezeichnete quadratische Form $x^2 + y^2$ wollen wir von diesem letztern Satze einen sehr einfachen Beweis*) hier anfügen.

Da -1 quadratischer Rest jeder Primzahl $p = 4n + 1$ ist, so giebt es eine ganze Zahl q, für welche
$$q^2 \equiv -1 \pmod{p}$$
ist. Nun kann man auf unzählige Arten zwei ganze durch p nicht theilbare Zahlen x, y so wählen, dass die Congruenz
$$x + qy \equiv 0 \pmod{p}$$
erfüllt wird, und da alsdann
$$(x + qy)(x - qy) = x^2 - q^2 y^2$$
durch p theilbar ist, findet sich wegen $q^2 \equiv -1$ die folgende Congruenz:
$$x^2 + y^2 \equiv 0 \pmod{p},$$
d. h. die Gleichung
(63) $$x^2 + y^2 = p \cdot M,$$
worin M eine positive ganze Zahl ist. Die Zahlen x, y

---

*) Vgl. Legendre, essai sur la théorie des nombres, 2. édition, p. 175.

können zudem so gewählt werden, dass $M < \frac{p}{2}$ ist. Denn, sind x', y' irgendwelche durch p nicht theilbare Zahlen, für welche $x'^2 + y'^2$ ein Vielfaches von p ist, so ist's auch der Ausdruck
$$(x' - hp)^2 + (y' - kp)^2,$$
welche ganze Zahlen unter h, k auch verstanden werden; keine der Differenzen $x = x' - hp$, $y = y' - kp$ kann durch p theilbar sein, weil x', y' als nicht durch p theilbar vorausgesetzt sind; dagegen können h, k so gewählt werden, dass jene Differenzen numerisch kleiner als $\frac{p}{2}$, der Ausdruck mithin positiv und kleiner als $\frac{p^2}{2}$ wird; d. h. es giebt ganze durch p nicht theilbare Zahlen x, y, für welche eine Gleichung (63) besteht, in welcher die positive Zahl $M < \frac{p}{2}$ ist. Unter allen solchen Werthsystemen denken wir uns nun dasjenige System x, y, für welches M den allerkleinsten positiven Werth erhält; jedenfalls ist er $< \frac{p}{2}$, und wir wollen beweisen, dass er
$$M = 1$$
ist.

Aus (63) folgt, dass, eben wie $x^2 + y^2$, so auch der folgende Ausdruck
$$(x - aM)^2 + (y - bM)^2$$
durch M theilbar ist, welche ganze Zahlen auch unter a, b verstanden werden. Durch passende Wahl von a, b können aber die Differenzen
$$x - aM, \quad y - bM,$$
wenn $M > 1$ ist, numerisch kleiner gemacht werden als $\frac{M}{2}$, und wenn dann
(64) $$(x - aM)^2 + (y - bM)^2 = M \cdot M'$$
gesetzt wird, so ist sicher $M' < M$, zugleich aber auch wesentlich positiv; denn, wäre $M' = 0$, so folgte $x = aM$, $y = bM$, also nach (63)
$$(a^2 + b^2) M = p,$$
was nicht möglich ist, da M zugleich grösser als 1 und kleiner

als $\frac{p}{2}$ vorausgesetzt ist. Die Multiplikation der Gleichungen (63) und (64) liefert nunmehr nach der Formel (57) die folgende:

$$[x(x - aM) + y(y - bM)]^2 + [x(y - bM) - y(x - aM)]^2 = M^2 \cdot pM',$$

welcher man mit Rücksicht auf (63) auch die Form

$$(p - ax - by)^2 + (ay - bx)^2 = p \cdot M'$$

geben kann. Da $M' < M < \frac{p}{2}$, können die Zahlen, deren Quadrate links stehen, nicht durch p theilbar sein, und somit hätte man eine der Gleichung (63) analoge Gleichung erhalten, in welcher, der Bedeutung des Zeichens M zuwider, $M' < M$ ist.

Aus diesem Widerspruch folgt nothwendig für M der Werth 1, und daraus zunächst die Möglichkeit der Gleichung

$$x^2 + y^2 = p.$$

In jeder solchen Gleichung muss nun offenbar eins der Quadrate — es sei x^2 — ungerade, das andere — also y^2 — gerade sein. Gäbe es eine zweite Zerlegung

$$x'^2 + y'^2 = p,$$

worin x'^2 ungerade, y'^2 gerade sei, so schlösse man aus beiden Gleichungen leicht die drei folgenden:

$$p^2 = (xx' + yy')^2 + (xy' - x'y)^2$$
$$p^2 = (xx' - yy')^2 + (xy' + x'y)^2$$
$$p(y'^2 - y^2) = (xy' + x'y)(xy' - x'y).$$

Da wegen der letzten von ihnen einer der Faktoren $xy' + x'y$, $xy' - x'y$ durch p theilbar, aber, da die ungeraden Zahlen $xx' \pm yy'$ nicht Null sein können, nach den beiden ersten Gleichungen kleiner als p sein muss, so muss dieser Faktor gleich Null sein, was nach der letzten Gleichung sofort

$$y'^2 = y^2, \text{ folglich } x'^2 = x^2$$

d. h. den Satz liefert, dass es nur *eine* Zerlegung der Primzahl p in die Summe zweier Quadratzahlen giebt.

22. Indem wir uns nunmehr wieder allgemeineren Betrachtungen zuwenden, wollen wir zwei Formen

(a, b, c), $(a, -b, c)$,

deren äussere Coefficienten übereinstimmen, während die mittleren entgegengesetzt sind, entgegengesetzte Formen nennen. Formen, deren mittlerer Coefficient Null ist, sind daher sich selbst entgegengesetzt; zu solchen zählt z. B. die schon in mehrfacher Hinsicht hervorgehobene Form

$$x^2 - Dy^2.$$

Ist nun m irgend eine durch die Form (a, b, c) darstellbare Zahl und gehört ihre Darstellung zur Wurzel n der Congruenz $x^2 \equiv D$ (mod. m), sodass es vier ganze Zahlen $\alpha, \beta, \gamma, \delta$ giebt, welche die folgenden Gleichungen erfüllen:

$$a\alpha^2 + 2b\alpha\gamma + c\gamma^2 = m$$
$$(a\alpha + b\gamma)\beta + (b\alpha + c\gamma)\delta = n$$
$$\alpha\delta - \beta\gamma = 1,$$

so wird auch

$$a\alpha'^2 - 2b\alpha'\gamma' + c\gamma'^2 = m$$
$$(a\alpha' - b\gamma')\beta' + (-b\alpha' + c\gamma')\delta' = -n$$
$$\alpha'\delta' - \beta'\gamma' = 1$$

sein, wenn man setzt

$$\alpha' = \alpha, \quad \beta' = -\beta, \quad \gamma' = -\gamma, \quad \delta' = \delta,$$

d. h. dieselbe Zahl ist dann auch einer Darstellung durch die entgegengesetzte Form fähig, welche zur Wurzel $-n$ gehört. Nun ist aber nach No. 13 die Möglichkeit, eine Zahl m durch (a, b, c) zur Congruenzwurzel n gehörig darzustellen, gleichbedeutend mit der Aequivalenz der Formen (a, b, c) und (m, n, m_1), worin

$$m_1 = \frac{n^2 - D}{m}$$

zu setzen ist; das erhaltene Resultat lässt sich demnach auch so aussprechen:

Ist die Form

$$(m, n, m_1) \text{ äquiv. } (a, b, c),$$

so ist auch die entgegengesetzte Form

$$(m, -n, m_1) \text{ äquiv. } (a, -b, c).$$

Oder auch: **Die Formenclassen, welche durch zwei entgegengesetzte Formen repräsentirt werden, sind einander durchweg entgegengesetzt.**

Sind demnach zwei entgegengesetzte Formen
$$(a, b, c), \quad (a, -b, c)$$
einander äquivalent, so ist die Classe, welche durch eine von ihnen repräsentirt wird, identisch mit der durch die andere repräsentirten Classe und daher sich selbst entgegengesetzt. Dies gilt insbesondere offenbar von jeder Classe, in welcher eine sich selbst entgegengesetzte Form vorhanden ist, z. B. von der Classe, welche die Form $x^2 - Dy^2$ in sich enthält. Nach Kummer's Vorgange*) nennt man jede Classe dieser Art eine **ambige Classe** (classis anceps, nach Gauss).

Damit zwei entgegengesetzte Formen
$$(a, b, c), \quad (a, -b, c)$$
einander äquivalent sind, ist nothwendig und hinreichend, dass a durch die Form $(a, -b, c)$ zur Wurzel b gehörig dargestellt werden kann. Es ist nothwendig, weil a solche Darstellung durch die erstere Form gestattet, sie also auch durch jede äquivalente Form gestatten muss; es ist auch ausreichend, weil nach No. 13 aus solcher Darstellung durch die Form $(a, -b, c)$ deren Aequivalenz mit (a, b, c) folgt.

Die Aequivalenz der beiden Formen spricht sich demnach in den folgenden drei Gleichungen aus:

(65) $\qquad a = (a\alpha - b\gamma)\alpha - (b\alpha - c\gamma)\gamma$

(66) $\qquad b = (a\alpha - b\gamma)\beta - (b\alpha - c\gamma)\delta$

(67) $\qquad \alpha\delta - \beta\gamma = 1,$

aus denen als vierte die Gleichung

(68) $\qquad c = a\beta^2 - 2b\beta\delta + c\delta^2$

hervorgeht. Wird die erste dieser Gleichungen mit δ, die zweite mit γ multiplicirt und letztere dann von der ersteren subtrahirt, so ergiebt sich ohne weiteres:

---

*) Monatsber. d. Berl. Akad. vom 18. Febr. 1858, pag. 164.

und hieraus
$$a\delta - b\gamma = a\alpha - b\gamma$$
$$\delta = \alpha,$$
sodass die Gleichungen (67) und (68) die Gestalt annehmen:

(69) $\qquad\qquad \alpha^2 - \beta\gamma = 1$

(70) $\qquad\qquad c = a\beta^2 - 2b\beta\alpha + c\alpha^2.$

Die beiden entgegengesetzten Formen werden stets äquivalent sein, so oft $2b$ theilbar ist durch a. Denn setzt man
$$2b = a\beta,$$
so lässt sich, wenn $\alpha = 1, \gamma = 0, \delta = 1$ gewählt wird, dieser Gleichung auch die Form geben:
$$b = (a\alpha - b\gamma)\beta - (b\alpha - c\gamma)\delta;$$
diese Werthe $\alpha, \beta, \gamma, \delta$ erfüllen also die drei Gleichungen (65), (66) und (67), welche die behauptete Aequivalenz kennzeichnen.

Man nennt eine Form (a, b, c), in welcher $2b$ durch a theilbar ist, deshalb eine ambige Form, und es beweist sich nun leicht der Satz: In jeder ambigen *Classe* befindet sich auch eine ambige *Form*.

In der That, wenn (a, b, c) der Repräsentant einer ambigen Classe ist, so ist diese Form mit der entgegengesetzten Form $(a, -b, c)$ äquivalent; es bestehen mithin die Gleichungen (65), (66), (69) und (70), von denen die vorletzte sich folgendermassen schreiben lässt:

(71) $\qquad\qquad (\alpha + 1)(\alpha - 1) = \beta\gamma.$

Entweder ist nun $\gamma = 0$; dann folgt $\alpha = \delta = \pm 1$, also nach (66)
$$2b = \pm a\beta$$
und demnach wäre (a, b, c) selbst eine ambige Form.

Oder β ist gleich Null; dann folgt $\alpha = \delta = \pm 1$, also aus (66)
$$2b = \pm c\gamma,$$
demnach wäre die Form $(c, -b, a)$, welche mit (a, b, c) äquivalent ist, eine ambige Form.

Oder β und γ sind verschieden von Null; dann folgt aus (71) die Gleichheit

$$\frac{\alpha+1}{\gamma} = \frac{\beta}{\alpha-1}.{}^{*})$$

Drückt $\frac{\lambda}{\nu}$ diese zwei gleichen Verhältnisse in einfachster Form aus, sodass λ, ν relative Primzahlen sind, so findet sich
(72) $\qquad \alpha + 1 = \lambda r, \qquad \gamma = \nu r$
(73) $\qquad \beta = \lambda s, \qquad \alpha - 1 = \nu s,$
unter r, s ganze Zahlen verstanden. Nun können zwei ganze Zahlen μ, ϱ durch die Gleichung
$$\lambda \varrho - \mu \nu = 1$$
bestimmt werden; setzt man dann
(74) $\qquad \begin{cases} m = a\lambda^2 - 2b\lambda\nu + c\nu^2 \\ n = (a\lambda - b\nu)\mu - (b\lambda - c\nu)\varrho, \end{cases}$

so besagen diese drei Gleichungen, dass die Zahl m durch die Form $(a, -b, c)$ zur Wurzel n gehörig dargestellt wird und demnach die Form
$$\left(m, n, \frac{n^2 - D}{m}\right)$$
der Form $(a, -b, c)$ äquivalent ist. Es findet sich aber
$$mr^2 = a(\alpha + 1)^2 - 2b(\alpha + 1)\gamma + c\gamma^2$$
oder, vereinfacht mit Rücksicht auf (65),
$$mr^2 = 2\big(a(\alpha + 1) - b\gamma\big)$$
also
$$mr = 2(a\lambda - b\nu);$$
ebenso
$$ms^2 = a\beta^2 - 2b\beta(\alpha - 1) + c(\alpha - 1)^2$$
oder, vereinfacht mit Rücksicht auf (70),
$$ms^2 = 2\big(b\beta - c(\alpha - 1)\big)$$
also
$$ms = 2(b\lambda - c\nu).$$
Hiernach erhält man

---

*) oder auch $\frac{\alpha - 1}{\gamma} = \frac{\beta}{\alpha + 1}$, eine Gleichheit, welche jedoch der obigen gleichgilt, da nur $-\alpha$ statt α steht, das Vorzeichen von α aber beliebig gewählt werden kann.

$$2n = m \cdot (\mu r - \varrho s),$$

d. i. $2n$ ist theilbar durch m oder die Form

$$\left(m,\ n,\ \frac{n^2 - D}{m}\right)$$

ist eine ambige Form; da sie, wie bemerkt, mit $(a,\ -b,\ c)$ äquivalent ist, so ist sie es auch mit $(a,\ b,\ c)$ und hiermit ist der Satz bewiesen.

23. Unter allen quadratischen Formen der Determinante D spielt, wie schon bemerkt, die Form

$$x^2 - Dy^2,$$

welche die Zugehörigkeit zur Determinante D am ersichtlichsten erkennen lässt, eine besonders hervorragende Rolle. Wir trafen auf diese Form u. a. bei der Pell'schen Gleichung

$$x^2 - Dy^2 = 1,$$

und hatten bei dieser Gelegenheit (in No. 6) auch einer ausgezeichneten Eigenschaft derselben Erwähnung zu thun, welche sich ausdrückte in der Formel (F) daselbst oder in dem Satze: **Wird die Form $x^2 - Dy^2$ mit sich selbst zusammengesetzt, so geht dieselbe Form wieder hervor.** Man nennt nun um ihrer hervorragenden Bedeutung willen diese **Form die Hauptform der Determinante D**, und die Formenclasse, welcher sie angehört und als geeignetster Repräsentant dient, **die Hauptclasse**. Der letzten Nummer zufolge ist die Haupt*form* sowohl, wie die Haupt*classe* eine ambige.

Indem wir uns im Folgenden dazu wenden wollen, nachzuweisen, wie die Gleichung (F) nur der einfachste Fall eines sehr allgemeinen Satzes oder die in ihr ausgesprochene Eigenschaft der Hauptform nur die prägnanteste Erscheinung einer allgemeinen Eigenschaft der quadratischen Formen überhaupt ist, schicken wir zunächst noch ein paar Bemerkungen über die Hauptform voraus, von denen wir dabei werden Gebrauch zu machen haben.

1) Nehmen wir an, mittels der Werthe $x = \alpha,\ y = \gamma$ sei m durch eine Form $(a,\ b,\ c)$ von der Determinante D eigentlich darstellbar, sodass

(75) $$m = a\alpha^2 + 2b\alpha\gamma + c\gamma^2$$

ist, so gestattet bekanntlich am eine Darstellung durch die Hauptform $x^2 - Dy^2$ mittels der Werthe
$$x = a\alpha + b\gamma, \quad y = \gamma,$$
denn es ist
$$am = (a\alpha + b\gamma)^2 - D \cdot \gamma^2.$$
Letztere Darstellung ist stets eine eigentliche, so oft a und m relative Primzahlen sind; denn ein gemeinsamer Theiler von $a\alpha + b\gamma$ und γ müsste gemeinsamer Theiler von a und γ und folglich nach (75) auch gemeinsamer Theiler von a und m sein. Die Darstellung durch die Hauptform gehört demnach zu einer gewissen Wurzel N der Congruenz
$$x^2 \equiv D \pmod{am},$$
und man findet
$$a\alpha + b\gamma + N\gamma \equiv 0 \pmod{am},$$
umsomehr also auch
$$a\alpha + b\gamma + N\gamma \equiv 0 \pmod{a}$$
$$a\alpha + b\gamma + N\gamma \equiv 0 \pmod{m}.$$
Heisst n die Wurzel, zu welcher die Darstellung (75) gehört, so folgt aus diesen Congruenzen sofort
$$N \equiv -b \pmod{a}, \quad N \equiv n \pmod{m}.$$

2) Werden M, M' durch die Hauptform eigentlich dargestellt, indem etwa
$$M = x^2 - Dy^2, \quad M' = x'^2 - Dy'^2$$
ist, so findet sich der Gleichung (F) zufolge
$$MM' = x''^2 - Dy''^2,$$
wenn gesetzt wird:
$$x'' = xx' \pm Dyy', \quad y'' = xy' \pm x'y.$$

Jeder gemeinsame Theiler von x'', y'' muss sowohl in M, als auch in M' aufgehn. Dies zeigt sich, wie es in No. 19 an einem besonderen Falle gezeigt worden ist, folgendermassen: Jeder gemeinsame Theiler von x'', y'' ginge auf in
$$(xx' \pm Dyy') \cdot x' - (xy' \pm x'y) \cdot Dy' = x(x'^2 - Dy'^2)$$
und
$$-(xx' \pm Dyy') \cdot y' + (xy' \pm x'y) \cdot x' = \pm y(x'^2 - Dy'^2),$$

d. h. in xM' und yM' und folglich, da x, y relativ prim sind, auch in M'; ebenso aber auch in

$$x'(x^2 - Dy^2) \quad \text{und} \quad y'(x^2 - Dy^2),$$

d. h. in $x'M$ und $y'M$, und folglich, da x', y' relativ prim sind, auch in M.

Sind demnach M, M' relativ prim, so ist auch die Darstellung von MM' in der Hauptform eine eigentliche Darstellung.

3) Wir werden in der Folge vielfach von den Wurzeln der Congruenz

$$x^2 \equiv D$$

zu sprechen haben, während D stets dieselbe Determinante bedeutet, der Modulus der Congruenz aber wechselt. Zur Abkürzung soll eine Wurzel n derselben, wenn m der Modulus ist, kurz die Wurzel (n, m) genannt werden.

Sind m, m' zwei verschiedene Zahlen, von welchen D quadratischer Rest ist, sodass die Congruenzen

$$x^2 \equiv D \ (\text{mod. } m), \quad x^2 \equiv D \ (\text{mod. } m')$$

möglich sind, so soll eine Wurzel (n, m) der erstern mit einer Wurzel (n', m') der zweiten vereinbar*) heissen, wenn es möglich ist, eine Zahl N so zu bestimmen, dass die Congruenzen stattfinden:

(76) $\quad N \equiv n \ (\text{mod. } m), \quad N \equiv n' \ (\text{mod. } m'), \quad N^2 \equiv D \ (\text{mod. } mm')$.

Für unsern Zweck haben wir nicht nöthig, genauer die Bedingungen zu untersuchen, welche hierzu erforderlich sind; es genügt uns zu wissen, dass die Wurzeln jedenfalls in *dem* Falle vereinbar sind, wenn m, m' relative Primzahlen sind; denn in diesem Falle ist nach No. 9 des zweiten Abschnittes eine Zahl N (mod. mm') eindeutig bestimmbar, welche die ersten zwei der Congruenzbedingungen (76) erfüllt; und da für diese Zahl die Differenz $N^2 - D$ zu-

---

*) Dieser Ausdruck soll eine Verdeutschung des von Dirichlet gewählten Ausdruckes radices concordantes sein, den er in seiner Abhandlung de formarum binariarum secundi gradus compositione, commentatio mense Majo an. 1851 ad actum quendam academicum in Univ. Litt. reg. Berol. celebrandum typis expressa et distributa eingeführt hat.

gleich durch m und durch m' theilbar wird, ist sie auch theilbar durch mm', d. h. auch die dritte der Congruenzbedingungen (76) erfüllt. Die bestimmte Wurzel (N, mm'), welche diesen drei Congruenzbedingungen entspricht, soll aus den Wurzeln (n, m), (n', m') zusammengesetzt heissen.

24. Wir treten nunmehr unserm Vorhaben näher und betrachten irgend zwei Classen K, K' äquivalenter eigentlich primitiver Formen der Determinante D. Ist a irgend eine der Zahlen, welche durch die Formen der Classe K eigentlich darstellbar sind, b die Wurzel der Congruenz $x^2 \equiv D$ (mod. a), zu welcher eine solche Darstellung gehört, und $\frac{b^2 - D}{a} = c$, so kann die Form (a, b, c) als Repräsentant der Classe K gewählt werden. Nach No. 4 giebt es eine zu a prime Zahl a', welche durch die Formen der andern Classe K' eigentlich darstellbar ist; heisst b' die Wurzel der Congruenz $x^2 \equiv D$ (mod. a'), zu welcher die Darstellung gehört, und $\frac{b'^2 - D}{a'} = c'$, so kann die Form (a', b', c') als Repräsentant der Classe K' angesehen werden. Nach der Schlussbemerkung der vorigen Nummer giebt es aber eine ganze Zahl B von der Beschaffenheit, dass

$$B \equiv b \text{ (mod. } a\text{)}, \quad B \equiv b' \text{ (mod. } a'\text{)}, \quad B^2 \equiv D \text{ (mod. } aa'\text{)}$$

und demnach $\frac{B^2 - D}{aa'} = C$ eine ganze Zahl ist.

Man erhält hiernach drei quadratische Formen

(77) $\qquad (a, B, a'C), \quad (a', B, aC), \quad (aa', B, C)$

derselben Determinante D, von welchen die erste der Form (a, b, c), die zweite der Form (a', b', c') äquivalent ist, denn durch die beiden erstgenannten ist die Zahl a zu derselben Wurzel $b \equiv B$ (mod. a) gehörig, durch die beiden letztgenannten die Zahl a' zur selben Congruenzwurzel $b' \equiv B$ (mod. a') gehörig darstellbar.

Die Formen

$$(a, B, a'C), \quad (a', B, aC),$$

welche demnach *auch* als Repräsentanten der Classen K, K' gewählt werden dürfen, wollen wir *zusammen-*

setzbar nennen eines Umstandes wegen, der die bereits erwähnte Verallgemeinerung der Formel (F) begründet. Man bestätigt nämlich mit Rücksicht auf die Gleichung
$$D = B^2 - aa'C$$
ohne weiteres die folgende Beziehung:

(78) $\quad (ax + By + y\sqrt{D}) \cdot (a'x' + By' + y'\sqrt{D})$
$$= (aa'X + BY + Y\sqrt{D}),$$

wenn darin unter X, Y die Ausdrücke

(79) $\quad X = xx' - Cyy', \quad Y = (ax + By)y' + (a'x' + By')y$

verstanden werden. Da sie bestehen bleibt, wenn $\sqrt{D}$ in $-\sqrt{D}$ verwandelt wird, ist gleicherweise
$$(ax + By - y\sqrt{D}) \cdot (a'x' + By' - y'\sqrt{D})$$
$$= aa'X + BY - Y\sqrt{D}$$

und durch Multiplikation dieser letzten Gleichung mit der Gleichung (78) findet sich nun das sehr bemerkenswerthe Ergebniss:
$$[(ax + By)^2 - Dy^2] \cdot [(a'x' + By')^2 - Dy'^2]$$
$$= (aa'X + BY)^2 - DY^2$$

oder, vereinfacht:

(F) $\quad (ax^2 + 2Bxy + a'Cy^2) \cdot (a'x'^2 + 2Bx'y' + aCy'^2)$
$$= aa'X^2 + 2BXY + CY^2,$$

kürzer:

(Fa) $\quad (a, B, a'C) \cdot (a', B, aC) = (aa', B, C).$

Die zuvor gewählten Repräsentanten der Classen K, K' setzen sich demnach durch Multiplikation zu einer neuen Form derselben Determinante zusammen. Diese neue Form ist eigentlich primitiv, sobald es, wie vorausgesetzt, die Formen der Classen K und K' auch sind; denn ein gemeinsamer Primtheiler von aa', $2B$, C müsste nothwendig ein gemeinsamer Primtheiler von a, $2B$, C' also auch von a, $2B$, $a'C$ oder von a', $2B$, C, also auch von a', $2B$, aC sein.

Das Verdienst, diese fundamentale Eigenschaft quadratischer Formen, ihre Zusammensetzbarkeit zu neuen quadratischen Formen, in ihrer ganzen Allgemeinheit aufgedeckt zu haben, gebührt Gauss, welcher diesem Gegenstande, de compositione formarum, seine Disquisitiones arithmeticae von Art. 234 an hauptsächlich gewidmet hat.

25. Die arithmetische Bedeutung solcher Zusammensetzung ist zuerst von Dirichlet ausgesprochen worden.*)

Es bedeute nämlich m, m' irgend eins der Paare relativer Primzahlen, von denen die erstere durch die Form $(a, B, a'C)$, die zweite durch die Form (a', B, aC) eigentlich darstellbar ist. Dass es solcher Paare eine unendliche Menge giebt, folgt mit Rücksicht auf den Satz in No. 4 sogleich aus dem Umstande, dass durch eine Form (a, b, c) unendlich viel verschiedene Zahlen darstellbar sind, was daraus ersichtlich wird, dass die Form

$$ax^2 + 2bxy + cy^2 = \frac{1}{a}[(ax + by)^2 - Dy^2],$$

wenn der ganzen Zahl y ein besonderer Werth beigelegt wird, und die ganze Zahl x dann alle möglichen Werthe annimmt, über jede Grenze hinaus wächst. Für jedes Paar solcher Zahlen m, m' wird die Wurzel (n, m), zu der eine Darstellung von m, und die Wurzel (n', m'), zu der eine Darstellung von m' gehört, mit einander vereinbar sein; und es gilt nun der folgende Satz:

Das Produkt der beiden Zahlen m, m' gestattet durch die zusammengesetzte Form (aa', B, C) eine eigentliche Darstellung, welche zu der aus den Wurzeln $(n, m), (n', m')$ zusammengesetzten Wurzel gehört.

1) Um diesen wichtigen Satz zu beweisen, setzen wir zunächst voraus, dass die Zahlen m, m' prim sind zu aa', wie es solche durch die gedachten beiden Formen darstellbare Zahlen nach No. 4 stets giebt. Sei dann

(80) . $m = a\alpha^2 + 2B\alpha\gamma + a'C\gamma^2$

eine eigentliche Darstellung von m durch die Form $(a, B, a'C)$, und (n, m) die Wurzel, zu der sie gehört; desgleichen

---

*) In der oben angeführten akademischen Gelegenheitsschrift.

(81) $$m' = a'\alpha'^2 + 2B\alpha'\gamma' + aC\gamma'^2$$

eine eigentliche Darstellung von m' durch die Form (a', B, aC), und (n', m') die Wurzel, zu der sie gehört; endlich sei (N, mm') die aus (n, m) und (n', m') zusammengesetzte Wurzel, sodass

$$N \equiv n \; (\text{mod. } m), \quad N \equiv n' \; (\text{mod. } m')$$

ist, also auch

$$(n, m) = (N, m), \quad (n', m') = (N, m')$$

gesetzt werden kann.

Dies vorausgeschickt, folgt nun aus (80) die Congruenz

(82) $$a\alpha + B\gamma + N\gamma \equiv 0 \; (\text{mod. } m),$$

sowie die, nach No. 23 eigentliche, Darstellung von am durch die Hauptform:

(83) $$am = (a\alpha + B\gamma)^2 - D\gamma^2.$$

Desgleichen ergiebt sich aus (81) die Congruenz:

(84) $$a'\alpha' + B\gamma' + N\gamma' \equiv 0 \; (\text{mod. } m'),$$

sowie die eigentliche Darstellung von $a'm'$ durch die Hauptform:

(85) $$a'm' = (a'\alpha' + B\gamma')^2 - D\gamma'^2.$$

Mittels der Identität (F) voriger Nummer aber ergiebt sich alsdann die Gleichung

$$mm' = aa' \cdot A^2 + 2B \cdot A\Gamma + C \cdot \Gamma^2,$$

wenn unter A, Γ die Werthe verstanden werden:

$$A = \alpha\alpha' - C\gamma\gamma', \quad \Gamma = (a\alpha + B\gamma)\gamma' + (a'\alpha' + B\gamma')\gamma,$$

also eine Darstellung von mm' durch die Form

$$(aa', B, C),$$

von welcher man sogleich zeigen kann, dass sie eine eigentliche Darstellung ist. Hätten nämlich A, Γ und folglich auch $aa'A + B\Gamma$ und Γ einen gemeinsamen Theiler, so müsste dieser nach No. 23 auch gemeinsamer Theiler sein von $am, a'm'$, während doch diese Zahlen den gemachten Voraussetzungen nach keinen gemeinsamen Theiler haben.

Diese Darstellung gehört aber auch zur Wurzel (N, mm'); denn aus den Congruenzen (82) und (84) folgt

$$(a\alpha + B\gamma + N\gamma)(a'\alpha' + B\gamma' + N\gamma') \equiv 0 \; (\text{mod. } m'm)$$

also, mit Rücksicht auf die Congruenz
$$N^2 \equiv D \pmod{mm'}$$
auch diese andere:
$$[(a\alpha + B\gamma)(a'\alpha' + B\gamma') + D\gamma\gamma']$$
$$+ N[(a\alpha + B\gamma)\gamma' + (a'\alpha + B\gamma')\gamma]$$
d. i.
$$aa'A + B\Gamma + N\Gamma \equiv 0 \pmod{mm'},$$
eine Congruenz, welche, da Γ relativ prim sein muss zum Modulus, weil dieser es ist zu aa', früheren Sätzen (No. 5) zufolge die Darstellung als zur Wurzel (N, mm') gehörig erweist.

2) Die Beschränkung, welche den Zahlen m, m' bisher auferlegt war, gegen aa' prim zu sein, lässt sich leicht folgendermassen heben. Im Falle sie es nämlich nicht sind, wähle man, was nach No. 4 möglich ist, unter den durch die Form $(a, B, a'C)$ eigentlich darstellbaren Zahlen eine Zahl a_1, welche nicht nur zu aa', sondern auch zu mm' prim ist, und sodann unter den durch die Form (a', B, aC) eigentlich darstellbaren Zahlen eine Zahl a_1', welche ausser zu den Zahlen aa' und mm' auch noch zu a_1 relativ prim ist. Die Wurzeln (b_1, a_1) und (b_1', a_1'), zu welchen die gedachten Darstellungen von a_1, a_1' gehören, sind vereinbar, und die aus ihnen zusammengesetzte Wurzel $(B_1, a_1 a_1')$ so beschaffen, dass
$$B_1 \equiv b_1 \pmod{a_1}, \quad B_1 \equiv b_1' \pmod{a_1'}$$
ist. Dem bereits Bewiesenen zufolge ist nun das Produkt $a_1 a_1'$ durch die Form (aa', B, C) zur Wurzel B_1 gehörig eigentlich darstellbar. Andererseits sind die Formen
(86) $\qquad (a_1, B_1, a_1'C_1), \quad (a_1', B_1, a_1 C_1),$
in welchen
$$C_1 = \frac{B_1^2 - D}{a_1 a_1'}$$
ist, resp. den Formen
(87) $\qquad (a, B, a'C), \quad (a', B, aC)$
äquivalent, denn durch die erste von diesen ist a_1 zur Wurzel $B_1 \equiv b_1 \pmod{a_1}$, durch die zweite ist a_1' zur Wurzel $B_1 \equiv b_1'$ $\pmod{a_1'}$ gehörig darstellbar; und aus jenen beiden Formen ist die Form

$(a_1 a_1', B_1, C_1)$

zusammengesetzt. Geht man daher, statt von den Formen (87), von den Formen (86) aus, so muss nach dem zuvor Bewiesenen das Produkt mm' durch diese letzte Form zur Wurzel (N, mm') gehörig darstellbar sein, dann aber auch so durch die Form (aa', B, C), welche ihr äquivalent ist, weil durch beide Formen die Zahl $a_1 a_1'$ zur Wurzel B_1 gehörig dargestellt werden kann.

26. Nunmehr aber kann dem Dirichlet'schen Satze ein anderer Ausdruck gegeben werden, der ihn zum Ausgangspunkte einer ganz neuen Reihe von Betrachtungen macht. Setzt man

$$\frac{N^2 - D}{mm'} = L,$$

so sind die Formen

(88) $\quad (m, N, m'L), \quad (m', N, mL), \quad (mm', N, L)$

den Formen

$(a, B, a'C), \quad (a', B, aC), \quad (aa', B, C)$

resp. äquivalent, weil durch die drei ersten die Zahlen m, m', mm' resp. ebensowohl wie durch die drei letzten zur Wurzel N gehörig dargestellt werden können. Andererseits ist die dritte der Formen (88) aus den beiden ersten zusammengesetzt. Demnach lehrt der Dirichlet'sche Satz zugleich diesen andern:

Wie auch aus den Classen K und K' (die auch identisch sein dürfen) zwei zusammensetzbare Formen ausgewählt werden mögen, die daraus zusammengesetzte Form gehört allemal zu einer und derselben dritten Classe von Formen, welche also, unabhängig von der individuellen Wahl jener beiden *Formen*, nur durch die *Classen* bestimmt ist, denen sie angehören.

Man nennt die dritte Classe deshalb aus den Classen K und K' zusammengesetzt oder, indem man diese Zusammensetzung, der Formel (F) oder (Fa) entsprechend, als eine Multiplikation*) auffasst, das Produkt aus den Classen K und K', in Zeichen:

$$K \cdot K'.$$

---

*) Gauss hat es vorgezogen, sie als eine Addition zu fassen.

Sind K_1, K_1' diejenigen Classen, welche den Classen K, K' entgegengesetzt sind, so dürfen die Formen
$$(a, -B, a'C), \quad (a', -B, aC)$$
zu ihren Repräsentanten gewählt werden. Da aber durch Zusammensetzung der letztern die Form
$$(aa', -B, C)$$
erhalten wird, welche der Form (aa', B, C) entgegengesetzt ist, so findet sich das Resultat: Das Produkt zweier Classen, welche zweien anderen entgegengesetzt sind, ist selbst dem Produkte der letzteren entgegengesetzt.

Die Classen K, K' werden ambige Classen sein, wenn $K_1 = K$, $K_1' = K'$ ist und umgekehrt. Dann ist aber
$$K_1 K_1' = KK',$$
d. h. die beiden Produkte, welche, dem soeben Bemerkten zufolge, entgegengesetzte Classen repräsentiren, stellen ein und dieselbe Classe dar, und daraus folgt der Satz: Das Produkt zweier ambigen Classen ist wieder eine ambige Classe.

Da die beiden Formen, durch deren Zusammensetzung die neue Form entspringt, bei dieser Zusammensetzung vollkommen gleiche Rolle spielen, so ist offenbar die Ordnung der Faktoren bei solcher Multiplikation von Formenclassen gleichgiltig, d. h. solche Multiplikation ist commutativ:
$$KK' = K'K.$$

Sie theilt aber mit der gewöhnlichen Multiplikation auch die associative Eigenschaft, nach welcher
$$(KK') \cdot K'' = K \cdot (K'K'')$$
ist. Um dies auf das einfachste einzusehen, wähle man, was nach No. 4 möglich ist, als Repräsentanten der drei Classen die Formen
$$(a, b, c), \quad (a', b', c'), \quad (a'', b'', c''),$$
deren erste Coefficienten a, a', a'' zu je zweien relativ prim sind. Dann lässt sich eine (mod. $aa'a''$) unzweideutig bestimmte Zahl B so wählen, dass
$$B \equiv b \ (\text{mod. } a), \quad B \equiv b' \ (\text{mod. } a'), \quad B \equiv b'' \ (\text{mod. } a'')$$
$$B^2 \equiv D \ (\text{mod. } aa'a'')$$

Die quadratischen Formen. 247

ist, und die Formen
$$(a, B, a'a''C), \quad (a', B, a''aC), \quad (a'', B, aa'C),$$
in denen
$$C = \frac{B^2 - D}{a\,a'a''}$$
ist, sind jenen drei Repräsentanten resp. äquivalent. Aus ihnen findet man durch Zusammensetzung
$$(a, B, a'a''C) \cdot (a', B, a''aC) = (aa', B, a''C)$$
als Repräsentanten der Classe KK' und
$$(aa', B, a''C) \cdot (a'', B, aa'C) = (aa'a'', B, C)$$
als Repräsentanten der Classe $(KK') \cdot K''$. Desgleichen
$$(a', B, a''aC) \cdot (a'', B, aa'C) = (a'a'', B, aC)$$
als Repräsentanten der Classe $K'K''$ und
$$(a, B, a'a''C) \cdot (a'a'', B, aC) = (aa'a'', B, C)$$
als Repräsentanten der Classe $K \cdot (K'K'')$, der, weil er mit demjenigen der Classe $(KK') \cdot K''$ übereinstimmt, ihre Identität mit jener erweist.

Man kann hinzufügen, dass die Multiplikation der Formenclassen auch einpaarig ist. Wir zeigen, um dies nachzuweisen, zunächst, dass die Hauptclasse bei der Zusammensetzung der Classen die Rolle der Einheit spielt, d. h. dass jede Classe mit der Hauptclasse zusammengesetzt sich wieder herstellt. Ist nämlich (a, b, c) der Repräsentant jener Classe, so kann man schreiben:
$$x^2 - Dy^2 = x'^2 + 2bx'y' + acy'^2,$$
wenn
$$x' = x - by, \quad y' = y$$
gesetzt wird, d. h. die Form $(1, b, ac)$ geht durch die Substitution $\begin{pmatrix} 1, & -b \\ 0, & 1 \end{pmatrix}$ in die Hauptform über und ist ihr also äquivalent. Diese Form ist aber zusammensetzbar mit der gegebenen Form (a, b, c) und giebt nach der Formel (F):
$$(1, b, ac) \cdot (a, b, c) = (a, b, c),$$
d. i. als zusammengesetzte Form die Form (a, b, c) selbst, womit die Behauptung erwiesen ist. Bezeichnet man die Hauptclasse mit H, so gilt also allgemein die Formel
(89) $$HK = KH = K.$$

Zweitens ist leicht einzusehen, dass durch die Zusammensetzung zweier entgegengesetzter Classen K und K_1 die Hauptclasse entsteht. Seien
$$(a,\ b,\ c) \text{ und } (a,\ -b,\ c)$$
die Repräsentanten der beiden Classen und a' eine durch die zweite Form eigentlich darstellbare zu a relativ prime Zahl, b' die Wurzel der Congruenz $x^2 \equiv D \pmod{a'}$, zu welcher diese Darstellung gehört. Man kann eine Zahl B den Bedingungen
$$B \equiv b \pmod{a},\quad B \equiv b' \pmod{a'},\quad B^2 \equiv D \pmod{aa'}$$
gemäss bestimmen; und wenn dann
$$\frac{B^2 - D}{aa'} = C$$
gesetzt wird, so dürfen auch die beiden folgenden zusammensetzbaren Formen
$$(a,\ B,\ a'C),\quad (a',\ B,\ aC)$$
zu Repräsentanten der Klassen $K,\ K_1$ gewählt werden. Ihre Zusammensetzung liefert die Form
$$(aa',\ B,\ C).$$
Andererseits kann a', weil es durch die Form $(a,\ -b,\ c)$ zur Wurzel b' gehörig dargestellt wird, durch die entgegengesetzte Form $(a,\ b,\ c)$ zur entgegengesetzten Wurzel $-b'$ gehörig dargestellt werden, und daraus folgt nach No. 23, 1), dass das Produkt aa' durch die Hauptform zu einer Wurzel N gehörig dargestellt werden kann, für welche die Congruenzen stattfinden:
$$N \equiv -b \pmod{a},\quad N \equiv -b' \pmod{a'}$$
und welche demnach mit der Wurzel $-B \pmod{aa'}$ identisch ist; weil die Hauptform aber ambige ist, gestattet somit aa' auch eine zur Wurzel $+B$ gehörige Darstellung durch die Hauptform, gerade wie durch die Form $(aa',\ B,\ C)$, deren Aequivalenz mit der Hauptform dadurch erwiesen ist. Es ist mit andern Worten
$$KK_1 = K_1 K = H.$$

Gesetzt nun, man habe die Gleichheit
$$KK' = KK'',$$
so folgt hieraus zunächst auch
$$K_1 K \cdot K' = K_1 K \cdot K'',$$
folglich
$$H \cdot K' = H \cdot K''$$
und nun mittels der Formel (89)
$$K' = K''',$$
was die Multiplikation der Formenclassen als einpaarig erweist.

27. Indem wir das Wesentlichste der in voriger Nummer abgeleiteten Sätze zusammenfassen, dürfen wir sagen: Die sämmtlichen Classen äquivalenter eigentlich primitiver Formen einer gegebenen Determinante bilden in dem früher gekennzeichneten Sinne eine Gruppe; denn je zwei beliebige dieser Classen, gleichviel, ob man verschiedene wählt oder nicht, können durch zwei zusammensetzbare Formen repräsentirt werden, deren Zusammensetzung wieder eine jener Classen bestimmt, oder kürzer: Das Produkt einer jener Classen mit einer von ihnen ist wieder eine von ihnen. Zudem sind aber für diese Multiplikation von Formenclassen diejenigen drei Eigenschaften nachgewiesen worden, welche bei der Herleitung des in No. 16 des zweiten Abschnitts ausgesprochenen allgemeinen Gruppensatzes vorausgesetzt werden mussten: die Einpaarigkeit, die Associativität und die Commutativität. Wir sind demnach jetzt in der Lage, von diesem allgemeinen Gruppensatze eine neue und höchst bedeutsame Anwendung zu machen auf die Gruppe der sämmtlichen Formenclassen einer gegebenen Determinante; und so erhalten wir nachstehenden wichtigen Hauptsatz[*]):

Jede Formenclasse K einer gegebenen Determinante gehört zu einem gewissen Exponenten n, d. h. in der Reihe der durch wiederholte Zusammensetzung von K mit sich selbst entstehenden Classen

―――――――
[*]) Dieser Satz, angedeutet bereits von Gauss in Disqu. Arithm. 306, IX, wurde zuerst bewiesen von E. Schering in der Abh.: Die Fundamentalclassen der zusammensetzbaren arithmetischen Formen, 14. Bd. der Abhh. der K. Ges. d. Wiss. zu Göttingen, 1869.

$$K, K^2, K^3, \ldots$$

giebt es eine kleinste Potenz K^n, welche mit der Hauptclasse identisch ist; und es giebt gewisse Fundamentalclassen

$$C_1, C_2, C_3, \ldots C_\omega,$$

welche zu den Exponenten $m_1, m_2, m_3, \ldots m_\omega$ resp. gehören, von der Beschaffenheit, dass alle Formenclassen und jede einmal durch das Produkt

(90) $$C_1^{h_1} \cdot C_2^{h_2} \cdot C_3^{h_3} \cdots C_\omega^{h_\omega}$$

gegeben werden, wenn darin die Exponenten die Werthe

$$h_1 = 0, 1, 2, \ldots m_1 - 1$$
$$h_2 = 0, 1, 2, \ldots m_2 - 1$$
$$h_3 = 0, 1, 2, \ldots m_3 - 1$$
$$\cdot \quad \cdot \quad \cdot \quad \cdot \quad \cdot \quad \cdot \quad \cdot \quad \cdot$$
$$h_\omega = 0, 1, 2, \ldots m_\omega - 1$$

durchlaufen, wobei allgemein unter C_i^0 die Hauptclasse H zu verstehen ist. Von den Exponenten $m_1, m_2, m_3, \ldots m_\omega$ ist jeder ein Theiler des vorhergehenden, und ihr Produkt ist gleich der Anzahl h der sämmtlichen Classen:

(91) $$h = m_1 \cdot m_2 \cdot m_3 \cdots m_\omega.$$

Von den zahlreichen Folgerungen, welche aus diesem Satze zu gewinnen sind, heben wir nur eine einzige hervor, von welcher wir noch Gebrauch zu machen haben.

Sei K eine ambige Classe, so wird auch für sie eine Gleichung bestehen von der Form:

(92) $$K = C_1^{h_1} \cdot C_2^{h_2} \cdot C_3^{h_3} \cdots C_\omega^{h_\omega},$$

in welcher die Exponenten bestimmte Werthe aus den oben angegebenen Zahlenreihen bedeuten. Da nun, wie gezeigt, eine Classe mit ihrer entgegengesetzten Classe zusammengesetzt stets die Hauptclasse erzeugt, eine ambige Classe aber sich selbst entgegengesetzt ist, so wird eine ambige Classe mit sich selbst zusammengesetzt die Hauptclasse erzeugen:

$$K \cdot K = H,$$

d. h.

$$C_1^{2h_1} \cdot C_2^{2h_2} \cdot C_3^{2h_3} \cdots C_\omega^{2h_\omega} = H$$

sein; bezeichnen $r_1, r_2, r_3, \ldots r_\omega$ die kleinsten positiven Reste, welche hier die Exponenten nach den Moduln $m_1, m_2, m_3, \ldots m_\omega$ resp. lassen, so lässt sich die Formel einfacher auch so schreiben:

$$C_1^{r_1} \cdot C_2^{r_2} \cdot C_3^{r_3} \cdots C_\omega^{r_\omega} = H.$$

Nun ist aber auch

$$C_1^0 \cdot C_2^0 \cdot C_3^0 \cdots C_\omega^0 = H$$

und jede Classe ist nur einmal in der allgemeinen Formel (90) enthalten; demnach müssen die Reste r_i sämmtlich Null, d. h. $2h_1, 2h_2, 2h_3, \ldots 2h_\omega$ durch $m_1, m_2, m_3, \ldots m_\omega$ resp. theilbar sein. Ist m_i ungerade, so ist $2h_i$ nicht anders theilbar durch m_i, als wenn $h_i = 0$ ist; für ein gerades m_i kann h_i ausser diesem Werthe auch noch den Werth $h_i = \dfrac{m_i}{2}$ haben. Die Formel (92) liefert also sämmtliche ambige Classen, indem man für die Exponenten h_i je diesen einen, resp. diese zwei zulässigen Werthe wählt. Sind demnach μ von den Exponenten $m_1, m_2, m_3, \ldots m_\omega$ der Fundamentalclassen *gerade*, — und zwar müssen dies dann die ersten μ sein, da ja jeder der Exponenten ein Vielfaches des folgenden ist —, so wird die Anzahl der ambigen Classen gleich 2^μ sein.

Ist m_1 und deshalb auch alle übrigen Exponenten und folglich auch die Classenanzahl h ungerade, so ist $\mu = 0$, also nur *eine* ambige Classe vorhanden, und umgekehrt.

Die Umkehrung ergiebt sich übrigens sehr einfach auch folgendermassen. Ist für eine gegebene Determinante nur eine einzige ambige Classe vorhanden, so ist dies die Hauptclasse, welche stets ambige ist; zu jeder andern Classe K, als deren Repräsentant (a, b, c) gelte, giebt es dann eine von ihr und von der Hauptclasse verschiedene ihr entgegengesetzte Classe K_1 mit dem Repräsentanten

$(a, -b, c)$; eine etwa noch vorhandene Classe K' zieht wieder eine von ihr verschiedene entgegengesetzte Classe K_1' nach sich, welche weder die Hauptclasse H sein kann, da sonst auch K' und H übereinstimmten, noch auch eine der Classen K, K_1, da sonst K' mit der andern dieser beiden Classen übereinstimmen müsste; u. s. w. Die ausser der Hauptclasse etwa noch vorhandenen Classen sind also immer paarweise vorhanden, und folglich ist die Anzahl sämmtlicher Classen eine ungerade.

28. Mit diesen Hauptsätzen über die Zusammensetzung quadratischer Formen dürften wir, unseres Erachtens, an die Grenze desjenigen Gebietes der Zahlentheorie geführt worden sein, welches füglich wohl als das elementare Gebiet derselben noch bezeichnet werden kann. Zwar liesse sich ohne grössere Schwierigkeit und ohne Aufwand fremdartiger Hilfsmittel die von Gauss angegebene Vertheilung der Classen äquivalenter Formen in sogenannte Geschlechter entwickeln, eine Theorie, bei welcher die Lehre von der Zusammensetzung der Formen ihre schönsten Anwendungen findet. Der Hauptsatz dieser Theorie, durch welchen der Nachweis geführt wird, dass die möglicherweise vorhandenen Geschlechter auch wirklich vorhanden sind, durch welchen diese ganze Theorie eigentlich erst ihr Ziel erreicht, kann jedoch nicht erwiesen werden, ohne entweder, wie es Dirichlet gethan hat, die höhere Analysis, oder einen Satz über Zusammensetzung von Formen zu Hilfe zu nehmen, der zwar zu den ausgezeichnetsten Entdeckungen von Gauss gehört, aber seine natürliche Begründung nur in einem höheren Gebiete der Zahlentheorie, der Lehre von den ternären quadratischen Formen, findet, den Satz: dass jede Classe des sogenannten Hauptgeschlechtes durch Duplikation, d. i. durch Zusammensetzung einer gewissen Classe mit sich selber entsteht. Im Grunde kommt dieser Satz auf einen anderen zurück, durch welchen über die Auflösbarkeit der Gleichung

(93) $$ax^2 + by^2 + cz^2 = 0$$

in ganzen Zahlen x, y, z entschieden wird, eine Frage, welche schon vor Gauss namentlich von Lagrange*) bearbeitet worden ist und ihre natürliche Lösung der eben genannten Lehre entnimmt. Aus diesen Erwägungen halten wir es für angemessen, den gesammten Abschnitt der Lehre von den binären quadratischen Formen, welcher sich auf ihre Geschlechter bezieht, als eine wichtige Anwendung derjenigen der ternären quadratischen Formen einzuverleiben und in diesem, den Elementen der Zahlentheorie gewidmeten Werke gänzlich davon abzusehen.

Wir müssen uns deshalb aber auch versagen, den zweiten Gaussischen Beweis des Reciprocitätsgesetzes hier mitzutheilen, weil dieser durchaus auf der Vertheilung der Formenclassen in Geschlechter beruht und sie zu Hilfe nehmen muss. Gelegentlich der Besprechung der verschiedenen Beweise jenes Gesetzes haben wir aber von einer ganzen Kategorie von Beweisen gesprochen, welche durch den zweiten Gaussischen charakterisirt sind, indem sie, wie auch er, die Lehre von den quadratischen Formen zur Grundlage haben. Der eine dieser Beweise, derjenige von Legendre, der irrthümlich von ihm selbst als der erste strenge Beweis des Gesetzes angesehen worden ist, nimmt, abgesehen von der Annahme gewisser Primzahlen von vorgeschriebenen Eigenschaften, deren wirkliches Vorhandensein, wie früher bemerkt, erst von Dirichlet nachgewiesen worden ist, einige Resultate, zu denen die Pellsche Gleichung führt, ausserdem aber die Bedingungen für die Auflösbarkeit genau derselben Gleichung (93) zu Hilfe, auf welche der Beweis des Gaussischen Satzes zurückkommt. Von den beiden Beweisen, welche Kummer gegeben hat, schliesst sich der erste dem Legendre'schen durchaus darin an, dass er das Vorhandensein jener Primzahlen voraussetzt, unterscheidet sich aber von ihm wesentlich dadurch, dass er die Betrachtung der letztgenannten Gleichung vermeidet und ausschliesslich mit der Pell'schen Gleichung allein operirt.

---

*) S. Euler's élémens d'Algèbre, Additions § V: résolution de l'équation
$$Ap^2 + Bq^2 = z^2$$
das. pag. 542. Vgl. Legendre in essai sur la théorie des nombres 1. partie §§ 3 u. 4.

Während wir daher auch diese Beweise, als nicht zu den Elementen gehörig, hier von der weiteren Betrachtung ausschliessen müssen, ist es uns möglich, den andern Kummerschen Beweis zum Abschlusse unseres Werkes noch mitzutheilen, da er dadurch sich auszeichnet, dass er ausser der Pell'schen Gleichung keine anderen Sätze voraussetzt, als uns die Zusammensetzung quadratischer Formen bereits gelehrt hat.

29. Bedeuten p, p' zwei verschiedene Primzahlen von der Form $4n + 3$, ebenso q, q' zwei verschiedene Primzahlen von der Form $4n + 1$, so lässt sich der Inhalt des Legendre'schen Reciprocitätsgesetzes in die folgenden acht Behauptungen zerlegen:

(94)
$$\begin{cases} 1. \text{ Wenn } \left(\frac{p}{p'}\right) = +1, \text{ so ist } \left(\frac{p'}{p}\right) = -1 \\ 2. \quad \text{„} \quad \left(\frac{p}{p'}\right) = -1, \text{ „ „ } \left(\frac{p'}{p}\right) = +1 \\ 3. \quad \text{„} \quad \left(\frac{p}{q}\right) = +1, \text{ „ „ } \left(\frac{q}{p}\right) = +1 \\ 4. \quad \text{„} \quad \left(\frac{p}{q}\right) = -1, \text{ „ „ } \left(\frac{q}{p}\right) = -1 \\ 5. \quad \text{„} \quad \left(\frac{q}{p}\right) = +1, \text{ „ „ } \left(\frac{p}{q}\right) = +1 \\ 6. \quad \text{„} \quad \left(\frac{q}{p}\right) = -1, \text{ „ „ } \left(\frac{p}{q}\right) = -1 \\ 7. \quad \text{„} \quad \left(\frac{q}{q'}\right) = +1, \text{ „ „ } \left(\frac{q'}{q}\right) = +1 \\ 8. \quad \text{„} \quad \left(\frac{q}{q'}\right) = -1, \text{ „ „ } \left(\frac{q'}{q}\right) = -1. \end{cases}$$

Um den Beweis dieser verschiedenen Behauptungen zu erbringen,

schicken wir zuerst eine einfache Bemerkung über die Pell'sche Gleichung voraus. Bedeuten T, U für eine gegebene Determinante D wieder ihre Fundamentalauflösung, für welche bekanntlich U und damit auch T von allen Auflösungen den kleinsten Werth hat, so kann die Gleichung
$$T^2 - DU^2 = 1$$
folgendermassen geschrieben werden:
$$(T+1) \cdot (T-1) = D \cdot U^2.$$

So oft nun D von der Form $4n+1$ ist, muss nothwendigerweise U gerade, T ungerade sein, weil andernfalls, nämlich wenn T gerade und U ungerade wäre, die Gleichung als Congruenz (mod. 4) aufgefasst das unmögliche Resultat

$$-1 \equiv +1 \pmod{4}$$

ergäbe. Setzt man hiernach $U = 2U'$, so erhält man

(95) $$\frac{T+1}{2} \cdot \frac{T-1}{2} = D \cdot U'^2,$$

wo die Faktoren links, weil ihre Differenz gleich der Einheit ist, nothwendigerweise relative Primzahlen sind.

Wir betrachten nun nur zwei besondere Fälle, deren wir für die Folge bedürfen.

Ist zuerst $D = +q$, q eine Primzahl von der Form $4n+1$, so nimmt die Gleichung (95) die Gestalt an:

$$\frac{T+1}{2} \cdot \frac{T-1}{2} = q \cdot U'^2$$

und bedingt, wenn man eine Zerlegung von U' in zwei relative Primfaktoren allgemein mit

$$U' = V \cdot W$$

bezeichnet, eine der beiden Folgerungen:

entweder
$$\frac{T+1}{2} = V^2, \quad \frac{T-1}{2} = qW^2$$

also
(96) $$1 = V^2 - qW^2,$$

oder
$$\frac{T+1}{2} = qV^2, \quad \frac{T-1}{2} = W^2$$

also
(97) $$1 = qV^2 - W^2.$$

Da jedoch $W < U' < U$ ist, würde die Formel (96) der Annahme widersprechen, dass die Zahlen T, U die Fundamentalauflösung der Pell'schen Gleichung

$$T^2 - qU^2 = 1$$

bedeuten; demnach muss die Formel (97) gelten, und man erhält den Satz:

Für jede Primzahl q von der Form $4n+1$ ist die Gleichung
$$W^2 - qV^2 = -1$$
in ganzen Zahlen V, W auflösbar, oder, was dasselbe sagt, die Zahl -1 durch die Form $(1, 0, -q)$, selbstverständlich zur Wurzel 0 gehörig, eigentlich darstellbar.

Sei zweitens $D = pp'$, wo p, p' zwei verschiedene Primzahlen von der Form $4n+3$ bezeichnen. Die Gleichung (95) nimmt dann die Form an:
$$\frac{T+1}{2} \cdot \frac{T-1}{2} = pp' \cdot U'^2$$
und lässt nur Raum für die folgenden vier Zerlegungen:

entweder
$$\frac{T+1}{2} = V^2, \quad \frac{T-1}{2} = pp'W^2$$
also
$$1 = V^2 - pp'W^2,$$
ein Fall, der sofort auszuschliessen ist, weil er gegen die Annahme verstösst, dass T, U die Fundamentalauflösung der Pell'schen Gleichung
$$T^2 - pp'U^2 = 1$$
bedeuten;

oder
$$\frac{T+1}{2} = pp'V^2, \quad \frac{T-1}{2} = W^2$$
also
$$1 = pp'V^2 - W^2;$$
auch dieser Fall ist unzulässig, denn die Gleichung liefert, als Congruenz z. B. nach dem Modulus p aufgefasst, das Resultat, dass -1 quadratischer Rest einer Primzahl von der Form $4n+3$ wäre, während das Gegentheil, wie wir wissen, der Fall ist;

oder
$$\frac{T+1}{2} = pV^2, \quad \frac{T-1}{2} = p'W^2$$
also
(98)
$$1 = pV^2 - p'W^2;$$
oder
$$\frac{T+1}{2} = p'V^2, \quad \frac{T-1}{2} = pW^2$$

also
(99) $$1 = p'V^2 - pW^2.$$

Eine der beiden Formeln (98), (99) findet also mit Nothwendigkeit statt. Wenn nun $\left(\frac{p}{p'}\right) = +1$ ist, muss die erste von ihnen stattfinden, sonst fände sich aus der zweiten

$$-1 \equiv pW^2 \pmod{p'}$$

also wieder -1 als quadratischer Rest von p'; aus der ersten folgt aber dann

$$\left(\frac{-p'}{p}\right) = 1, \quad \text{also} \quad \left(\frac{p'}{p}\right) = -1.$$

Demnach:

Wenn $\left(\frac{p}{p'}\right) = +1$, so ist $\left(\frac{p'}{p}\right) = -1$.

Auf solche Weise ist mit Hilfe der Pell'schen Gleichung der erste der acht Fälle (94), welche das Reciprocitätsgesetz umschliesst, bereits erledigt.

Eine zweite Vorbemerkung betrifft die Anzahl der ambigen Formenclassen für eine gegebene Determinante D.

Da, wie in No. 22 gezeigt worden ist, in jeder ambigen Classe sich auch eine ambige Form findet, andererseits aber die ambigen Formen nur in ambigen Classen enthalten sein können, werden wir alle ambigen Classen repräsentiren, wenn wir sämmtliche nicht äquivalente ambige Formen aufstellen. Nun war (a, b, c) eine ambige Form, sobald $2b \equiv 0$ (mod. a) ist, und nach der Gleichung

$$2b^2 - 2ac = 2D$$

muss daher der erste Coefficient a nothwendig in $2D$ aufgehn. Da aber die Form (a, B, C) der Form (a, b, c) äquivalent ist, so oft bei gleicher Determinante $B \equiv b$ (mod. a) ist, brauchen wir von vornherein nur solche ambige Formen der gegebenen Determinante zu betrachten, bei welchen $b < a$ also entweder $b = 0$ oder $b = \pm \frac{a}{2}$ ist.

Nach diesen allgemein geltenden Bemerkungen beschränken wir uns nun für unsern Zweck auf zwei einfache Fälle.

Erstens sei $D = -p$, p eine Primzahl von der Form $4n + 3$; wir betrachten dann, wie immer bei negativen Determinanten, nur positive Formen dieser Determinante. Hier kann nun a als Theiler von $2D$ nur folgende Werthe haben:

entweder $a = 1$; diesem Falle entspricht $b = 0$, also die quadratische Form $(1, 0, p)$;

oder $a = 2$; da $D = -p$ ungerade, ist der Werth $b = 0$ auszuschliessen; für $b = \pm 1$ erhielte man die quadratische Form
$$(2, \pm 1, c),$$
in welcher $1 - 2c = -p$, d. h. $c = \dfrac{p+1}{2} = 2n + 2$ also gerade wäre; dieselbe wäre also keine eigentlich primitive Form, auf welche wir unsere Betrachtung stets beschränkt haben und auch jetzt beschränken;

oder $a = p$; die ambige Form wäre dann
$$(p, b, c)$$
und es müsste $b = 0$ sein, da nicht $b = \pm \dfrac{p}{2}$ sein kann; man fände also die Form
$$(p, 0, 1),$$
welche nach No. 13 der Form $(1, 0, p)$ äquivalent ist;

oder endlich $a = 2p$; der Werth $b = 0$ wäre wieder auszuschliessen, und der Werth $b = \pm p$ gäbe eine nicht eigentlich primitive Form. **In diesem ersten Falle giebt es also nur eine einzige ambige Classe.**

Sei zweitens $D = +q$, q eine Primzahl von der Form $4n + 1$. In diesem Falle kann a als Theiler von $2D$, da hier auch negative Werthe zulässig sind, die folgenden Werthe haben:

entweder $a = 1$; also $b = 0$; das giebt die Form
$$(1, 0, -q);$$

oder $a = -1$, $b = 0$, also die Form
$$(-1, 0, q);$$

oder $a = \pm 2$; man hätte für b nur die Werthe 0 oder ± 1, die jedoch auszuschliessen sind, denn
$$(\pm 2, 0, c) \quad \text{gäbe} \quad q = \mp 2c$$

und

$$(+2, \pm 1, c) \text{ gäbe } c = \mp q \frac{-1}{2}$$

also gerade, und wäre demnach keine eigentlich primitive Form;

oder $a = q$; in der Form (q, b, c) müsste $b = 0$ sein, da es nicht $\pm \frac{q}{2}$ sein kann, was die Form ergiebt

$$(q, 0, -1);$$

oder $a = -q$; in diesem Falle entsteht die Form

$$(-q, 0, 1);$$

oder $a = \pm 2q$; der Werth $b = 0$ wäre wieder auszuschliessen, und der Werth $b = \pm q$ gäbe keine eigentlich primitive Form.

Nun ist aber einerseits nach No. 13

$$(-q, 0, 1) \text{ äquiv. } (1, 0, -q)$$
$$(q, 0, -1) \text{ äquiv. } (-1, 0, q);$$

andererseits ist

$$(-1, 0, q) \text{ äquiv. } (1, 0, -q),$$

weil nach der ersten Vorbemerkung die Zahl -1 durch letztere Form ebensowohl wie durch erstere zur Wurzel 0 gehörig dargestellt werden kann. Also ist auch in dem **jetzigen zweiten besonderen Falle nur eine einzige ambige Classe vorhanden.**

Dem Satze zufolge, mit welchem wir No. 27 beschlossen haben, ist also die Anzahl der Classen nicht äquivalenter eigentlich primitiver Formen für die beiden soeben betrachteten Primzahl-Determinanten

$$D = -p \qquad D = +q$$
$$(p = 4n+3) \qquad (q = 4n+1)$$

eine ungerade Zahl.

30. Nachdem wir dies festgestellt haben, lässt sich der Kummer'sche Beweis des Reciprocitätsgesetzes sehr einfach darstellen.

1) Sei r eine von p verschiedene Primzahl, welche sich durch Formen der Determinante $D = -p$ darstellen lässt, d. h. es sei
$$\left(\frac{-p}{r}\right) = 1.$$
Im allgemeinen wird dann r selbst zwar nicht durch die Formen der Hauptclasse, sondern durch diejenigen einer anderen Classe darstellbar sein; nennen wir eine solche Classe K. Da jede Classe in dem im Hauptsatze der Nummer 27 bezeichneten Sinne zu einem gewissen Exponenten gehört, wird in der Reihe der durch wiederholte Zusammensetzung von K mit sich selbst entstehenden Classen
$$K, K^2, K^3, K^4, \ldots$$
eine erste Classe K^m sich finden*), welche der Hauptclasse identisch ist, wobei m, da es nothwendig Theiler des in No. 27 mit m_1 bezeichneten Exponenten ist, weil für jede Classe dem allgemeinen Gruppensatze gemäss $K^{m_1} = H$ ist, auch ein Theiler der Classenanzahl h, in unserem Falle also eine ungerade Zahl $2\mu + 1$ sein muss. Aus der Formel (F) in No. 24, welche die Verschiedenheit der Classen K, K' nicht erfordert, folgt dann leicht, dass $r^m = r^{2\mu+1}$ durch K^m d. i. durch H, also auch durch die Hauptform selbst darstellbar sein und daher folgende Gleichung bestehen wird:
(100) $$x^2 + py^2 = r^{2\mu} \cdot r,$$
welche, als Congruenz (mod. p) betrachtet,
$$\left(\frac{r}{p}\right) = 1$$
ergiebt. Man findet mithin:

Wenn $\left(\frac{-p}{r}\right) = 1$, so ist $\left(\frac{r}{p}\right) = 1$.

Wird in diesem Ergebnisse zuerst unter r eine Primzahl p' verstanden, und beachtet, dass $\left(\frac{-1}{p'}\right) = -1$ ist, so ergiebt sich:

Wenn $\left(\frac{p}{p'}\right) = -1$, so ist $\left(\frac{p'}{p}\right) = 1$.

---

*) Nach Gaussischer Ausdrucksweise bilden dann die Classen
$$K, K^2, K^3, \ldots K^m$$
die Periode der Classe K.

Für $r = q$ dagegen ist $\left(\frac{-1}{q}\right) = +1$, also

Wenn $\left(\frac{p}{q}\right) = 1$, so ist $\left(\frac{q}{p}\right) = 1$.

Hiermit sind von den Reciprocitätsfällen (94) der zweite und dritte bewiesen.

2) Sei ferner r eine von q verschiedene Primzahl, welche sich durch Formen der Determinante $D = q$ darstellen lässt, d. h. es sei

$$\left(\frac{q}{r}\right) = 1.$$

Es werden dann genau dieselben Erwägungen Platz greifen, wie vorher, und da auch in diesem Falle, wie gezeigt worden, die Anzahl der Formenclassen ungerade ist, gelangt man analog der Gleichung (100) zu einer Gleichung von der Form

$$x^2 - qy^2 = r^{2\mu} \cdot r,$$

aus welcher man, wenn sie als Congruenz (mod. q) betrachtet wird, $\left(\frac{r}{q}\right) = 1$ erhält.

Man findet also:

Wenn $\left(\frac{q}{r}\right) = 1$, so ist $\left(\frac{r}{q}\right) = 1$.

Wird in diesem Ergebnisse einmal unter r eine Primzahl p, ein zweites Mal eine von q verschiedene Primzahl q' verstanden, so liefert es diese besonderen Schlüsse:

Wenn $\left(\frac{q}{p}\right) = 1$, so ist $\left(\frac{p}{q}\right) = 1$.

Wenn $\left(\frac{q}{q'}\right) = 1$, so ist $\left(\frac{q'}{q}\right) = 1$.

Hiermit ist der fünfte und siebente Fall des Reciprocitätsgesetzes ebenfalls bewiesen.

Die übrigen aber ergeben sich aus den schon bewiesenen als unmittelbare Folgerungen. Denn, wäre, um den vierten zu erledigen, $\left(\frac{q}{p}\right) = 1$, wenn $\left(\frac{p}{q}\right) = -1$ ist, so widerspräche dies dem fünften Falle; wäre $\left(\frac{p}{q}\right)$ nicht, wie es der sechste behauptet, gleich -1, sondern $\left(\frac{p}{q}\right) = 1$, wenn

$\left(\frac{q}{p}\right) = -1$ ist, so entstünde ein Widerspruch gegen den dritten Fall; und endlich würde die Annahme, dass $\left(\frac{q'}{q}\right) = 1$ ist, wenn $\left(\frac{q}{q'}\right) = -1$ ist, gegen den siebenten Fall verstossen, aus welchem, bei Vertauschung der beiden gleiche Rolle spielenden Primzahlen q, q', aus $\left(\frac{q'}{q}\right) = 1$ sich im Gegentheil $\left(\frac{q}{q'}\right) = +1$ ergiebt.

Durch diese Betrachtungen ist nunmehr das Legendre'sche Reciprocitätsgesetz in allen seinen Theilen aufs neue, aber aus ganz anderen Quellen als früher, hergeleitet und bewiesen worden.

Und damit glauben wir das Bild, das wir von den Elementen der Zahlentheorie zu zeichnen gedachten, in allen seinen wesentlichen Zügen umfasst und dargestellt zu haben, und daher unser Werk abschliessen zu sollen.

Erläuternde Zusätze.

Zu No. 7 S. 61.

Dem Anschein nach ist die Anwendung des voraufgehenden Satzes auf die Gruppe aller Restclassen nicht gestattet, da dieser Gruppe die Eigenschaft der einpaarigen Multiplikation abgeht. Indessen wenden wir hier nur den Theil des Satzes an, der auch ohne diese Eigenschaft Bestand behält. In der That sind — wegen No. 3 - die Produkte

$$PR_0, \ PR_1, \ PR_2, \ \ldots \ PR_{n-1}$$

von einander verschieden, und da sie, der Definition einer Gruppe gemäss, sämmtlich zur Gruppe aller Restclassen gehören, erfüllen sie dieselbe, d. h. sie sind mit den Restclassen

$$R_0, \ R_1, \ R_2, \ \ldots \ R_{n-1}$$

von der Reihenfolge abgesehen identisch.

Zu S. 83.

Durch die zu Hilfe gezogenen allgemeinen Gruppensätze wird zunächst nur ein Element der gegebenen Gruppe nachgewiesen, welches im Sinne der Aequivalenz zum Exponenten m_2 gehört. Indessen ist dieses Element jedenfalls einem Elemente α der Gruppe (43) äquivalent, und man übersieht sehr einfach, dass äquivalente Elemente stets zu demselben Exponenten im Sinne der Aequivalenz gehören.

Die entsprechende Bemerkung würde bezüglich des Elementes β auf S. 85 zu wiederholen sein.

Zu S. 180.

Es ist einleuchtend, dass α', γ' relativ prim sind, wie α, γ. Denn jeder ihnen gemeinsame Theiler müsste wegen der Gleichungen (17) auch in

$$\gamma' t - (a\alpha' + b\gamma') u = \gamma,$$
wegen der folgenden zwei Gleichungen auch in
$$\alpha' t + (b\alpha' + c\gamma') u = \alpha$$
aufgehn, was nicht sein kann.

Zu S. 215.

Die Form φ wird nicht immer eigentlich primitiv sein. Jedoch gelten die bewiesenen und hier benutzten Aequivalenzsätze auch für nicht eigentlich primitive Formen, da bei den Betrachtungen der No. 5, aus denen allein sie herfliessen, von der Voraussetzung, dass (a, b, c) eine eigentlich primitive Form sei, noch nicht Gebrauch gemacht wird.

Da es sich übrigens nur um den Nachweis handelt, dass in jeder Classe solcher Formen sich eine reducirte Form findet, dürfen wir (nach No. 4) den Repräsentanten (a, b, c) dieser Classe so gewählt voraussetzen, dass a zu $2D$ relative Primzahl ist; dann ist die Form
$$\varphi = (ax + by)^2 + Dy^2$$
gleichfalls eigentlich primitiv, da alsdann die Zahlen
$$a^2, \quad 2ab, \quad b^2 + D = 2D + ac$$
keinen gemeinsamen Theiler besitzen.

Zu S. 251.

Dass K umgekehrt eine ambige Classe ist, sobald $K \cdot K = H$ ist, folgt sogleich, wenn man mit ihrer entgegengesetzten Classe K_1 multiplicirt; denn
$$K_1 K \cdot K = K_1 \cdot H$$
ist dasselbe wie
$$K = K_1.$$

Berichtigungen.

Seite 14 Zeile 14 v. o. lies: Nach (9) ergiebt sich dann
„ 29 „ 21 v. o. lies n statt m.
„ 244 „ 5 v. o. lies: $a'\alpha'$ statt $a'\alpha$.

www.ingramcontent.com/pod-product-compliance
Lightning Source LLC
Chambersburg PA
CBHW031931230426
43672CB00010B/1883